大坝混凝土耐久性及性能演变规律研究

陈政新　孔祥芝　刘艳霞　刘晨霞　李曙光　编著

黄河水利出版社

· 郑 州 ·

内 容 提 要

本书针对引发大坝混凝土耐久性问题的三大主要因素——碱骨料反应、溶蚀、冻融循环,通过混凝土大坝工程资料调研、室内试验和结果分析、混凝土微结构测试和分析等手段,介绍了中国水利水电科学研究院材料研究所近年来在大坝混凝土力学性能的长期变化规律、大坝混凝土的碱骨料反应膨胀量预测和性能衰减规律、大坝混凝土在溶蚀作用下的损伤和性能衰减规律、大坝混凝土在冻融作用下的损伤和性能衰减规律、抑制大坝混凝土老化的技术对策和措施五个方面取得的探索性研究成果。

本书可供从事水利水电工程大坝混凝土试验、检测、施工、监理人员,高等院校教师、理论研究学者和大坝建设管理者等参考和使用。

图书在版编目(CIP)数据

大坝混凝土耐久性及性能演变规律研究/陈改新等编
著.—郑州:黄河水利出版社,2021.6
ISBN 978-7-5509-2932-6

Ⅰ.①大… Ⅱ.①陈… Ⅲ.①混凝土坝-混凝土-耐用
性-研究 Ⅳ.①TV642

中国版本图书馆 CIP 数据核字(2021)第 036959 号

组稿编辑:王路平　电话:0371-66022212　E-mail:hhslwlp@ 163. com
　　　　　韩莹莹　　　　　66025553　　　　　hhslhyy@ 163. com

出 版 社:黄河水利出版社　　　　　　　　　网址:www.yrcp.com
　　　　地址:河南省郑州市顺河路黄委会综合楼14层　邮政编码:450003
发行单位:黄河水利出版社
　　　　发行部电话:0371-66026940、66020550、66028024、66022620(传真)
　　　　E-mail:hhslcbs@ 126. com
承印单位:河南新华印刷集团有限公司
开本:787 mm×1 092 mm　1/16
印张:12. 25
字数:280 千字
版次:2021 年 6 月第 1 版　　　　　　　印次:2021 年 6 月第 1 次印刷

定价:80. 00 元

前　言

大坝混凝土的耐久性、老化状态的诊断方法和评判准则,是水工混凝土研究的热点和难点。为适应我国水利水电建设发展和大坝安全评价及除险加固工作的需要,大坝混凝土在恶劣环境作用下的力学性能演变规律、水工混凝土建筑物老化状态的评判方法,以及抑制运行条件下水工混凝土老化的技术对策和措施等,成为目前迫切需要研究与解决的问题。

本书针对引发水库大坝混凝土耐久性问题的三大主要因素——碱骨料反应、溶蚀、冻融循环,介绍了中国水利水电科学研究院材料研究所近年来在大坝混凝土力学性能的长期变化规律、大坝混凝土的碱骨料反应膨胀量预测和性能衰减规律、大坝混凝土在溶蚀作用下的损伤和性能衰减规律、大坝混凝土在冻融作用下的损伤和性能衰减规律、抑制大坝混凝土老化的技术对策和措施等五个方面取得的探索性研究成果。

本书共分6章。第1章为绪论,主要从性能要求、原材料、配合比设计三个方面介绍大坝混凝土的特点,简述大坝混凝土碱骨料反应、溶蚀、冻融循环三大耐久性定义与特点;第2章从混凝土材料长期力学性能、大坝混凝土性能依时变化的驱动机制、大坝混凝土长期力学性能预测三个方面综述大坝混凝土性能演变规律;第3章从混凝土碱骨料反应膨胀量预测、发生碱骨料反应大坝混凝土性能衰减规律两个方面系统介绍大坝混凝土碱骨料反应研究成果;第4章从压力水渗透规律、水化产物溶出规律、溶蚀程度评价方法、混凝土微观结构变化与宏观性能衰减规律等方面系统介绍渗透溶蚀和接触溶蚀作用下大坝混凝土性能衰减规律;第5章从高频振捣对大坝混凝土抗冻性的影响、冻融作用下大坝混凝土性能衰减规律、冻融劣化混凝土微裂缝定量表征等方面介绍大坝混凝土抗冻耐久性的最新研究成果;第6章从大坝混凝土耐久性技术要求、老化现象与模式、耐久性全过程控制理念、修补加固对策与措施等方面详细阐述抑制大坝混凝土老化的技术对策与措施。

本书编写人员及编写分工如下:第1、4章由孔祥芝编写,第2章由李曙光编写,第3章由刘晨霞编写,第5章由刘艳霞编写,第6章由陈改新编写。全书由孔祥芝统稿,由纪国晋校核。

书中有很多资料引自有关单位的研究成果和个人论文著作。在此,谨向有关单位及个人表示衷心感谢!

本书中部分研究成果还受到"十三五"国家科技支撑计划(项目编号:2018YFC04067)、国家重点基础研究发展计划(项目编号:2013CB035901)和水利公益性行业科研专项(项目编号:200701041)的资助,在此对项目资助单位和项目组成员表示感谢!

　　本书在编写过程中,曾得到中国水利水电科学研究院、北京中水科海利工程技术有限公司领导及同事们的热情支持与帮助,在此一并表示感谢!

　　由于作者理论知识和实践经验的限制,书中可能存在一些缺点和不足,诚恳希望读者给予指正。

作　者

2020 年 12 月

目 录

第 1 章　绪　论

1.1　大坝混凝土的特点

大坝混凝土是最有代表性的一类水工混凝土,骨料最大粒径通常为 150 mm 或 80 mm,主要用于大坝、基础等混凝土结构,属于大体积素混凝土。大坝混凝土的材料组成、结构特征、功能用途具有显著特点,与普通工业混凝土存在较大差异。

大坝混凝土除应满足设计上对强度的要求外,还应根据大坝的工作条件、地区气候等具体情况,分别满足抗渗、抗冻等耐久性以及低热性的要求。大坝体积庞大,混凝土浇筑量大,通常采用现场拌和生产,原材料基本是就地取材,特别是砂石骨料全部采用就地就近取材,因此大坝混凝土质量控制从原材料开始实行全过程质量控制,要求水泥、骨料、水、掺合料、外加剂等材料应符合现行的国家标准及有关行业标准的要求。

大坝是水利水电枢纽中最为重要的建筑物,大坝失事往往会造成严重的人民群众生命与财产损失,因此在混凝土坝的设计与建设过程中对混凝土提出了极高的技术、经济与安全要求。其中,大坝混凝土配合比设计便是决定混凝土技术经济性最重要的环节。大坝混凝土配合比设计通常经历可研与料场论证阶段的初步配合比设计、初设与招标投标阶段的配合比设计与性能检测,以及原材料品种及供应商确定后的施工配合比最终确定三个阶段。大坝混凝土配合比设计是从初选、优选、现场微调到最终确定的不断细化完善的工作过程,最终确保配合比达到经济合理与技术上的先进。

1.1.1　大坝混凝土性能要求

大坝混凝土除应满足施工对工作性和设计上对强度的要求外,还应根据大坝的工作条件、地区气候等具体情况,分别满足抗渗、抗冻、抗冲耐磨和抗腐蚀等耐久性以及低热性的要求。

1.1.1.1　混凝土拌和物性能

新拌混凝土经运输、平仓、捣实、抹面等工序,成为具有一定形状的均匀而密实的结构。这些过程都可以看作是对新拌混凝土的加工过程,或者说是新拌混凝土的工作过程。因此,新拌混凝土最重要的特性就是在加工过程中能否良好的工作,这一特性称为新拌混凝土的工作性。在一定的施工条件下,新拌混凝土工作性良好,则浇筑时能耗较少,并可得到具有要求强度和耐久性的外观平整与内部均匀而密实的优质混凝土。新拌混凝土的其他性能,如含气量、凝结时间、容重等也均与混凝土的施工和硬化后混凝土的质量有着密切的关系。掌握新拌混凝土的特性及其影响规律,对于保证大坝混凝土质量,改善施工条件,加快施工速度和节约投资都有着重要的意义。

1. 新拌混凝土的工作性

新拌混凝土最重要的特性就是工作性,但是迄今为止,工作性还没有一个确切的公认的定义。我国材料专家黄大能将新拌混凝土的工作性定义为："混凝土拌和物在拌和、输送、浇灌、捣实、抹平一系列操作过程中,在消耗一定能量的情况下,达到稳定和密实的程度。"同时认为,工作性的内涵应包括流动性、可塑性、稳定性、易密性四种特性,并且缺一不可。

关于工作性的测定,目前还没有一种试验方法能直接测定像前面定义的那种工作性。许多混凝土研究工作者做了大量的努力,建立了许多试验方法,但还是只能以一些容易确定的物理量表示混合料相对的工作性。尽管还不能令人满足,但还是在一定范围内提供了有用的资料,如混凝土坍落度。

坍落度试验是迄今为止应用最广泛的一种新拌混凝土工作性测试方法,最初由美国的阿布拉姆斯(Abrams. D. A.)于 1918 年所提出。坍落度试验的原理是利用混凝土本身的重力,克服内摩擦阻力(剪切力)进行做功。混凝土的坍落度应根据建筑物的结构断面、钢筋间距、运输距离和方式、浇筑方法、振捣能力以及气候环境等条件确定,并宜采用较小的坍落度。《水工混凝土施工规范》(SL 677—2014)建议混凝土在浇筑时的坍落度,可参照表 1-1 选用。

表 1-1　混凝土在浇筑时的坍落度　　　　　　　　　　　　　　(单位:mm)

混凝土类型	坍落度
素混凝土	10~40
配筋率不超过 1% 的钢筋混凝土	30~60
配筋率超过 1% 的钢筋混凝土	50~90
泵送混凝土	140~220

注:在有温度控制要求或高、低温季节浇筑混凝土时,其坍落度可根据实际情况酌量增减。

大坝属于素混凝土结构,大坝混凝土通常采用自卸汽车、起重设备配吊罐、溜管、负压(真空)溜槽等方式水平或垂直运输,用插入式振捣棒振捣成型。随着运输方式、振捣设备与浇筑工艺的不断发展,目前大坝混凝土坍落度要求湿筛 40 mm 以上骨料后的坍落度在 30~60 mm,详见表 1-2。混凝土拌和物还应具有良好的稳定性和黏聚性,减少骨料分离,防止出现泌水。

表 1-2　大坝混凝土出机坍落度、含气量要求

工程名称	级配	坍落度(mm)	含气量(%)
三峡水利枢纽工程(二阶段)	三、四	40~60	4.5~5.5
小湾水电站	三、四	30~50	
锦屏一级水电站	四	30~50	
溪洛渡水电站	四	30~50	
白鹤滩水电站	四	30~50	4.5~5.5
大岗山水电站	四	30~50	
高寒区某水利枢纽工程	三、四	30~50	4.5~5.5

注:坍落度和含气量值为湿筛三、四级骨料后混凝土拌和物的测值。

2. 新拌混凝土含气量

　　无论是新拌混凝土或是硬化混凝土,它们都是一种固体、气体和液体的多相混合物。气体在混凝土中形成许多大小不同的气泡和孔隙。这些气泡和孔隙的构成情况称为孔结构。孔结构对新拌混凝土和硬化混凝土的性能均会带来较大的影响,气泡对新拌混凝土的工作性和容重有明显影响,对硬化混凝土的抗冻性能具有重要影响。

　　在其他条件相同情况下,如果新拌混凝土的含气量增加,则坍落度提高,容重降低,如图 1-1、图 1-2 所示。另外,增加新拌混凝土的含气量,可以改善其饱水性,降低泌水率,如图 1-3 所示。

　　2014 年颁布的《水利水电工程合理使用年限及耐久性设计规范》(SL 654—2014)规定,在冻融环境中混凝土应采用引气混凝土。常态混凝土的含气量宜控制在表 1-3 所列的范围内,碾压混凝土的含气量百分比可相应降低 0.5%~1.0%。国内典型工程、特高拱坝混凝土设计抗冻等级为 F200

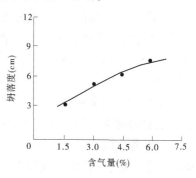

图 1-1　含气量与坍落度的关系

至 F300,大坝混凝土设计要求含气量在 4%~6% 范围内,见表 1-3。

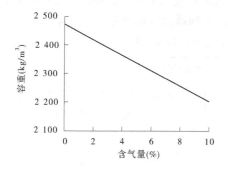

图 1-2　含气量与容重的关系

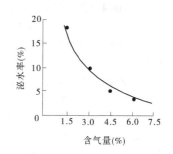

图 1-3　含气量与泌水率的关系

表 1-3　引气混凝土的含气量

最大骨料粒径 （mm）	含气量（%）	
	抗冻等级≥F200	抗冻等级≤F150
10	7.0±1.0	6.0±1.0
20	6.0±1.0	5.5±1.0
40	5.5±1.0	4.5±1.0
80	4.5±1.0	3.5±1.0
150	4.0±1.0	3.0±1.0

注:1. 若采用湿筛混凝土,含气量按湿筛后混凝土的最大骨料粒径来控制。

　　2. 当水胶比小于或等于 0.40 时,混凝土的含气量可降低 1.0%。

3. 新拌混凝土凝结时间

水泥加水拌和后,就开始水化反应。水泥的水化反应一般可分作四个阶段,即初始反应期、休止期、凝结期和硬化期。在前两个时期,由于水泥水化的产物较少,不能形成网状的凝聚结构,因此新拌混凝土处于可以流动的状态,但水化反应仍在进行,水化产物持续增加。当水化产物形成网状的凝聚结构时,水泥水化即进入凝结期。这种凝结作用达到一定的程度时,新拌混凝土基本失去流动性,此时新拌混凝土即达到初凝。随着水化反应的继续进行,水化产物的网状凝聚结构逐步致密,从而使混凝土具有了力学强度,此时新拌混凝土就达到终凝。新拌混凝土从加水拌和开始至达到初凝的时间,称为混凝土的初凝时间,而达到终凝的时间称为混凝土的终凝时间。

准确地测试并掌握新拌混凝土的凝结时间,对于保证大坝混凝土的施工质量和耐久性具有重要的意义。如已浇筑的混凝土达到终凝后,继续在它上面浇筑新的混凝土,那么上下两层混凝土间会产生缝隙,称为"冷缝"。1985 年全国水工混凝土耐久性及病害处理的调查结果表明,在已建的混凝土大坝工程中,因渗漏而引起的溶出性侵蚀(溶蚀)较为普遍。而产生这种病害的主要原因就是混凝土施工期在大坝内部遗留大量的"冷缝"和没有很好处理的施工缝,以及其他原因形成的裂缝和孔洞。

为了确保混凝土浇筑层间具有良好的黏结强度,2014 年颁布的《水工混凝土施工规范》(SL 677—2014)中,对混凝土浇筑允许最大间歇时间的规定见表 1-4。

表 1-4　混凝土浇筑允许间歇时间

混凝土浇筑时的气温(℃)	允许间歇时间(min)	
	普通硅酸盐水泥、中热硅酸盐水泥、硅酸盐水泥	低热矿渣硅酸盐水泥、矿渣硅酸盐水泥、火山灰质硅酸盐水泥
20~30	90	120
10~20	135	180
5~10	195	—

影响混凝土凝结时间的因素主要可分新拌混凝土原材料和配合比等内在因素的影响和外界环境的影响,包括外加剂、水泥品种、水胶比、环境温度和湿度等因素。大坝混凝土浇筑块通常较大,浇筑历时较长,为了保证浇筑块混凝土的整体性,对大坝混凝土凝结时间的要求通常根据施工工艺和环境条件来确定,同时采用外加剂来调控大坝混凝土的凝结时间,另外需要做好施工小环境的温度和湿度控制。

4. 新拌混凝土容重

混凝土重力坝依靠自身重量来保持抗滑稳定,要求大坝混凝土有一定的自重。大坝混凝土骨料比例在 70% 以上,因此容重主要由骨料密度和骨料含量决定。2018 年颁布的《碾压混凝土重力坝设计规范》(NB/T 10332—2019)和《混凝土重力坝设计规范》(SL 319—2018)规定:在坝体抗滑稳定计算时,高坝坝体混凝土容重应由试验确定,中、低坝坝体混凝土容重可根据需要进行必要的试验或参照类似工程的资料取值。

1.1.1.2 力学性能

力学性能是混凝土最基本，也是最重要的特性，因为混凝土结构物主要用于承受压缩、拉伸、弯曲、剪切或是多种荷载组合的作用或抵抗各种作用力。大坝混凝土力学性能主要包括抗压强度、抗拉强度、抗弯强度、多轴强度、弹性模量、断裂特性与动力强度等。这些性能在混凝土结构设计中已被作为控制结构安全的重要指标。我国《混凝土拱坝设计规范》(SL 282—2018)、《碾压混凝土坝设计规范》(SL 314—2018)和《混凝土重力坝设计规范》(SL 319—2018)规定，高坝工程混凝土抗压强度、抗拉强度、弹性模量宜通过试验确定，对中、低坝，可根据需要进行必要的试验或参照类似工程的资料取值。

1. 抗压强度

大坝混凝土抗压强度用按标准方法制作养护的边长为 150 mm 的立方体试件，在设计龄期用标准试验方法测得的具有 80% 保证率的抗压极限强度表示，符号为"$C_{龄期}$ 强度值(MPa)"。通常大坝混凝土的设计龄期为 90 d 或 180 d。对于最大骨料粒径为 80 mm 和 150 mm 的三、四级配混凝土，采用湿筛法筛除粒径大于 40 mm 的骨料后成型试件。

《混凝土重力坝设计规范》(SL 319—2018)规定，重力坝坝体内部混凝土的强度等级不应低于 $C_{90}10$，过流表面混凝土的强度等级不应低于 $C_{28}30$。选择混凝土强度等级时，还应考虑由于温度、渗透压力及局部应力集中所产生的影响。《混凝土拱坝设计规范》(SL 282—2018)规定，拱坝坝体混凝土强度不应低于 $C_{90}15$。另外，坝体局部结构混凝土强度应符合《水工混凝土结构设计规范》(SL 191—2008)的规定。

可以看出，标准方法测得的抗压强度值是筛除粒径大于 40 mm 的骨料后的湿筛二级配混凝土的抗压强度值，不是大坝真实级配混凝土的抗压强度。中国水利水电科学研究院对三峡、龙滩、小湾等多个水利水电工程大坝全级配混凝土大试件与湿筛二级配混凝土小试件抗压强度比的统计结果表明，大坝全级配混凝土与湿筛二级配混凝土的抗压强度比为 0.65~1.10，平均值为 0.87，除个别工程大小试件抗压强度比大于 1.0 外，其余的抗压强度比均小于 1.0。

2. 抗拉强度

大坝混凝土抗拉强度包括轴向抗拉强度和劈裂抗拉强度。轴向抗拉强度采用直接拉伸方法测得，结果接近混凝土的实际受力状况。劈裂抗拉强度采用间接测试方法测得，在理论计算上做了某些假定，测得结果与直接测定的轴向抗拉强度有一定的差异。

混凝土作为一种脆性材料，更适合承受压荷载，而不善于承受拉荷载。混凝土抗拉强度相当低，在钢筋混凝土结构设计中是假定混凝土不承受拉应力的，但它对混凝土的抗裂性却起着重要作用。普通混凝土的抗拉强度为抗压强度的 7%~14%，平均值为 10%。

对于大坝混凝土，因为是素混凝土，在进行大坝应力计算和温控防裂设计时，抗拉强度是必须予以考虑的，是决定混凝土抗裂性的关键指标。中国长江三峡集团有限公司试验中心对三峡二期工程现场抽检的 924 组抗压强度与劈裂抗拉强度进行回归分析，得出混凝土劈裂抗拉强度与抗压强度有良好的线性关系，关系式如下：

$$R_P = 0.051\,7R + 0.643 \qquad (n = 924, r = 0.934)$$

式中：R_P 为混凝土劈裂抗拉强度，MPa；R 为混凝土抗压强度，MPa。

中国水利水电科学研究院对小湾水电站大坝混凝土抗拉强度与抗压强度比的统计结

果表明:劈裂抗拉强度拉压比为6.7%～7.3%,轴向抗拉强度拉压比为7.4%～10.0%。

3. 多轴强度

拱坝中的混凝土实际上处于多向应力状态,设计时需要考虑混凝土的实际应力状态。几十年来对混凝土两轴和三轴应力状态下的强度进行了较多研究,大量试验成果已应用于工程中,并且取得了充分利用材料强度和降低工程造价的效果。

根据受力情况,混凝土两轴强度可分为压—压两轴强度、拉—压两轴强度和拉—拉两轴强度三种。试验结果表明,两向受压的混凝土强度高于单轴抗压强度,两向受拉应力状态下混凝土的抗拉强度大致与单轴抗拉强度相等,拉—压应力状态下的混凝土抗拉强度低于单轴抗拉强度。

三轴应力状态可分为压—压—压、压—压—拉和拉—拉—拉等三种。试验结果表明,三向受压的混凝土强度均高于单轴抗压强度;三向受拉应力状态下混凝土的抗拉强度大致与单轴抗拉强度相等;压—压—拉应力状态下随着压缩应力增大,混凝土抗拉强度下降,且下降速率甚快,混凝土抗拉强度低于单轴抗拉强度。

4. 弹性模量

混凝土弹性模量的物理意义是使混凝土产生单位应变所需的应力,分为静弹性模量、切弹性模量和动弹性模量三种。根据静荷载得出的应力—应变曲线而算出的弹性模量称为静弹性模量。静弹性模量根据测试和计算方法的差异,又可分为初始切线弹性模量、切线弹性模量和割线弹性模量三种;根据应力不同又可分为静压弹性模量和静拉弹性模量两种。如果没有特别说明,水利水电工程人员讲的弹性模量通常是指静压弹性模量,是以压应力为极限破坏荷载的40%和压应力为0.5 MPa的两点割线计算的静压割线弹性模量。

弹性模量是混凝土大坝应力计算和温控防裂设计的基本参数,影响因素包括混凝土水胶比、骨料品种与含量、含气量、龄期等。我国《混凝土拱坝设计规范》(SL 282—2018)、《碾压混凝土坝设计规范》(SL 314—2018)和《混凝土重力坝设计规范》(SL 319—2018)规定,高坝工程混凝土弹性模量宜通过试验确定,对中、低坝,可根据需要进行必要的试验或参照类似工程的资料取值。遗憾的是,由于进行大坝全级配混凝土性能测试试验量大,费用成本较高,现阶段测试的大坝混凝土弹性模量基本上都是按照《水工混凝土试验规程》(SL/T 352—2020)测定湿筛二级配混凝土的弹性模量,设计人员进行大坝应力与温控防裂计算时,根据经验添加折算系数得到大坝混凝土弹性模量。

大坝全级配混凝土与湿筛二级配混凝土的骨料含量、含气量存在较大差异,二者的弹性模量通常存在一个比例关系。各工程大坝全级配混凝土与湿筛二级配混凝土静压弹性模量比见表1-5。

1.1.1.3　变形性能

大坝混凝土变形性能包括极限拉伸值、自生体积变形、徐变和干缩。2018年水利部颁布的拱坝、碾压混凝土坝和重力坝设计规范规定,高坝工程混凝土极限拉伸值、自生体积变形宜通过试验确定;对中、低坝,可根据需要进行必要的试验或参照类似工程的资料取值。2017年国家能源局颁布的《混凝土坝温度控制设计规范》(NB/T 35092—2017)规定:高坝混凝土的变形性能试验项目宜包括极限拉伸值、自生体积变形、徐变和干缩;中坝混凝土的试验项目宜包括极限拉伸值和自生体积变形;大于 200 m 的混凝土坝宜增加全级配混凝土极限拉伸值试验。

表 1-5　各工程大坝全级配混凝土与湿筛二级配混凝土静压弹性模量比

工程名称	骨料岩性	静压弹性模量比值			备注
		28 d	90 d	180 d	
三峡	花岗岩	1.12	1.16	—	常态混凝土
小湾	片麻岩	1.14	1.00	—	常态混凝土
龙滩	石灰岩	1.03	1.02	1.01	碾压混凝土
溪洛渡	玄武岩(粗)+灰岩(细)	1.22	—	1.07	常态混凝土
平均值		1.13	1.06	1.04	

1. 极限拉伸值

混凝土极限拉伸值是在混凝土拉伸试验的拉伸应力—应变曲线上极限拉伸破坏应力所对应的应变值,是混凝土大坝应力计算、温度控制设计的重要参数。混凝土极限拉伸值的影响因素主要有水胶比、骨料品种和含量、水泥品种与用量、龄期等。对于高坝大库工程,设计往往规定大坝混凝土的极限拉伸值,如表 1-6 所示。

表 1-6　各工程大坝混凝土极限拉伸值设计要求

工程名称	混凝土强度等级	极限拉伸值($\times 10^{-6}$)		
		28 d	90 d	180 d
三峡	$R_{90}150$	≥70	≥75	—
	$R_{90}200$	≥85	≥88	—
溪洛渡	$C_{180}30$	—	—	≥90
	$C_{180}35$	—	—	≥95
	$C_{180}40$	—	—	≥100
小湾	$C_{180}40$	≥95	≥100	—
锦屏一级	$C_{180}30$	—	—	≥100
	$C_{180}35$	—	—	≥105
	$C_{180}40$	—	—	≥110

混凝土极限拉伸值应依据《水工混凝土试验规程》(SL/T 352—2020)测定。试验时用 30 mm 方孔筛筛除大粒径骨料,成型尺寸为 100 mm×100 mm×550 mm 的大 8 字型试件,养护至规定龄期进行测试。由于试验测试的是筛除 30 mm 以上大粒径骨料混凝土的极限拉伸值,并不是大坝混凝土真实极限拉伸值。表 1-6 所列出的设计要求是对湿筛混凝土极限拉伸值的要求。

近年来,一些高坝、重大工程陆续开展了大坝全级配混凝土的极限拉伸值试验。可以看出,大坝全级配混凝土极限拉伸值均明显低于湿筛混凝土的极限拉伸值,二者之间存在一定的比例关系。比例关系与骨料品种和混凝土配合比有一定的关系。不同工程大坝全级配混凝土极限拉伸值与湿筛混凝土极限拉伸值对比关系列于表1-7。

表1-7 不同工程大坝全级配混凝土极限拉伸值与湿筛混凝土极限拉伸值对比关系

工程名称	混凝土强度等级	28 d			90 d			180 d		
		极限拉伸值($\times 10^{-6}$)		D/S	极限拉伸值($\times 10^{-6}$)		D/S	极限拉伸值($\times 10^{-6}$)		D/S
		全级配	湿筛		全级配	湿筛		全级配	湿筛	
小湾	$R_{180}40$	0.82	1.18	0.69	—	—	—	0.97	1.36	0.71
大岗山	$C_{180}40$	0.89	1.22	0.73	0.99	1.28	0.77	1.02	1.40	0.73
溪洛渡	$C_{180}40$	0.49	0.86	0.57	—	—	—	0.64	1.04	0.62
白鹤滩（可研阶段）	$C_{180}40$	0.71	1.05	0.68	0.73	1.12	0.65	0.75	1.24	0.60

2. 自生体积变形

在恒温绝湿条件下,由胶凝材料水化作用引起的混凝土体积变形称为混凝土自生体积变形,它主要与水泥品种、水泥用量、混合材(掺合料)和骨料品种有关。若大坝混凝土的自生体积变形为收缩型,当其与温降收缩和干缩叠加,大坝开裂的可能性增大;若自生体积变形为微膨胀型,可抵消部分因温降而产生的收缩应变,有利于大坝混凝土的抗裂性。

自生体积变形是评价大坝混凝土抗裂性能的一个重要参数,设计人员通常希望混凝土自生体积变形为微膨胀、不收缩或微收缩,但很多工程由于受当地原材料的限制,混凝土自生体积变形为收缩型,且呈现较大的收缩变形。若混凝土自生体积收缩变形为$(40 \sim 100) \times 10^{-6}$,以混凝土线膨胀系数为$10 \times 10^{-6}/℃$计,则相当于温降$4 \sim 10$ ℃所引起的收缩变形,这充分说明混凝土自生体积收缩变形对混凝土抗裂性有着不容忽视的负面影响。

近几十年来,水利水电工程人员在减少大坝混凝土自生体积收缩变形方面开展了大量的试验研究与工程实践应用,部分研究成果已成功应用于大坝建设,取得良好的效果。如研制低热微膨胀硅酸盐水泥,提高中热硅酸盐水泥中MgO的含量(不超过5%),以及外掺轻烧氧化镁膨胀剂等。

3. 徐变

徐变是指持续荷载作用下,混凝土的变形随时间不断增加的现象。对于大坝工程,徐变是结构计算中不可忽略的一个重要因素,徐变能松弛温度应力,降低开裂风险,在结构应力集中区和受不均匀地基沉陷引起的局部应力区,徐变能使这些结构处的应力重新分布。因此,对于大体积混凝土,在保持强度不变的条件下,设法提高混凝土的徐变是有利的。

混凝土在外荷载作用下,立即产生瞬时弹性变形ε_y,随持荷时间的增长,其变形不断增加。增加的变形扣除补偿变形(不加荷试件的变形)即称为徐变变形C。为应用方便起见,定义单位应力作用下的徐变变形为徐变度(亦称比徐变),即

$$C(t,\tau) = (\varepsilon - \varepsilon_0')/\sigma \tag{1-1}$$

式中：$C(t,\tau)$ 为在龄期 τ 加荷，t 时刻的徐变度，$\times 10^{-6}/\mathrm{MPa}$；$\varepsilon$ 为徐变变形与补偿变形之和，$\times 10^{-6}$；ε_0' 为补偿变形，$\times 10^{-6}$；σ 为加荷应力，MPa。

影响混凝土徐变的因素很多，归纳起来可分为内部因素和外部因素两部分。内部因素主要有混凝土原材料和配合比，外部因素主要有环境湿度与温度、加荷龄期、持荷时间、应力大小及结构尺寸等。

水泥品种对混凝土徐变的影响不大，但骨料岩性对混凝土徐变具有重要影响。研究表明，砂岩骨料的徐变最大，约为石灰岩骨料的 2.3 倍。灰浆率是单位体积混凝土的水泥浆体积的含量，综合反映了水泥和水的影响，也间接反映了骨料体积含量的影响。混凝土中产生徐变的物质主要是水泥浆体。根据有关试验，如强度保持不变，徐变随灰浆率的增加而增大，两者近似呈正比关系。混凝土徐变随加荷龄期的增长而减小，随持荷时间的增长而增加，但徐变增长速率随持荷时间的增长而降低。

大坝混凝土的最大骨料粒径可达 80 mm 或 150 mm，浆体体积仅为 20% 左右，因此大坝全级配混凝土的徐变变形明显小于湿筛二级配混凝土，如图 1-4 所示。

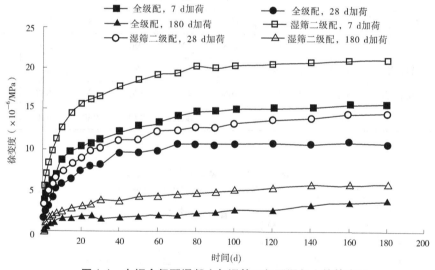

图 1-4　大坝全级配混凝土与湿筛二级配混凝土的徐变度

4. 干缩

混凝土的干缩是由水泥石、骨料的干缩引起的。混凝土干缩的机制比较复杂，尤其是水泥石的收缩机制更复杂，至今尚未完全探明，较公认的水泥石收缩理论主要有毛细管张力学说、表面吸附学说等。研究表明，湿度扩散速度要比温度扩散速度慢 1 000 倍，湿度扩散 6 cm 深需 1 个月时间，而温度在 1 个月内能传播 6 m 深。因此，大体积混凝土内部不存在干缩问题，但表面干缩是一个不能忽视的问题，应予以足够的重视。

混凝土的干缩值是置于一定温度和湿度中的非密封试件的变形与密封试件变形之差，完全是由环境湿度变化引起的变形。实际上，依据《水工混凝土试验规程》(DL/T 5150—2017)测出的干缩包括了自生体积变形。因此，混凝土干缩试验结果扣除自生体积变形值才是真正的干缩值。

影响混凝土干缩的因素很多,主要有水泥品种及掺合料、混凝土配合比、骨料种类及含量、外加剂种类及掺量、环境相对湿度、构件尺寸及养护条件等。

水泥品种对混凝土干缩影响较大。一般情况下,C3A 含量大、细度较细的水泥干缩较大,而 SO_3 含量可调整到最优水平,其干缩较小,石膏含量不足的水泥则具有较大的干缩。在原材料一定的条件下,混凝土配合比对干缩有很大影响。混凝土的干缩随着水泥用量的增加而增大,随用水量的增加而增大,随水胶比的增加而增大。在水胶比不变的情况下,混凝土干缩随砂率的增加而增大,但增大的幅度较小。

中国水利水电科学研究院对石灰岩、花岗岩、玄武岩、辉绿岩、石英砂岩、砂岩共 6 种骨料碾压混凝土干缩试验结果进行汇总,见表 1-8 与图 1-5。可以看出,石灰岩骨料混凝土收缩最小,砂岩骨料混凝土收缩最大,而玄武岩与花岗岩骨料混凝土收缩较小。

表 1-8　6 种骨料碾压混凝土干缩试验结果　　　　　　　　　（单位:×10⁻⁶）

序号	骨料品种	强度等级	时间(d)						
			3	7	15	30	45	60	90
1	石灰岩	$C_{90}15$	18	38	67	84	86	87	88
2	花岗岩	$C_{90}20$	16	101	136	229	232	235	258
3	玄武岩	$C_{90}15$	57	156	226	296	300	305	321
4	辉绿岩	$C_{90}15$	93	205	300	456	520	560	596
5	石英砂岩	$C_{90}20$	97	269	427	570	600	658	686
6	砂岩	$C_{90}15$	218	415	601	870	930	970	1 001

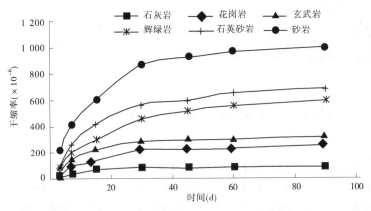

图 1-5　6 种骨料碾压混凝土干缩试验结果

1.1.1.4　热物理性能

混凝土温度应力来源于混凝土受约束时热变化而导致的体积变形,在大坝混凝土中,水泥水化放热,热量从表面散发,所以在混凝土中产生温度梯度,靠近表面的梯度较大。观测结果表明,由此温度应力导致的应力足以使大体积混凝土内部产生贯穿性裂缝。在多数混凝土重力坝或拱坝中,温度应力等于甚至高于水荷载作用的工作应力。因此,大体积混凝土的热物理性能应在设计前通过试验或根据经验确定。

混凝土热物理性能试验结果用于坝体温度应力计算,以及决定是否需要内部冷却、表面保温或者是对混凝土原材料预冷,以防止大坝混凝土产生裂缝。大坝混凝土温度场和温度应力计算所需要的热性能参数,除了绝热温升过程线外,还包括导热系数、导温系数、比热和线膨胀系数。

1. 绝热温升

在绝热条件下,由于胶凝材料水化产生的热量引起混凝土升高的温度,称为绝热温升。所谓绝热条件,是指在胶凝材料水化放热过程中与外界环境不发生热交换,即既不放热也不吸热。混凝土绝热温升测定有间接法和直接法两种:间接法——由水泥水化热、混凝土比热、容重和水泥用量计算获得;直接法——用绝热温升试验装置直接测定。用间接法计算的混凝土绝热温升值与试验测定的绝热温升值相差较大,因此大型工程应采用试验直接测定。

大坝混凝土绝热温升的影响因素主要有水泥品种与用量、掺合料品种与掺量、外加剂、浇筑温度等。水泥品种对混凝土绝热温升的影响反映在组成水泥的矿物成分上,水泥矿物成分中发热速率最快和发热量最大的是铝酸三钙(C3A),其他成分按发热量大小依次排序是硅酸三钙(C3S)、硅酸二钙(C2S)和铁铝酸四钙(C4AF)。掺加矿物掺合料可以降低混凝土的水泥用量,从而使混凝土的 28 d 绝热温升也降低。但不同掺合料对降低混凝土绝热温升效果是不同的,矿渣粉比粉煤灰的效果要差些。

掺加普通减水剂或高效减水剂均能降低混凝土用水量,保持水胶比不变则相应减少水泥用量,从而使混凝土绝热温升降低;掺缓凝型减水剂,混凝土缓凝,早期温升速率的峰值出现时间延迟,因此早期温升值比不掺缓凝型减水剂的低,但对 28 d 绝热温升值不会有什么影响。混凝土初始温度(入仓温度)低,水泥水化温度低,水泥水化速率低,水泥水化热也低,从而使混凝土 28 d 绝热温升也低。

为了降低温度开裂风险,大坝混凝土设计中有低热性的要求,即大坝混凝土应具有低的绝热温升。为了实现低热性,应尽量选用低发热量和发热速率小的水泥,同时在保证混凝土其他性能满足设计要求的前提下,应尽量降低胶凝材料用量,减少水泥用量,提高掺合料掺量,另外掺加缓凝型减水剂降低早期放热速率,再次降低混凝土初始温度,最终实现降低混凝土绝热温升值的目的。

2. 导热系数

材料或构件两侧表面存在温度差时,热量可以由材料的高温一面传到低温一面的性能称为材料的导热性能,用导热系数 λ 表示。假设材料两侧温差为 ΔT,材料厚度为 h,面积为 A,则在稳定热流传导下,τ 小时内通过材料内部的热量为

$$Q = \lambda \frac{\Delta T}{h} A \tau \tag{1-2}$$

所以

$$\lambda = \frac{Qh}{\Delta T A \tau} \tag{1-3}$$

导热系数 λ 的物理意义为:厚度1 m,表面积1 m² 的材料,当两侧温差为1 ℃时,在时间1 h 内所传导的热量(kJ),单位为 kJ/(m·h·℃)。导热系数 λ 值愈小,材料的隔热性能愈好。

混凝土导热系数的影响因素主要有骨料品种(岩性)、温度、用水量、含水状态及龄期等。骨料品种(岩性)是影响混凝土导热系数的最重要因素,不同(岩性)骨料的矿物成分不同,直接影响混凝土导热系数测值大小。水的导热系数比骨料低3~7倍,所以用水量增加,混凝土导热系数降低。

我国部分工程大坝混凝土导热系数与导温系数试验结果汇总见表1-9。从表1-9可以看出,石英砂岩骨料混凝土导热系数最大,达到11.668 kJ/(m·h·℃)。导热系数从大到小骨料品种的次序为石英砂岩→花岗岩→白云岩→石灰岩→玄武岩,玄武岩骨料混凝土导热系数5.740 kJ/(m·h·℃)最小。天然砂砾石骨料混凝土导热系数变化很大,这是由于天然砂砾石骨料岩性变化大所致。

表1-9 我国部分工程大坝混凝土导热系数与导温系数试验结果汇总

序号	工程名称	强度等级	水胶比	骨料品种	粉煤灰(%)	导热系数 [kJ/(m·h·℃)]	导温系数 (×10⁻³m²/h)	备注
1	山口岩	$C_{90}20$	0.50	石英砂岩	50	11.668	5.012	碾压
2	冲乎儿	$C_{180}20$	0.48	卵石	50	9.514	4.435	碾压
3	小湾	$C_{180}30$	0.45	花岗片麻岩	35	8.607	3.390	常态
4	龙开口	$C_{90}20$	0.50	白云岩	50	8.160	3.410	碾压
5	大岗山	$C_{180}40$	0.43	花岗岩	30	8.400	3.350	常态
6	伦潭	$C_{90}20$	0.50	花岗岩	59	8.121	3.595	碾压
7	光照	$C_{90}20$	0.48	石灰岩	55	7.810	3.155	碾压
8	白鹤滩	$C_{180}30$	0.50	石灰岩	35	7.700	2.680	常态
9	大丫口	$C_{180}20$	0.50	石灰岩	55	7.290	3.079	碾压
10	观音岩	$C_{90}20$	0.43	卵石	0	7.035	3.227	常态
11	白鹤滩	$C_{180}35$	0.45	玄武岩	35	6.930	2.400	常态
12	糯扎渡	$C_{90}55$	0.40	花岗岩	15/18	6.320	3.102	抗冲磨
13	三峡	$C_{90}15$	0.50	花岗片麻岩	40	5.870	2.785	常态
14	积石峡	$C_{90}20$	0.40	花岗闪长岩	25	5.776	2.643	常态
15	铜街子	$C_{90}15$	0.47	卵石	50	5.768	3.101	碾压
16	金安桥	$C_{90}20$	0.50	玄武岩	63	5.740	2.577	碾压
17	锦凌	$C_{90}15$	0.50	卵石	30	5.010	2.237	常态

3. 导温系数

导温系数的物理意义是表示材料在冷却或加热过程中,各点达到同样温度的速率,单位是 m^2/h。导温系数越大,则各点达到同样温度的速率就愈快。

混凝土导温系数的影响因素主要有骨料品种与用量、用水量、温度等。骨料品种和用量是混凝土导温系数的主要影响因素,温度和用水量的影响相对较小。如混凝土温度从 10 ℃增至 65 ℃,混凝土导温系数平均降低约 16%;混凝土用水量(按单位体积混凝土质量计)从 4% 增至 8%,混凝土导温系数随用水量的增加而降低,且低温 10 ℃比高温度 65 ℃降低得多些。

与标准养护(20±3)℃条件相比,大坝内部混凝土实际上是处在绝热条件下养护,而混凝土中的水泥因水化而不断产生热量,因此实际温度比标准养护的温度高。混凝土导温系数随养护温度的升高而降低,所以大坝内部混凝土的导温系数比标准养护试件测定的导温系数低。

4. 比热

比热表示 1 kg 物质温度升高或降低 1 ℃时所吸收或放出的热量,其单位为 kJ/(kg·℃)。影响混凝土比热的因素主要包括温度、用水量和骨料品种,其中温度对混凝土比热的影响比较明显,用水量和骨料品种对混凝土比热的影响都比较小。混凝土从 10 ℃增长到 65 ℃,混凝土比热大约增长 20%。

大坝混凝土骨料占比 75% 以上,但骨料品种对混凝土比热影响比较小,另外,大坝混凝土设计龄期通常为 90 d 或 180 d,且龄期对混凝土比热的影响甚微,龄期由 3 d 增至 180 d,混凝土比热增加 1%~2%。因此,不同工程骨料大坝混凝土的比热相差也不大。

5. 线膨胀系数

混凝土线膨胀系数定义为单位温度变化导致混凝土单位长度的变化,线膨胀系数 α 按下式计算:

$$\alpha = \frac{\varepsilon_2 - \varepsilon_1}{T_2 - T_1} \tag{1-4}$$

式中:ε_1 为 T_1 温度时的应变;ε_2 为 T_2 温度时的应变。

混凝土线膨胀系数的影响因素主要有骨料品种与用量、温度与相对湿度、龄期与养护条件等。骨料品种是混凝土线膨胀系数最主要的影响因素,骨料线膨胀系数越大则混凝土线膨胀系数也越大。混凝土温度在 10~65 ℃范围内时,混凝土单位温度变化导致的单位长度变化几乎是相等的,即混凝土线膨胀系数可视为常数,但在温度低于 10 ℃时,混凝土线膨胀系数随着温度的下降而减小。另外,在水中养护与空气中养护的混凝土的线膨胀系数是不同的,水中养护的混凝土线膨胀系数比空气中养护的小些。

大坝混凝土骨料用量高,因此其线膨胀系数通常低于湿筛二级配混凝土和普通泵送混凝土的线膨胀系数。水的线膨胀系数约为 $210×10^{-6}/℃$,高于水泥石的线膨胀系数十多倍,所以水泥石的线膨胀系数取决于它本身的水分含量,变动范围从 $11×10^{-6}/℃$ 至 $20×10^{-6}/℃$。骨料的线膨胀系数变动范围从 $5×10^{-6}/℃$ 至 $13×10^{-6}/℃$。因此,混凝土的线膨胀系数介于两者之间,并随着骨料用量的增加而减小。

1.1.2 大坝混凝土原材料

1.1.2.1 水泥

水泥是混凝土结构物的主要胶结材料。在大体积混凝土中常用的水泥是硅酸盐类水泥,其品种有:硅酸盐水泥、普通硅酸盐水泥、中热硅酸盐水泥、低热硅酸盐水泥、矿渣硅酸盐水泥、火山灰质硅酸盐水泥及抗硫酸盐硅酸盐水泥等。其中,以硅酸盐水泥、普通硅酸盐水泥、中热硅酸盐水泥最为常用。近年来,低热硅酸盐水泥以其慢发热、低水化热、后期强度高的特性逐步被大家所认知,并在我国大坝混凝土中开始推广应用。

1. 硅酸盐水泥熟料的主要化学成分及矿物组成

以适当成分的生料,烧至部分熔融,得到以硅酸盐为主要成分的熟料,即为硅酸盐类水泥熟料。硅酸盐类水泥不同品种的区别,主要是水泥熟料矿物组成不同,或掺有不同品种、不同掺量的混合材料。

硅酸盐类水泥熟料的化学成分主要是一些氧化物,如氧化钙(CaO)、氧化硅(SiO_2)、氧化铝(Al_2O_3)、氧化铁(Fe_2O_3)、氧化镁(MgO)等,它们在熟料中的含量范围大致如表 1-10 所示。

表 1-10　硅酸盐类水泥熟料中化学成分的含量范围　　　　　　（%）

化学成分	含量范围	化学成分	含量范围	化学成分	含量范围	化学成分	含量范围
CaO	$60\sim67$	Al_2O_3	$3\sim8$	MgO	$1\sim4$	K_2O	$0.5\sim$
SiO_2	$19\sim25$	Fe_2O_3	$1\sim6$	SO_3	$1\sim3$	Na_2O	1.5

这些氧化物在高温下煅烧成的熟料含四种主要矿物:硅酸盐三钙($3CaO \cdot SiO_2$),简称 C3S;硅酸盐二钙($2CaO \cdot SiO_2$),简称 C2S;铝酸三钙($3CaO \cdot Al_2O_3$),简称 C3A;铁铝酸四钙($4CaO \cdot Al_2O_3 \cdot Fe_2O_3$),简称 C4AF。这几种矿物成分的性质各不相同,它们在熟料中的相对含量改变时,水泥的技术性质也就随之改变。它们的一般含量及主要特性如下:

C3S——含量(32%~64%)。它是水泥中产生早期强度的矿物。C3S 含量越高,水泥 28 d 以前的强度也越高。水化速度比 C2S 快,比 C3A 与 C4AF 慢,这种矿物的水化热较 C3A 低,较其他两个矿物高。

C2S——含量(14%~28%)。它是四种矿物成分中水化最慢的一种,水化热也最小,是水泥中产生后期强度的矿物,其早期强度较低。

C3A——含量(2.5%~15%)。它的水化速度最快,发热量最高,强度发展虽然很快但不高,体积收缩大,抗硫酸盐侵蚀性能差。

C4AF——含量(10%~19%),它的水化速率较快,仅次于 C3A。水化热及强度均为中等。含量多时对提高水泥抗拉强度有利。

除上述几种主要成分外,水泥中尚有以下几种少量成分:

MgO——适量含量是有利的,有利于减少水泥水化自收缩,但含量多时会使水泥安定性不良,发生膨胀破坏。

游离氧化钙——有害成分,含量超过 1% 时,可能使水泥安定性不良。

碱分(K_2O、Na_2O)——有害成分,与活性骨料能引起碱骨料反应,使体积膨胀,产生裂缝。

2. 水泥矿物组成对水泥性能的影响

1)对强度的影响

硅酸盐类水泥的强度受其熟料矿物组成的影响较大。矿物组成不同的水泥,其强度的发展是不相同的。C3S 具有较高的强度,特别是较高的早期强度。C2S 早期强度较低,但后期强度较高;C3A 和 C4AF 的强度均在早期发挥,后期强度几乎没有发展,但 C4AF 的强度大于 C3A 的强度。表 1-11 是水泥熟料单矿物的强度。

表 1-11　水泥熟料单矿物的强度

矿物名称	抗压强度(MPa)				
	3 d	7 d	28 d	90 d	180 d
C3S	29.6	32.0	49.6	55.6	62.6
C2S	1.4	2.2	4.6	19.4	28.6
C3A	6.0	5.2	4.0	8.0	8.0
C4AF	15.4	16.8	18.0	16.0	19.6

2)对水化热的影响

水泥单矿物的水化热试验数据有较大的差别,但是其大体的规律是一致的。不同熟料矿物的水化热和放热速率大致遵循下列顺序:

$$C3A>C3S>C4AF>C2S。$$

水泥中四种主要组成矿物的相对含量不同,其放热量和放热速率也不相同。C3A 与 C3S 含量较多的水泥放热量大,放热速率也快,对大体积混凝土防止开裂是不利的。图 1-6 是各种不同矿物组成的水泥水化热与时间的关系。

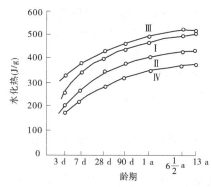

	C3S (%)	C2S (%)	C3A (%)	C4AF (%)
Ⅰ	49	25	12	8
Ⅱ	46	29	6	12
Ⅲ	56	15	12	8
Ⅳ	30	46	5	13

图 1-6　水泥水化热与时间的关系

3)对收缩的影响

水泥熟料中四种主要矿物的收缩率见表 1-12。表中以 C3A 的收缩率最大,比其他三种熟料矿物的收缩高 3~5 倍。C3S、C2S 和 C4AF 三种矿物的收缩率相差不大。

表 1-12　水泥熟料中四种主要矿物的收缩率(%)

矿物名称	收缩率	矿物名称	收缩率
C3A	0.002 24~0.002 44	C3S	0.000 75~0.000 83
C2S	0.000 75~0.000 83	C4AF	0.000 38~0.000 60

3. 大坝用水泥的选择

大坝混凝土作为典型的大体积混凝土,选用水泥时,除强度、耐久性要求外,更重要的是要求水化热低。

水泥中的 C3A 发热量最高,且耐久性差、收缩大,因此降低 C3A 的含量对于大坝混凝土水化热和耐久性都是有利的。C3S 的发热量很高,C2S 的发热量最低。因此,可以用减小 C3S、增加 C2S 含量的办法降低水泥水化热。但是 C2S 含量过多的水泥强度低,尤其早期强度增长很慢,制成一定强度等级的混凝土时,水泥用量增多,因此混凝土总的发热量(水泥质量与水化热的乘积)不一定少,所以对于内部混凝土用的水泥,只能适当减少 C3S 和 C3A 的含量,对 C3A 和 C3S 加以适当限制,选用低热硅酸盐水泥比较有利。

1.1.2.2　掺合料

掺合料按其性质分为两类:活性掺合料和非活性掺合料。活性掺合料按其特征分为三类:粒化高炉矿渣、火山灰质(包括粉煤灰)和硅粉。对于大坝混凝土,使用最多的掺合料是粉煤灰,其次是粒化高炉矿渣和硅粉。

1. 粉煤灰

粉煤灰或称飞灰,是以燃煤发电的火力发电厂从烟道中收集的一种工业废渣,磨成一定细度的煤粉在煤粉炉中燃烧 1 100~1 500 ℃后,由收尘器收集的细灰。

粉煤灰与其他火山灰质混合材料相比,有许多特点,因此通常将它从人工火山灰中单列出来。粉煤灰化学成分以 SiO_2 和 Al_2O_3 为主,矿物组成主要是铝硅玻璃体、少量的石英和莫来石($3Al_2O_3 \cdot 2SiO_2$)等结晶矿物以及未燃尽的碳粒。玻璃体是粉煤灰具有活性的主要组成部分,在其他条件相同时,玻璃体含量越高,活性越高。

国家标准《用于水泥和混凝土的粉煤灰》(GB/T 1596—2017)将粉煤灰分为 F 类和 C 类两种:F 类为烟煤或无烟煤燃烧后收集的灰,C 类为褐煤或次烟煤燃烧后收集的灰,CaO 含量一般大于或等于 10%。规定 F 类粉煤灰中氧化硅、氧化铝和氧化铁的总含量应不小于 70%,C 类粉煤灰中这三种氧化物的总量应不小于 50%。除此之外,国家标准还规定了粉煤灰的细度、需水量比、三氧化硫含量、烧失量、含水量、游离氧化钙含量、密度、安定性和强度活性指数。

粉煤灰通过其"形态效应""填充效应"和"活性效应"对混凝土多项性能产生影响。

1) 对强度的影响

粉煤灰对混凝土强度的影响主要取决于质量及掺量。在粉煤灰的质量中以含碳量及细度影响最大,随粉煤灰含碳量的增加,混凝土抗压强度降低;粉煤灰细度越细,混凝土抗压强度越高。

2) 对水化热的影响

在混凝土中掺入优质粉煤灰可以减少水泥用量,从而降低混凝土绝热温升,对大体积混凝土降低温升,减小温差,防止发生温度裂缝非常有利。

3)对干缩的影响

用优质粉煤灰等量取代一部分水泥后,其收缩量明显减小,如表1-13所示。

表1-13 粉煤灰对砂浆和混凝土干缩的影响

粉煤灰掺量 (%)	干燥收缩率(×10⁻⁶)						
	砂浆					混凝土	
	3 d	7 d	14 d	28 d	50 d	28 d	50 d
0	$\dfrac{0.90}{100}$	$\dfrac{2.00}{100}$	$\dfrac{7.90}{100}$	$\dfrac{12.70}{100}$	$\dfrac{14.00}{100}$	$\dfrac{3.80}{100}$	$\dfrac{5.70}{100}$
20	$\dfrac{0.70}{70}$	$\dfrac{1.80}{90}$	$\dfrac{7.30}{92}$	$\dfrac{11.10}{88}$	$\dfrac{11.90}{85}$	$\dfrac{3.10}{82}$	$\dfrac{5.00}{88}$
40	$\dfrac{0.50}{56}$	$\dfrac{1.50}{75}$	$\dfrac{6.60}{84}$	$\dfrac{9.60}{84}$	$\dfrac{10.10}{72}$	$\dfrac{3.10}{82}$	$\dfrac{4.60}{81}$

4)对耐久性的影响

混凝土中掺入粉煤灰可以显著降低混凝土透水性,提高抗渗性能。掺加粉煤灰对混凝土抗冻性有明显不利影响,粉煤灰掺量越大,抗冻融性降低越多,但掺粉煤灰混凝土在引入一定的含气量后,在含气量和强度基本相同的情况下,与不掺粉煤灰混凝土具有相同的抗冻性能。另外,粉煤灰利用其微集料填充效应,可提高混凝土的抗硫酸盐侵蚀性。

我国早在20世纪50年代就在三门峡等大坝工程混凝土中掺用粉煤灰,其后在西津工程、青铜峡工程、陈村、潘家口、大化、紧水滩、龙羊峡等水利水电工程的混凝土中都掺用了粉煤灰,取得了良好效果。大坝混凝土掺用粉煤灰,不仅可节约大量水泥,而且是降低大体积混凝土温升、防止混凝土裂缝、提高工程质量、降低工程造价的有效措施。

目前,粉煤灰已作为大坝混凝土的必要组分之一,常态混凝土中粉煤灰掺量通常在25%~35%,碾压混凝土的掺量通常在40%~60%。如我国在建的全球第二大水电站白鹤滩水电站,大坝混凝土粉煤灰掺量35%,丰满(重建)工程大坝碾压混凝土粉煤灰掺量50%~60%。工程实践证明,掺粉煤灰后,混凝土多项性能显著改善,有效防止了大体积混凝土裂缝。大坝混凝土掺用粉煤灰的主要技术措施是:①选择需水量较小,品质稳定的F类粉煤灰,通常选用Ⅰ级或Ⅱ级;②合理选择水泥品种;③充分利用粉煤灰的二次水化活性,采用90 d或180 d龄期的强度作为大坝混凝土设计强度。

近年来,随着我国燃煤电厂相继安装并开始运行脱硝装置,粉煤灰作为大坝混凝土矿物掺合料在应用中出现了新问题,即采用脱硝粉煤灰拌制混凝土时产生刺鼻性气味。研究表明,主要是脱硝过程中残留在粉煤灰中的NH_4HSO_4和$(NH_4)_2SO_4$遇到水泥水化产物$Ca(OH)_2$便会反应产生氨气并释放出来。中国水利水电科学研究院和中国长江三峡集团公司系统研究了脱硝粉煤灰中铵含量检测方法及其铵盐对混凝土性能的影响,揭示了粉煤灰中铵盐在水泥水化过程的反应机制和对水工混凝土各项性能的影响,提出了粉煤灰中铵含量检测方法和控制标准。

2. 粒化高炉矿渣

高炉矿渣是高炉熔炼生铁时,熔剂(石灰石)和铁矿石中的杂质在1 400~1 500 ℃熔融生成的矿渣。高温下流出高炉的熔融矿渣,如果缓慢冷却就会形成块状结晶体,没有活性,使用价值不大。如果进行急冷处理就会分散成粒状矿渣,形成玻璃体结构,在玻璃体结构中各种矿物呈解离状态,结构不稳定。急冷使热能保留下来,蕴藏在矿渣玻璃中成为化学潜能,具有很高的活性。冷却越迅速、越充分,矿渣的活性也就越高。因此,矿渣的活性不仅取决于化学成分,而且在很大程度上取决于内部结构。

磨细的粒化高炉矿渣与水拌和时,反应极慢,得不到足够的胶凝性能,但在某些外加物的作用下,矿渣的活性会被激发出来,这些外加物称为激发剂。常用的激发剂有碱性激发剂和硫酸盐激发剂:碱性激发剂一般为石灰或是硅酸盐水泥水化时析出的氢氧化钙;硫酸盐激发剂一般为各种石膏或以硫酸钙为主要成分的化工废渣。

粒化高炉矿渣是生产矿渣水泥及其他品质水泥的重要原料,作为混凝土掺合料,近年来在铁路、交通、工业建筑领域也得到广泛应用。作为大坝混凝土掺合料,主要与石灰石粉、凝灰岩石粉等惰性掺合料复合应用,如云南景洪水电站,采用磨细粒化高炉矿渣与石灰石粉按 1:1 的比例混合制成双掺料使用;云南大朝山水电站,采用磨细粒化高炉矿渣与凝灰岩石粉按一定比例混合制成 PT 掺合料使用。矿渣作为大坝混凝土掺合料,在保证混凝土质量的前提下,对于降低工程造价,实现工业废渣再利用,保护环境具有重要的意义。

1.1.2.3　外加剂

在水工混凝土中掺用不同类型的外加剂是提高混凝土质量,改善混凝土性能,加快施工进度,改革施工工艺,节约水泥用量和降低混凝土成本的有效措施。

我国在 20 世纪 50 年代修建佛子岭、梅山等工程时就开始使用松香热聚物及松脂皂引气剂。1957 年三门峡、新安江等大坝工程中开始使用纸浆废液塑化剂(现称减水剂)。1965 年刘家峡水电站开始联合掺用减水剂和引气剂。70 年代以后,外加剂在水工混凝土中得到更加广泛应用,这对提高大坝混凝土质量和节约水泥用量取得了良好的效果。

在大坝混凝土中常用的外加剂主要有减水剂、引气剂和缓凝剂,以及它们的复合剂。

1. 减水剂

1)减水剂作用机制

混凝土减水剂是最常用、最重要的外加剂。减水剂又称塑化剂或分散剂,它的主要作用是减水和增塑。

(1)减水作用。减水剂产生减水作用的机制主要是由于它的吸附及分散作用。水泥加水搅拌后,会产生一些絮凝状结构,其中包裹着许多拌和水,从而减少了水泥水化的水量,降低了混凝土拌和物的和易性。为此,就必须在拌和时相应增加用水量,这就使水泥石结构中形成过多的孔隙,从而严重影响硬化混凝土一系列物理力学性能。

混凝土中加入减水剂后,减水剂的憎水基团定向吸附于水泥质点表面,亲水基团指向水溶液,组成吸附膜。由于水泥质点表面带有同性电荷,在电性斥力作用下,不但水泥—水体系处于相对稳定的悬浮状态,而且使水泥加水初期所形成的絮状结构分散解体,使絮状凝聚体内的游离水释放出来,从而达到减水的目的。

(2)塑化作用。塑化作用除了上面提到的吸附、分散作用外,还有湿润和润滑作用。水泥加水后,颗粒表面被水润湿,使水泥与水的接触表面增大,有利于水泥的分散与水化,水泥颗粒表面形成一层稳定的溶剂化水膜,阻止水泥颗粒直接接触,并在颗粒间起润滑作用。另外,掺入减水剂后,一般伴随着引入少量微细气泡,这些气泡被减水剂定向吸附的分子膜包围,并与水泥颗粒吸附膜电荷的符号相同。因而,气泡与气泡、气泡与水泥颗粒间也具有电性斥力,使水泥颗粒分散,增加了水泥颗粒间的滑动能力。这种作用对引气型外加剂更为明显。

由于减水剂具有吸附、分散、湿润和润滑作用,混凝土掺入减水剂后,在水胶比及水泥用量不变情况下,可显著增加混凝土流动性。

2) 减水剂种类

(1) 普通减水剂。普通减水剂主要包括木质素类、糖蜜类和腐植酸类三种。

木质素类减水剂是大坝混凝土最早使用的一类减水剂,这类减水剂的原料来源丰富,制造工艺简单,价格低廉。木质素类减水剂具有一定的缓凝性和引气性,对于混凝土的抗压强度要求不太高的早期大体积混凝土工程,使用这类减水剂的比较普遍。如葛洲坝工程、乌江渡工程、潘家口工程等。

糖蜜减水剂的减水率一般为 5%~10%,增强型的在 20% 左右,糖蜜减水剂具有较强的缓凝作用。这一特性,对于大体积混凝土尤其对某些夏季施工的混凝土是十分重要的。为了在低温环境中,大体积混凝土也能使用糖蜜减水剂,也有非缓凝型的改性糖蜜减水剂。糖蜜减水剂最早在 1959~1963 年施工的西津水电站工程中使用。以后,不少工程也采用这类减水剂,如富春江大坝工程使用木糖浆,湖南镇大坝工程使用木糖浆和糖蜜,大黑汀大坝工程及大化大坝工程使用糖蜜减水剂都取得了良好效果。

腐植酸减水剂是用草炭、褐煤、风化煤中含有的腐植酸进行加工处理而得的一种减水效果较小的减水剂,减水率为 10% 左右,并有一定的缓凝作用。这类减水剂在大坝工程中应用较少。

(2) 高效能减水剂。高效能减水剂通常称为高效减水剂、超塑化剂,是一种新型的化学外加剂,其化学性能有别于普通减水剂,在正常掺量时具有比普通减水剂更高的减水率,没有严重的缓解及引气量过多的问题。我国高效减水剂品种较多,主要品种有萘系高效减水剂、蜜胺高效减水剂、氨基磺酸盐减水剂、脂肪族高效减水剂等。目前我国大坝混凝土应用最多的是萘系高效减水剂。

萘系高效减水剂是以萘及萘系同系物为原料,经浓硫酸磺化、水解,甲醛缩合,用氢氧化钙或部分氢氧化钠和石灰水中和,经干燥而成的产品。

(3) 高性能减水剂。高性能减水剂是一种新型的减水剂,国外 20 世纪 80 年代开始研发,我国 20 世纪末开始研发,它具有比萘系减水剂更高的减水率和更好的坍落度保持性能,并具有一定的引气性和较低的混凝土收缩性。目前我国使用的高性能减水剂以聚羧酸盐为主。对于大坝混凝土,高性能减水剂应用较少,仅在坝体内廊道、结构部位或采用泵送入仓的泵送混凝土中使用。

聚羧酸系高性能减水剂是由一定长度的活性聚醚大单体与含有羧酸、磺酸等官能团的不饱和单体共聚而成的梳形接枝共聚物分散剂。主链上的羧酸、磺酸等极性基团提供吸附点,长聚醚侧链提供空间位阻效应,从而赋予共聚物良好的分散性能。聚羧酸系高性能减水剂掺量低、减水率高、保坍性能好、增强效果好,而且能有效地降低混凝土的干燥收缩。

目前我国水工大坝混凝土对高性能与高效减水剂的性能要求主要包括减水剂匀质性和掺减水剂混凝土的减水率、泌水率、含气量、凝结时间差、坍落度 1 h 经时变化、抗压强度比和收缩率比。性能指标见表 1-14。

表 1-14　高性能与高效减水剂性能指标

项目		高性能减水剂			高效减水剂	
		早强型	标准型	缓凝型	标准型	缓凝型
减水率,不小于(%)		25	25	25	15	15
泌水率,不大于(%)		50	60	70	90	100
含气量(%)		≤2.5			≤3.0	
凝结时间差(min)	初凝	−90~+90	−90~+120	>+90	−60~+90	≥+120
	终凝					
坍落度 1 h 经时变化量(mm)		—	≤80	≤60		
抗压强度比,不小于(%)	1 d	180	170	—	140	
	3 d	170	160	—	130	125
	7 d	145	150	140	125	125
	28 d	130	140	130	120	120
收缩率比,不大于(%)	28 d	110			125	

2. 引气剂

1) 引气剂作用原理

引气剂是一类具有双亲结构的表面活性剂,其具有起泡、润湿、乳化等性能。引气剂的界面活性作用,基本上与减水剂的界面活性作用相同,其区别在于减水剂的界面活性作用主要发生在液-固界面上,而引气剂的界面活性作用主要发生在气-液界面上。

气泡是由液体薄膜包围着的气体。引气剂溶于水中并被吸附于气-液界面上时,就会形成较牢固的液膜。由于溶液的表面张力下降,从而增加了液体与空气的接触面。被吸附的引气剂离子对液膜有保护作用,因而液膜有一定的机械强度,气泡不易破灭。若某种液体易于成膜而不易破裂,则此液体在搅拌时就会产生大量气泡。阴离子系的引气剂,所产生的液膜带负电。由于气泡彼此相斥,可阻止气泡聚结,因而使气泡分散而稳定。

混凝土内微细气泡的直径通常在 50~250 μm。按空气量 3%~5%计,每立方米混凝土中含有数百亿个气泡。气泡的存在增大了固体颗粒间的润滑作用,改善了混凝土塑性与和易性,使泌水和离析现象大大减小。

混凝土中掺入引气剂而引入大量的微小、均匀、稳定的空气对提高混凝土抗冻融耐久性有非常显著的效果。除此之外,混凝土中掺入引气剂还有其他重要功能。

引气剂能够改善混凝土的和易性。尤其是使用人工粗骨料和人工细骨料时,由于颗粒形状粗糙,混凝土和易性较差,就必须提高砂率和增加水泥用量。由此对于在使用人工骨料或天然砂料颗粒较粗、级配较差的情况下,以及在贫水泥用量混凝土中使用引气剂可得到显著效果。

引气剂可显著改善混凝土泌水和离析。有些减水剂可以减少大量拌和水,但在不引气的情况下,仍有较多泌水。如果引入空气,细小气泡就能显著减少泌水现象,泌水的严重后果在于使水胶比不均匀,使上层混凝土的强度低于下层混凝土的强度。当采用大坍落度或大水胶比的混凝土时,不均匀现象就更为严重。

引气能减少混凝土的吸水率和渗透性,可提高抵抗各种盐类和其他可能的破坏作用的能力,如对硫酸盐侵蚀的抵抗能力。

在混凝土中掺入引气剂时,关键是要控制含气量。含气量的确定应从耐久性的增加、强度的降低和单位体积重量的降低几个方面综合考虑。由于原料、温度、搅拌、运输、振捣等对含气量都有影响,因此有效含气量应是浇筑振捣后的混凝土中的含气量。用试验室内小搅拌机拌和的混凝土拌和物的含气量不能代表经过运输、振捣后的实际混凝土的含气量。因此,不要过分强调试验室内的试验结果。含气量的测定要在浇筑地点进行,并得出室内、搅拌机口及浇筑地点之间含气量的关系,施工时利用上述关系在机口进行控制。

2) 引气剂种类

引气剂按化学结构可分为:①松香树脂类,如松香热聚物、松香皂等;②烷基和烷基芳烃磺酸盐类,如十二烷基磺酸盐、烷基苯磺酸盐、石油磺酸盐等;③脂肪醇磺酸盐类,如脂肪醇聚氧乙烯磺酸钠、脂肪醇硫酸钠等;④非离子聚醚类,如脂肪醇聚氧乙烯醚、烷基苯酚聚氧乙烯醚等;⑤皂苷类,如三萜皂苷类等;⑥复合类,如不同品种引气剂的复合物。

在实际应用中,使用较多的引气剂是阴离子型和非离子型。大坝混凝土绝大部分使用的是松香类引气剂。

3. 缓凝剂

缓凝剂是一些具有扩散作用的亲水性表面活性物质,能延迟混凝土拌和物的凝结和硬化。缓凝剂的种类有硼酸、丹宁酸、葡萄糖酸、糖蜜以及木质磺酸盐等。缓凝剂和缓凝减水剂延缓凝结时间的程度,不仅取决于所用的水泥成分和品种,而且取决于温度、外加剂掺量和其他因素。用木质素磺酸盐作为缓凝剂时,可用变动剂量来控制,但应注意其含气量增加不能过大,否则其强度损失很大,严重时会达不到设计强度要求。

为了获得正常的缓凝效果,必须严格控制缓凝型外加剂的掺量。当掺量超过规定值较多时,混凝土的凝结时间延长很多,以至于长时间不凝结,混凝土早期强度也大幅度下降。在超剂量掺用情况下,如果只有凝结时间延缓过长,而含气量增加不多,应对混凝土加强养护,并延缓拆除模板的时间,则抗压强度的发展可以满足预定要求。但如含气量增加很多,强度损失很大,可能达不到预定效果。

我国水工混凝土采用缓凝剂较多的为糖蜜和木质磺酸钙,且常常和减水剂复合使用,如缓凝型高效减水剂。

1.1.2.4 骨料

砂石骨料或称作细骨料和粗骨料,是混凝土的基本组成成分。大体积混凝土中砂石料的重量约占混凝土总重量的85%,骨料的最大粒径、级配组成和质量,直接决定着水泥用量,影响混凝土的性能和费用,是大体积混凝土建筑物施工中的重大问题。因此,合理选用砂石料对保证混凝土质量、节约水泥用量、降低工程成本是非常重要的。

1. 定义与分类

我国《水工混凝土施工规范》(SL 677—2014)对混凝土用骨料的定义为:岩石颗粒粒径在 5 mm 以下的称为细骨料(砂料);岩石颗粒粒径在 5 mm 以上的至 150 mm 范围内称为粗骨料(石料)。砂料按照现场条件分为天然砂、人工砂、混合砂(天然砂与人工砂的混合物)和石渣砂;按照细度模数(FM)分为粗砂(FM = 3.1 ~ 3.7)、中砂(FM = 2.3 ~ 3.0)、细砂(FM = 1.6 ~ 2.2)和特细砂(FM = 1.5 ~ 0.7)。石料按照种类分为卵石、碎石、破碎卵石、卵石与碎石的混合石;按照粒径分为特大石(80 ~ 150 mm)、大石(40 ~ 80 mm)、中石(20 ~ 40 mm)和小石(5 ~ 20 mm)。

2. 大坝混凝土对骨料的质量要求

骨料本身的质量以及骨料中含有的各种有害物质,对混凝土性质有不同程度的影响,严重者对混凝土的某种性质起决定性的作用。因此,大坝混凝土对骨料的质量及其中所含有害物质有明确的要求或限制。

骨料必须坚硬、致密、耐久、无裂隙。骨料中不应含有大量的黏土、淤泥、粉屑、有机质和其他有害杂质,其含量不应超过规定的数值。

第一,骨料中含泥量应不超过规定的限值。天然骨料中的含泥量是粒径小于 0.08 mm 的尘屑、淤泥和黏土的总和。"黏土"是岩石经长期风化侵蚀作用而形成的粒径在 0.005 mm 以下的颗粒。"淤泥"是粒径比黏土大、比砂小的土粒。"尘屑"是既非黏土又非淤泥的粒径很小的细碎云母片、非矿物性渣滓等。由于黏土、淤泥等细屑的比表面积大,体积不稳定,吸水湿润时膨胀,干燥时收缩,因此当骨料中黏土含量较多时,对混凝土用水量、强度、干缩、徐变、抗渗、抗冻融、抗磨损等性能都会产生不利的影响。我国《水工混凝土施工规范》中规定:用于设计龄期强度等级 ≥ 30 MPa 和有抗冻要求混凝土的天然砂,含泥量不得大于 3%;用于设计龄期强度等级 < 30 MPa 混凝土的天然砂,含泥量不得大于 5%;人工砂中小于 0.16 mm 的石粉颗粒含量宜在 6% ~ 18% 范围内;对于粗骨料中的含泥量,规定 20 mm 和 40 mm 粒径级应小于 1%,80 mm 及 150 mm 粒径级应小于 0.5%,粗骨料中不允许有泥块。

第二,骨料中云母含量应不超过规定的限值。某些砂料中常含有一定量的云母,这种物质一般呈薄片状,表面光滑,强度很低,且易沿节理错裂,与水泥浆的黏结能力很差。一般来说,当云母含量较多时,混凝土的和易性会明显变差,混凝土的抗压强度、抗拉强度、抗冻融性、抗渗性以及抗磨损性等均有降低。因此,规范规定砂料中云母含量不应超过 2%。

第三,有机杂质含量应满足规范要求。天然骨料中可能含有妨碍水泥水化反应的有机杂质。骨料中的有机杂质通常是植物的腐殖物(主要是鞣酸和它的衍生物),如腐殖土或有机壤土。这些物质在砂中存在的可能性要比在石料中大,因为在石料中这些物质容易被冲洗掉。规范规定天然砂有机质含量用比色法测试应浅于标准色,人工砂中不允许有有机质。

第四,骨料的级配及细度模数、针状与片状含量、坚固性、比重及吸水率应满足规范规定的限值。级配是骨料中各粒径级颗粒的分配情况,级配对于混凝土的和易性、强度、抗渗性、抗冻融性以及经济性等都有一定的影响。使用级配良好的骨料可以配制出水泥用量较低、各种性能较好的混凝土。然而,大坝混凝土用骨料必须就地取材,因此规范对骨料级配不能限制在狭窄的范围内:天然砂细度模数宜在2.2~3.0;人工砂细度模数宜在2.4~2.8;各级粗骨料的中位径筛余量宜在40%~70%。

一般来说,比较理想的骨料颗粒形状是接近于球形或正方形。针状和片状骨料的性能较差,当其含量超过一定界限时便会使骨料的空隙率增加,不仅对混凝土拌和物的和易性有较大的影响,而且会不同程度地危害混凝土的强度和其他性能。

骨料的坚固性是指骨料颗粒在各种物理侵蚀作用下(如冻融、干湿、冷热、温差变化等),抵抗崩解破坏的能力,亦称作骨料的耐久性或体积稳定性。一般来说,石质骨料坚硬密实,强度高,比重大,吸水率小时,其坚固性也好。而骨料的石质结晶颗粒越粗大,结构越疏松,矿物成分越复杂,构造越不均匀,其坚固性也越差。为了保证混凝土具有必要的耐久性,对于骨料本身的坚固性应有一定的要求。规范规定有抗冻和抗侵蚀要求的混凝土,细骨料坚固性应不大于8%,粗骨料坚固性应不大于5%;无抗冻要求的混凝土,细骨料坚固性应不大于10%,粗骨料坚固性应不大于12%。

骨料颗粒内部,存在着各种封闭孔隙及表面开放的孔隙,因此骨料的比重可分真比重和视比重(表观密度)。表观密度又可以分为骨料饱和面干表观密度和绝干表观密度。真比重是不含任何孔隙的矿质实体的比重。测定时必须将固体材料磨细。试验步骤既繁复且极敏感,幸而通常在混凝土工程中不需要这个指标。骨料的表观密度取决于骨料的石质、风化程度和孔隙率。一般情况,表观密度小的骨料,其结构疏松多孔,孔隙率大,强度也较低。对于混凝土重力坝,混凝土的表观密度对抗滑稳定性是非常重要的,因此骨料的表观密度非常重要。骨料颗粒内部孔隙影响骨料的表观密度,而外部孔隙对吸水率有重要影响,对混凝土渗透性、抗冻融性、化学稳定性和耐磨性等都将产生一定的影响。规范规定细骨料的表观密度应不小于2 500 kg/m³,粗骨料的表观密度应不小于2 550 kg/m³,对于有抗冻要求和侵蚀作用的混凝土,粗骨料的饱和面干吸水率不大于1.5%;对于无抗冻要求的混凝土,粗骨料的饱和面干吸水率不大于2.5%。

第五,骨料的其他性能。在一般情况下,混凝土的弹性模量取决于所用骨料的弹性模量及骨料在混凝土中所占的体积。骨料弹性模量越高,则由这种骨料配制成的混凝土弹性模量也越高。对于有温控要求的大坝混凝土,在选择骨料时,也应考虑骨料的弹性模量,骨料弹性模量越高,混凝土的极限拉伸变形及徐变变形越小,对混凝土抗裂性越不利。

骨料的热物理性质对混凝土热物理性能有直接影响,主要包括热膨胀系数、比热和热传导性。大体积混凝土选用热膨胀系数较低的骨料对防止混凝土温度裂缝是有利的。

砂石材料一贯被认为是惰性材料,在混凝土中只起"骨架作用"。1940年美国派克坝混凝土发生严重的开裂而破坏,经研究发现,破坏是由于使用的安山岩等砂石料与水泥中的碱(Na_2O 和 K_2O)产生化学反应而膨胀所致,人们认识到某些骨料具有碱活性。碱骨料反应机制及应对措施详见本章第二节。

3. 大坝混凝土用骨料的选用

骨料的选用应根据就地取材的原则,首先考虑选用生产成本低、质量优良的天然砂石料。根据国内外对人工砂石料的试验研究和生产实践,证明采用人工骨料也可以做到经济实用,生产的混凝土质量不亚于天然骨料。目前,国内大型水利水电工程大坝混凝土基本均在使用人工骨料。

大坝混凝土工程应尽量选用符合我国现行有关标准规定的骨料,配制出优质经济的混凝土。对于质量不符合标准的骨料,应根据混凝土工程的质量要求,结合本地区的具体情况,采取有效措施加以改善。这种骨料经试验论证确能满足工程质量要求,且又经济合理时,经批准也可以使用。

另外,在施工条件、大坝混凝土分区设计及骨料来源许可的情况下,应尽量采用较大粒径骨料,但不宜超过 150 mm。骨料最大粒径越大,水泥用量越少,对大坝混凝土体积稳定性、抗裂性越有利。骨料最大粒径与混凝土中水泥用量的关系如图 1-7 所示。

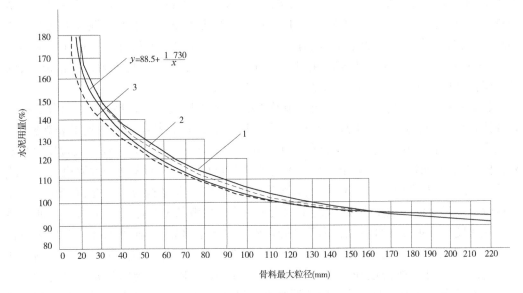

1—国内各工程统计资料;2—美国垦务局资料;3—美国田纳西资料;y—水泥用量百分数;x—骨料粒径

图 1-7　骨料最大粒径与混凝土中水泥用量的关系

1.1.3　大坝混凝土配合比设计

为确保工程质量,混凝土满足设计与施工要求,且经济合理,必须专门开展大坝混凝土配合比设计。进行大坝混凝土配合比设计应满足以下几点原则:

(1)应根据工程要求、结构型式、施工条件和原材料状况,配制出既满足工作性、强度及耐久性等要求,又经济合理的混凝土,确定各组成材料的用量;

(2)在满足工作性要求的前提下,宜选用较小的用水量;

(3)在满足强度、耐久性及其他要求的前提下,选用合适的水胶比;

(4)宜选取最优砂率,即在保证混凝土拌和物具有良好的黏聚性并达到要求的工作性时用水量最小的砂率;

(5)宜选用最大粒径较大的骨料及最佳级配;

(6)大坝混凝土配合比的设计方法宜采用绝对体积法,骨料以饱和面干状态为基准。

大坝混凝土配合比设计主要包括以下步骤:

(1)根据设计要求的强度和耐久性选定水胶比;

(2)根据施工要求的工作性和骨料最大粒径等选定用水量和砂率;

(3)采用绝对体积法计算各组成材料用量;

(4)通过试验室试配和必要的现场调整,确定每立方米混凝土材料用量和配合比。

大坝混凝土配合比设计往往在工程科研与初设阶段开始,大致分为三个阶段:可研与设计阶段的配合比设计,开工前的施工配合比设计,施工时配合比现场试验与施工中的动态调整。

1.1.3.1　可研与设计阶段配合比设计

在工程的可行性研究阶段,开展混凝土配合比设计的众多边界条件尚不确定,存在很多不确定因素,如砂石骨料料源、水泥与外加剂类型与品种等。然而大坝混凝土方量大,砂石骨料占比高,骨料料源选择合适与否直接影响着工程投资、建设进度和大坝混凝土质量。因此,开展可行性研究阶段大坝混凝土配合比设计对于保障工程按期开工建设具有重要意义,特别是对于确定砂石骨料料场往往起决定作用。

可研与设计阶段大坝混凝土配合比设计的主要工作内容就是针对大坝混凝土设计要求,开展原材料产(储)量与品质调研,进行原材料性能检测,利用可选用(拟选用)原材料进行配合比设计计算与室内试验,不同材料间的交叉组合配合比试验,根据试验结果确定配合比并进行混凝土各项性能测试与对比分析。本阶段配合比设计的主要目的包括以下几点:

(1)确定砂石骨料料场;

(2)确定混凝土其他原材料的类型与技术要求;

(3)确定混凝土各种材料用量,为工程招标提供基础数据;

(4)初步掌握大坝混凝土性能特点,为工程设计、温控计算提供基础数据。

1.1.3.2　施工配合比设计

施工配合比设计是在所有原材料基本确定的前提下开展的,主要目的是为大坝混凝土施工提供基础配合比。

施工配合比设计的主要工作内容包括以下几点:

(1)混凝土原材料品质检测:按照现行国家标准、行业规程规范,开展水泥、掺合料、外加剂、砂石骨料的各项性能检测,为配合比设计提供基础数据,同时掌握大坝混凝土原材料的基本特性。

(2)混凝土配合比设计:确定混凝土配合比参数,包括用水量、水胶比、砂率、掺合料掺量、外加剂掺量和粗骨料级配,提出大坝混凝土推荐配合比。

(3)混凝土全面性能试验:利用推荐配合比开展混凝土各项性能检测,具体包括拌和物性能(施工性能)、力学性能、变形性能、热学性能、耐久性等,全面掌握大坝混凝土基本特性。

目前大坝混凝土设计参数主要取自试验室试验结果,试验室由于试模尺寸的限制,都是采用湿筛法,即筛去大于 40 mm 的骨料,用边长 150 mm 的立方体试模成型抗压强度试件,也就是常说的湿筛二级配混凝土试件,并以此作为大坝混凝土的设计特性参数和设计依据(弹性模量、劈裂抗拉强度、徐变、干缩、自生体积变形、抗渗等性能皆如此)。

试验的骨料效应和试件的尺寸效应,对混凝土的各项性能参数产生很大的影响,使得由室内试验的小试件测得的混凝土特性参数不能真正反映大坝混凝土的真实特性。采用与大坝混凝土骨料级配一致的全级配混凝土大试件进行试验,其各项特性参数可以更真实、准确地反映大坝混凝土的实际特性和安全性。因此,对于一些重大工程,在湿筛二级配混凝土性能试验的基础上,应进行大坝全级配混凝土大试件特性试验,找出湿筛二级配小试件与全级配大试件混凝土性能之间的关系,掌握混凝土的骨料效应和试件尺寸效应的影响,为大坝设计提供可靠的技术资料。

1.1.3.3　配合比现场试验与微调

大坝混凝土原材料用量大且浇筑时强度高,绝大部分工程都是在大坝开始浇筑前砂石骨料生产系统才能完成安装调试和试生产,生产出的砂石骨料性能相对稳定,其他原材料供应商和材料品种也得以最终确定,再加上混凝土拌和楼与室内拌和存在一定的差异。因此,开展配合比现场试验与微调成为大坝混凝土开始浇筑前的必要环节。

配合比现场试验与微调是在影响混凝土性能的各种因素基本确定后对前期试验室确定的施工配合比进行的复核,其目的是验证施工配合比的适应性,必要时进行微调以满足设计与施工要求。现场配合比微调的原则是不改变大坝混凝土水胶比和掺合料掺量,如果需要可以适当调整单方混凝土用水量、砂率、外加剂掺量,甚至包括粗骨料级配。

配合比现场试验与微调通常按以下步骤进行:第一,利用工程现场原材料,在现场试验室拌和前期室内试验确定的设计配合比或施工配合比,测试新拌混凝土性能,成型试件并进行相应性能检测,如果混凝土拌和物不满足施工要求则应按照上述原则进行微调;第二,利用拌和楼对现场试验室微调(如果有)后的配合比进行试验性生产拌和,根据出机口混凝土拌和物性质确定下一步操作,如果拌和物不能满足施工要求,微调配合比直至其满足要求;第三,利用微调后的配合比进行生产性试验应用,分别在出机口与浇筑仓面进行新拌混凝土性能测试,成型试件并进行相应性能检测,根据性能检测结果,确定混凝土施工配合比;第四,建立室内、出机口、仓面三者之间的混凝土性能关系,为实行出机口质量控制提供基准。

1.2　大坝混凝土的耐久性

混凝土的耐久性是指在环境的作用下,随着时间的推移,混凝土维持其应用性能的能力。也就是说,混凝土对压力水渗透、冻融循环、风化作用、化学侵蚀、冲磨空蚀及任何其他破坏过程的抵抗能力,从而保持其原来的形状、质量和实用性。

混凝土耐久性从广义上讲包括大气对混凝土的作用(如干湿、冻融、碳化、氯离子侵入等)、压力水对混凝土渗透作用、环境水侵蚀(溶蚀、酸与盐腐蚀等),以及高速水流冲磨与空蚀作用及碱骨料反应等。归纳起来,混凝土耐久性包括抗渗性、抗冻性、抗冲磨性、抗空蚀性、抗化学侵蚀、混凝土碳化与氯离子侵入引起的钢筋锈蚀、碱骨料反应等。

水利部颁布的《水工混凝土施工规范》(SL 677—2014)规定:应根据所处环境、部位的不同和功能要求,使水工混凝土满足相应抗压、抗拉、抗渗、抗冻、抗裂、抗冲耐磨和抗侵蚀等设计要求。

1.2.1 碱骨料反应

1.2.1.1 定义与分类

混凝土碱骨料反应(AAR,Alkali-Aggregate Reaction)是指混凝土中的碱与骨料中的某些活性组分之间发生的化学反应,生成具有膨胀性的产物,引起混凝土不均匀膨胀而开裂破坏。美国科学家 T. E. stanton 于 1940 年首次提出该问题。美国派克坝(Parker Dam)是一座混凝土拱坝,于 1938 年建成,1940 年发现大坝严重开裂。经研究证实,这是施工中采用的安山岩等活性骨料和含碱量较高的硅酸盐水泥,发生碱骨料反应膨胀所致。其他发生碱骨料反应破坏的水利工程如英国的 Jersey Island 大坝、巴西的 Vmoxoro 坝、法国的 Chambon 坝、挪威的 Sabeim 坝等。

根据骨料中活性成分的不同,混凝土碱骨料反应通常分为碱硅酸反应(ASR,Alkali-Silica Reaction)、碱碳酸盐反应(ACR,Alkali-Carbomate Reaction)和碱硅酸盐反应(Alkali-Silicate Reaction)三大类。但也有的学者主张碱硅酸盐反应本质上仍为碱硅酸反应,将碱骨料反应分为碱硅酸反应和碱碳酸盐反应两类。

混凝土发生碱骨料反应破坏,最主要的现场特征之一是表面开裂,且裂纹呈网状(龟背纹)分布。这种破坏形式的起因是混凝土表面下的反应骨料颗粒周围的凝胶或骨料颗粒内部产物吸水膨胀,如果众多骨料颗粒发生反应,便产生更多的裂纹,最终这些裂纹相互连接形成网状。

碱骨料反应引起的膨胀破坏可使结构工程发生整体变形、移位、弯曲、扭翘等现象。工程实践表明,碱骨料反应是导致混凝土结构耐久性下降的重要原因之一,其危害在于不仅使混凝土结构的强度大大下降,而且由于出现膨胀裂缝,加剧其他劣化反应,如环境水和其他介质的侵蚀、钢筋锈蚀、碳化和冻融破坏等,从而大大缩短混凝土结构的使用寿命,造成严重的经济损失。

1. 碱硅酸反应(ASR)

碱硅酸反应是发现最早、发生最多的一种碱骨料反应。它是指混凝土中的碱组分与骨料中的某些硅活性组分之间发生的化学反应,生成具有膨胀性的产物并引起混凝土体积膨胀的过程。碱硅酸反应的特点是混凝土表面有无序的网状裂缝,骨料边界有反应环或反应边、混凝土内部有裂缝,空隙中充填有碱硅络合物。活性二氧化硅一般系指无定型二氧化硅,隐晶质、微晶质和玻璃质二氧化硅,包括蛋白石、玉髓、石英玻璃、隐晶质和微晶质二氧化硅及应变二氧化硅等类型。不同类型的活性组分可存在于不同类型的岩石中,包括岩浆岩、沉积岩和变质岩。不同类型活性组分与碱反应能力的强弱(活性大小)主要取决于其结晶程度和缺陷密度,无定型二氧化硅活性最大,晶体缺陷越多活性越高。用简单的化学方程式表示为

$$Na^+(K^+) + SiO_2 + OH^- \rightarrow Na(K) - Si - H\ gel$$

碱硅酸凝胶的存在是混凝土发生碱硅酸反应的直接证明。碱硅酸凝胶有时会从裂缝中流到混凝土的表面,新鲜的凝胶是透明的或呈浅黄色,外观类似于树脂状。脱水后,凝

胶变成白色。凝胶流经裂缝、孔隙的过程中吸收钙、铝、硫等化合物也可变为茶褐色以致黑色,流出的凝胶多有比较湿润的光泽,长时间干燥后会变为无定型粉状物。通过检查混凝土芯样的原始表面、切割面、光片和薄片,可在空洞、裂纹、骨料–浆体界面区等处找到凝胶。因凝胶流动性较大,有时可在远离反应骨料的部位找到凝胶。

2. 碱碳酸盐反应(ACR)

某些碳酸盐岩石,如微晶白云石,可与水泥中的碱发生化学反应,生成水滑(镁)石,并伴随体积膨胀。反应生成的碳酸钠又能与混凝土中的氢氧化钙反应,重新生成氧化钙,从而使碱和碳酸盐骨料的反应不断进行,体积不断膨胀,最后使混凝土破坏,这一系列反应称为碱碳酸盐反应。其反应过程可以用下式表示:

$$CaMg(CO_3)_2 + 2NaOH \rightarrow Mg(OH)_2 + CaCO_3 + Na_2CO_3$$
$$Na_2CO_3 + Ca(OH)_2 \rightarrow 2NaOH + CaCO_3$$

反应产物 NaOH 又可以与白云石反应,直到白云石全部消失。因此,这类碱骨料反应也称为脱白云石反应。

碱碳酸盐反应的特点是混凝土有明显的膨胀、开裂。在混凝土中某些碳酸盐岩石骨料的界面等处无胶凝体存在,在混凝土空隙中充填有碳酸钙、氢氧化镁及水化硫铝酸钙等物质。碱碳酸盐反应产生的裂缝及膨胀性等表现特征与碱硅酸反应大体一致,裂纹呈花纹状,但与碱硅酸反应的机制是完全不同的。另外,活性掺合料对抑制碱碳酸盐反应膨胀基本无效。

碱碳酸盐反应生成的方解石和水镁石,在骨料内部有限空间结晶生长形成结晶压力引起膨胀开裂,即骨料是膨胀源,这样骨料周围浆体中的切向应力始终为拉伸应力,在浆体–骨料界面处达最大值。而骨料中的切向力为压应力,骨料内部的肿胀压力或结晶压力将使骨料内部局部区域承受拉伸应力,而浆体或骨料径向均受压应力。因此,在混凝土中形成与膨胀骨料相连的网状裂纹。反应骨料有时也会开裂,其裂纹会延伸到周围的浆体或砂浆中去,甚至能延伸到达另一颗骨料,或者裂纹有时也会从未发生反应的骨料边缘通过。

3. 碱硅酸盐反应

在加拿大、美国、印度等国的研究中,发现变形石英、结晶岩石等硅酸盐矿物,也能与碱发生反应,引起混凝土体积膨胀,并最终导致混凝土的强度等性质发生明显变化。这种反应的显著特征是:①反应的潜伏期很长,膨胀发生缓慢;②在膨胀破坏的混凝土中不易发现常见的 ASR 凝胶;③根据传统的碱硅酸盐反应原理很难解释试验结果。

我国学者唐明述曾收集大量硅酸盐矿物来研究其与碱的反应,结果证明不会引起膨胀,从而否定了碱硅酸盐反应的存在。近年来大家一致认为,所谓慢膨胀的碱硅酸盐反应,实质是微晶石英分散分布于岩石之中,从而延缓了反应的历程,而其实质仍为碱硅酸反应。这种反应膨胀的快慢取决于石英的晶体尺寸、晶体缺陷及微晶在岩石中的分布状态。当石英分散分布于其他矿物之中时,Na^+、K^+、OH^- 必须通过更长的通道和受到更大的阻力才能到达活性颗粒表面,从而使反应迟缓。

1.2.1.2　影响因素

混凝土发生碱骨料反应必须具备三个基本条件:一是配制混凝土时由水泥、骨料、外加剂和拌和用水带进混凝土中一定数量的碱,或者混凝土处于碱渗入的环境中;二是有一定数量的碱活性骨料存在;三是潮湿环境,可以为反应产物提供吸水膨胀所需的水分。只有这三个条件同时具备,才有可能发生碱骨料反应。

1. 碱

水泥含碱量是混凝土中碱的最主要来源。国内外经验表明,总碱量在0.6%以上的水泥容易引起碱骨料反应,因此推荐使用总碱量在0.6%以下的水泥(低碱水泥),特别是大坝混凝土建议使用低碱水泥。但是实践中发现有时水泥含碱量在0.6%以下时也发生了碱骨料反应的破坏,其原因在于混凝土中其他组分,如外加剂、拌和水、掺合料等也会引入碱,而且外界环境可能向混凝土供碱。

混凝土中的碱含量不仅影响碱骨料反应的速率,而且还影响碱骨料反应产物的组成,从而影响反应产物的膨胀能力。中国水利水电科学研究院的试验结果表明,同龄期砂浆试件的膨胀率基本上随碱含量的增加而增大,在化学反应速率常数一定时,碱含量是影响试件膨胀率的主要因素。因此,在实际工程中应控制混凝土的总碱含量。目前,一般认为单方混凝土中的总碱含量小于3 kg时比较安全。

混凝土各组成材料中的碱,按照含量大小依次为总碱、可溶性喊和有效碱。总碱量并不能说明它对 SiO_2 的活性,而有效碱量则可作为对 SiO_2 的一个比较好的活性指标。但由于有效碱随可溶性碱量的不确定变化较大,目前还没有能准确测试有效碱的方法,一般将可溶性碱视同为有效碱。基于安全考虑,通常将水泥、外加剂、拌和水中的总碱均视为有效碱。对于掺合料中的有效碱,根据各国研究人员的大量试验研究,国际上通常取粉煤灰总碱量的1/6~1/5作为其有效碱量,取矿渣或硅粉总碱量的1/2作为其有效碱量。

对混凝土碱含量的控制,还需要考虑骨料释放的碱。目前,骨料中的碱会析出是肯定的,Stark 和 Goguel 提出骨料中的碱会促进碱骨料反应,Berube 等还设法直接证明了骨料中析出的碱会促进碱骨料反应。但唐明述院士认为,这种碱是否与水泥熟料水化析出的碱同样有效,还值得进一步研究和探讨。现行水利行业标准《水工混凝土施工规范》(SL 677—2014)规定:混凝土总碱量由水泥中的碱、掺合料中的碱、外加剂中的碱和拌和水中的碱组成,没有包含骨料中析出碱。

2. 活性骨料

活性骨料对碱骨料反应的影响主要体现在其种类、含量、粒径和内部结构等方面。常见的碱活性岩石及其活性组分见表1-15。活性骨料存在一个最不利活性组分含量,当含量低于这一值时,活性骨料含量越高,碱骨料反应膨胀越大,当超过这一含量时,活性骨料含量提高,碱骨料反应膨胀降低。这是因为一方面降低了每个活性颗粒表面的碱的作用,形成凝胶很少;另一方面氢氧化钙的迁移率降低,在增加了活性骨料总表面积的情况下,提高了骨料周围边界处的氢氧化钙与碱的局部浓度比,这时碱骨料反应仅形成一种无害的(不膨胀的)石灰-碱-氧化硅络合物。在其他条件相同时,活性骨料的粒径分布对混凝土或砂浆碱骨料反应的膨胀也有一定影响,粒径分布主要影响碱骨料反应的活性点数量和反应速率。碱骨料反应膨胀随活性骨料粒径的增大而降低,当活性骨料粒径在0.03~0.05 mm时,碱骨料反应膨胀值最大。

表 1-15　常见碱活性岩石及其活性组分

岩石类别	岩石名称	碱活性组分
火成岩	流纹岩 安山岩 松脂岩 珍珠岩 黑曜岩	酸性-中性火山玻璃、隐晶-微晶石英、鳞石英、方石英
	花岗岩 花岗闪长岩	应变石英、微晶石英
沉积岩	火山熔岩 火山角砾岩 凝灰岩	火山玻璃
	石英砂岩	微晶石英、应变石英
	硬砂岩	微晶石英、应变石英、喷出岩及火山碎屑岩屑
	硅藻土	蛋白石
	碧玉	玉髓、微晶石英
	燧石	蛋白石、玉髓、微晶石英
	碳酸盐岩	细粒泥质灰质白云岩或白云质灰岩、硅质灰岩或硅质白云岩
变质岩	板岩 千枚岩	玉髓、微晶石英
	片岩 片麻岩	微晶石英、应变石英
	石英岩	应变石英

3. 水

水这一要素虽然简单,但作用不可忽视。并不是混凝土外界没有水的供应就可确保不发生碱骨料反应,混凝土内部湿度在 80% 以上时就可能促成反应发生,而这种湿度可在混凝土内部保持很多年。

1.2.1.3　碱骨料反应的防治措施

1. 选用非活性骨料

在工程兴建前,选择砂石料时要查明骨料有无活性。首先进行骨料岩相分析,如岩相分析认为有活性组分存在,可通过化学法、砂浆棒快速法、砂浆棒长度法进一步检定论证。尽量使用非活性骨料。

2. 采用低碱水泥

在必须使用有活性的骨料时,就应该采用低碱水泥,一般将水泥中的含碱量控制在 0.6% 以下,通常还要求 f-CaO 含量 ≤1.0%,MgO 含量 ≤1.0%,SO_3 含量 ≤3.5%。

3. 使用矿物掺合料

在混凝土中掺加矿物掺合料是抑制碱硅酸反应的有效途径之一。矿物掺合料不仅可以延缓或抑制碱骨料反应,而且对混凝土的其他性能也有一定的改善作用,同时有利于节约资源,保护环境。常用的掺合料有粉煤灰、矿渣粉和硅粉。

掺合料对碱骨料反应的抑制作用既有化学作用也有表面物理化学作用。在适当的条件下,化学作用可以使碱硅酸反应得到有效抑制,而表面物理化学作用只能使碱硅酸反应得到延缓。

另外,掺合料掺量对其抑制碱骨料反应的效果具有重要影响。试验研究表明,随着粉煤灰掺量的增加,粉煤灰对碱硅酸反应膨胀的抑制效果增加。完全抑制碱硅酸反应膨胀所需要的粉煤灰掺加量(临界取代量)随骨料种类不同而不同,骨料活性越小,临界取代量越小。一般认为,掺加 25% ~ 30% 的Ⅰ、Ⅱ级粉煤灰,有显著抑制碱活性骨料反应膨胀破坏的作用。中国水利水电科学研究院刘晨霞的研究表明,碱硅酸反应速率常数的降低速度(绝对值)随粉煤灰掺量的增加而减小,但当粉煤灰掺量大于 33% 时,继续增加粉煤灰掺量将不再对碱硅酸反应膨胀有更明显的抑制效果,即粉煤灰抑制碱骨料反应存在一个最佳掺量。

采用矿渣粉抑制碱骨料反应时,一般认为其掺量以 40% ~ 50% 为宜,对于不同岩性和活性的骨料,为达到想要的抑制效果,需要矿渣粉的掺量不同。对活性较高的硅质石灰岩,矿渣掺量需要达到 40% 以上;对于泥质砂岩,矿渣掺量达到 25% 以上即有明显的抑制效果。

4. 限制混凝土中总碱量

国内外研究证明,有活性骨料的混凝土,总碱含量不超过 3.0 kg/m^3 是比较安全的。另外,除了限制水泥含碱量,还应采用碱含量低的矿物外加剂和化学外加剂。

综上所述,由于各工程使用的各种原材料各有差异,地质条件、气温差异、环境所处的综合因素均有所不同,对于碱活性骨料的抑制材料都应使用工程材料通过对比试验论证,达到预期目标才能使用。

1.2.2　溶蚀

1.2.2.1　定义和分类

溶蚀,也称为溶出性侵蚀,是硅酸盐(波特兰)水泥本质特性所决定的。硅酸盐水泥发生水化作用后,主要生成物的极限石灰浓度分别为:

氢氧化钙 $[Ca(OH)_2]$:1.3 g/L;

水化硅酸钙 $(2CaO \cdot SiO_2 \cdot nH_2O)$:1.3 g/L;

水化铝酸钙 $(4CaO \cdot Al_2O_3 \cdot 12H_2O)$:1.08 g/L;

水化铁酸钙 $(4CaO \cdot Fe_2O_3 \cdot mH_2O)$:1.08 g/L;

水化硫铝酸钙 $(3CaO \cdot Al_2O_3 \cdot 3CaSO_4 \cdot 31H_2O)$:0.045 g/L。

当溶液中具有上述的石灰浓度时,则各化合物将不发生分解(或溶解)作用,能稳定地存在。反之,如溶液中的石灰浓度低于各化合物极限石灰浓度时,它们就不能稳定地存在,而发生分解(或溶解)。例如当 CaO 浓度低于 1.3 g/L 时,水泥石中的晶态 $Ca(OH)_2$ 就逐渐溶于水中,同时水化硅酸钙逐渐分解溶出 CaO,变成低钙的硅酸钙化合物 $(CaO \cdot SiO_2 \cdot nH_2O)$,其极限 CaO 浓度为 0.9 g/L。当溶液中 CaO 浓度低于 1.08 g/L 时,则水化铝酸钙逐渐分解并析出 CaO。C4A、C3A、C2A 的极限 CaO 浓度分别为 1.08 g/L、0.56 g/L、0.36 g/L。其他如水化铁酸钙亦是如此。由此可见,当混凝土受到环境水的不断溶淋作用,特别是压力水的渗透性溶淋作用时,混凝土内的 $Ca(OH)_2$ 将随水陆续流出,使 CaO 浓度逐渐降低,当 CaO 浓度低于 1.3 g/L 时,则混凝土中的晶体 $Ca(OH)_2$ 将溶解并随水流失,溶液中的石灰浓度继续不断降低时,则水化硅酸钙、水化铝酸钙、水化铁酸钙中的 CaO 也将继续分解并溶解流失。如此天长日久,在 CaO 大量溶解流失之后,混凝土结构逐渐疏松,产生了空隙,强度逐渐降低。工程中最常见的混凝土表面积聚“白霜”状的沉积物,就是随水流出的 $Ca(OH)_2$,与空气中的 CO_2 相作用而生产的 $CaCO_3$。

李新宇、方坤河等根据混凝土在溶蚀过程中所受水压力大小将溶蚀分为两种类型,即:当混凝土在溶蚀过程中不受水压力,或所受水压力很小可忽略不计时所受到的溶蚀为接触溶蚀;反之,当混凝土在溶蚀过程中所受水压力不能忽略时所受到的溶蚀为渗透溶蚀。上述分类从溶蚀的表现形式上表征了溶蚀的差异,对于开展混凝土溶蚀试验研究,特别是确定试验方法起到了非常积极的作用,从本质讲,两种类型溶蚀的实质是相同的,均为水泥水化产物在浓度梯度作用下不断溶解析出 CaO 的过程,是缓慢的物理化学过程。

1.2.2.2　影响因素

混凝土溶出性侵蚀与混凝土抗渗性密切相关,即与混凝土水胶比、龄期、施工振捣质量、密实度等有关。试验表明,水胶比愈大,混凝土抗渗性愈差,水胶比大于 0.60～0.70 时,抗渗性有明显降低。当水胶比小于 0.55 时,混凝土抗渗等级一般可达到 W8 以上,凡能达到 W10～W14 的混凝土的水胶比均小于 0.55。

混凝土溶出性侵蚀的程度,除与混凝土的密实度及其结构物厚度有关外,尤其与渗透水中的重碳酸盐 $[Ca(HCO_3)_2$ 及 $Mg(HCO_3)_2]$ 的含量有很大关系,当其含量大时,与水泥中的 $Ca(OH)_2$ 化合而生产稳定的 $CaCO_3$ 的沉淀。$CaCO_3$ 几乎不溶于水,可填实混凝土内部的孔隙,阻滞水流浸入,防止 $Ca(OH)_2$ 的溶出,同时也可在混凝土表面形成一层保护性的薄膜。因此,环境水中重碳酸盐含量愈高,水泥混凝土遭受溶出性侵蚀作用愈小。环境水中重碳酸盐含量的大小,可以重碳酸盐碱度来表示(以每升水含 HCO^- 的毫升当量计),当水中重碳酸盐碱度低于“环境水侵蚀标准”的规定时,则认为该水质对混凝土具有侵蚀性。

1.2.2.3　提高混凝土抗溶蚀能力的工程技术措施

1926 年贝克夫发表的论文中指出,任何以波特兰水泥制成的混凝土建筑物,都必然经受石灰的浸析作用,并在一定期限内散失全部胶凝性而遭受破坏。溶蚀是波特兰水泥的本质属性,大坝与水长期接触,大坝混凝土遭受溶蚀作用是不可避免的。工程界只能提高混凝土的抗溶蚀能力,即提高混凝土抗渗性和密实度。

尽管现行规范对大坝混凝土的抗渗等级有明确要求,但提高混凝土抗渗性能必须从配合比设计着手,到混凝土生产、施工质量控制和养护等一系列生产过程严格管理。降低混凝土水胶比、掺加外加剂(减水剂、引气剂)和优质矿物掺合料,严格控制混凝土施工质量,保证混凝土具有足够的密实度和强度。

1.2.3　冻融循环

混凝土冻融破坏是混凝土耐久性问题的重要方面,也是混凝土大坝运行过程中产生的主要老化病害之一。在我国,不仅东北、华北和西北地区的水工混凝土建筑物绝大多数存在冻融破坏问题,而且在气候比较温和的华东、华中地区及西南地区也普遍存在。

混凝土抗冻性,是指混凝土在含水状态下能经受多次冻融循环作用而不破坏、强度也不显著降低的性质。材料的抗冻性常用抗冻等级(记为 F)表示。抗冻等级是以规定的吸水饱和试件,在标准试验条件下,经一定次数的冻融循环后,强度等性能降低不超过规定数值,也无明显损坏和剥落,则此冻融循环次数即为抗冻等级。显然,冻融循环次数越多,混凝土抗冻等级越高,抗冻性越好。

1.2.3.1　混凝土冻融破坏机制

从 20 世纪 30 年代以来,各国学者对混凝土的抗冻性及冻融破坏机制进行了大量的研究,提出了不同的假说,形成了较为完整的冻融破坏理论体系。这些理论的提出推动了人们对混凝土冻融破坏过程的认识和对冻融破坏现象的解释,促进了混凝土材料试验研究和工程应用的发展。但这些冻融破坏假说大部分是从纯物理的模型出发,经过假设和推导得出的,有些是通过对水泥净浆和砂浆的试验而得出的,因此存在一定的缺陷。

早期理论包括 1928 年研究人员提出的临界饱和度理论和 Collins 将土壤受冻膨胀的假说用于解释混凝土的冻融破坏。相对于早期理论,Powers 于 1945 年提出的静水压假说和 Powers 与 Helmuth 于 1953 年指出的渗透压假说公认度更高。

1. 静水压假说

该假说考虑了如下因素:混凝土的饱水程度、渗透性和强度,结冰时产生的压力和气孔等。Powers 认为,混凝土受冻时,结冰首先从表面混凝土的孔溶液开始。水结冰产生体积膨胀,迫使未结冰的孔溶液从结冰区向周围其他区域迁移。硬化水泥浆是一个充满了毛细孔和凝胶孔的可渗透多孔体系,水在其中的移动须克服黏滞阻力,从而产生静水压力。这一压力的数量级取决于结冰的速率、水饱和程度、硬化浆体的渗透系数,以及从结冰区流出的水迁入最近的气孔所经过的距离。混凝土中的孔隙是结冰时水移动的唯一通道。迁移水在给定的迁移速率下受到的阻力与迁移的距离成比例,引入微小气泡的好处在于缩短了水的流动距离,从而降低了静水压力。Powers 指出,当总的气孔体积大于总的结冰膨胀量时,单个气孔的平均尺寸越小,则对混凝土的保护作用越大。实际经验也说明,当混凝土中含有大量的分布均匀的小气孔时,混凝土的破坏速率会大大降低。

1949 年,Powers 对静水压假说进行了补充和修正。他采用图 1-8 所示的模型表示水泥石和气泡的结构,并定量给出了混凝土中相邻气泡间的距离,即气泡间距系数 $\bar{L}$ 的计算公式。

气泡间距系数是硬化水泥浆体中任一点到相邻任一气泡球面之间的最大距离。它说明了孔溶液结冰时,多余的水迁移到最近的气孔中所需流过的距离。平均气泡间距系数的计算公式如下:

$$\bar{L} = \frac{3}{\alpha}\left[1.4 \sqrt[3]{\left(\frac{P}{A} + 1\right)} - 1 \right] \tag{1-5}$$

式中:α 为气泡的比表面积,mm^2/mm^3;P 为单位体积混凝土中的硬化水泥石体积含量;A 为混凝土的含气量(%)。

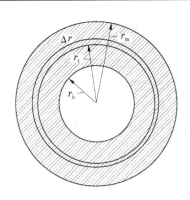

图 1-8　水泥石中的气泡及其影响范围

由式(1-5)可以看出,气泡间距系数与混凝土的含气量成反比。Powers 根据六种不同砂浆的受冻情况,理论计算出混凝土不发生冻融破坏的气泡间距系数为 250~660 μm。因此,Powers 建议,为保证混凝土良好的抗冻性,其平均气泡间距系数应不超过 250 μm。另外,Powers 还对现场混凝土的气泡参数进行了观测,结果表明,该理论计算值与抗冻混凝土的气泡间距系数的实际值很接近,从而说明了浆体中均匀分布的气泡对提高混凝土抗冻性的必要性。目前,混凝土的气泡间距系数是衡量和评定混凝土抗冻性的重要参数之一。Pigeon 也指出,与混凝土抗冻性有关的最重要的参数就是气泡间距系数。但是Powers 在给出气泡间距系数的计算公式时,假定浆体中的气泡尺寸是相等的。而实际上混凝土硬化浆体中气泡尺寸和形状要复杂得多,因此该计算公式在解释混凝土受冻时仍存在一定的缺陷。

2. 渗透压假说

1953 年,Powers 和 Helmuth 在文章中指出,静水压假说解释了结冰对混凝土中硬化浆体的破坏作用和气孔在防止受冻破坏时所起的作用;而且一些试验,尤其是对孔隙率较高的完全饱和的水泥浆体的试验,也证实了该假说的合理性。但试验中同时也发现,静水压假说并不能解释结冰时的所有现象,例如,未引气硬化浆体在某恒定负温下出现连续膨胀的现象,引气硬化水泥浆在结冰过程中出现收缩现象等。因此,Powers 和 Helmuth 指出,在结冰过程中,除了毛细孔中多余的水可以向周围气孔中迁移以外,凝胶孔中的水也会向结冰的毛细孔和气孔迁移。此后,Powers 等于 20 世纪 60 年代发展了渗透压假说。

1975 年,Powers 系统地总结了混凝土冻害机制的研究成果,详细而系统地介绍了渗透压假说,认为以前的研究主要集中在水泥浆体的冻害上;而实际上硬化水泥浆和骨料的受冻行为有很大差别,应该分开考虑。

以上各种冻融破坏机制的解释,都是从各种现象及试验论证而提出的理论。总的认为混凝土冻融破坏,是由于表面先饱水,由表及里,因混凝土不密实先从大的孔隙中(有害孔)造成静水压力,使过冷的水迁移,冰、水蒸气压差造成渗透压力。当压力超过混凝土能承受的强度时,也就是破坏力大于抵抗力时,混凝土内孔隙及微细裂缝不断扩展,由小变大,相互贯通。渗透压及水压力的作用,造成最后破坏。混凝土冻融是一种物理与力学作用的综合反应。

1.2.3.2　影响因素

影响混凝土抗冻性的主要因素有：

(1)混凝土单位水泥用量；

(2)混凝土水胶比；

(3)混凝土中可冻结的水分；

(4)混凝土中总空气含量(主要是有效引气含量)；

(5)降温速率(冻结速度)；

(6)冻结的最低温度；

(7)受冻融循环次数；

(8)混凝土中各种材料的膨胀系数之差；

(9)骨料的质量及吸水率。

冻融循环制度和次数相同时，混凝土的抗冻性主要受水胶比、骨料的质量及吸水率、受冻结水分及有效空气含量控制。

水胶比与混凝土抗冻耐久性系数关系见图 1-9。抗冻耐久性系数 $DF = PN/M$，其中 N 为试验终止时的循环次数，M 为设计规定的循环次数，P 为 N 次冻融循环的相对动弹性模量，图 1-9 中的耐久性指数 N、M 都为 300。

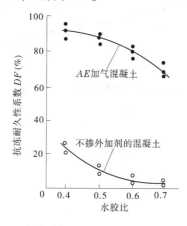

图 1-9　水胶比与混凝土抗冻耐久性系数关系

中国水利水电科学研究院采用三种不同岩性的粗骨料 A、B 和 C，分别配制全级配大坝混凝土进行冻融试验，试验结果如图 1-10 所示。三种骨料大坝混凝土的湿筛标准试件(100 mm×100 mm×400 mm)均具有良好的抗冻性，抗冻等级大于 F300，但三种骨料大坝混凝土全级配大试件(400 mm×400 mm×1 600 mm)的抗冻性却存在显著差异，其动弹性模量衰减规律也不同。其中，饱和面干吸水率最大的 A 骨料配制的全级配混凝土，其大试件的抗冻性最差。根据混凝土冻融破坏的机制和骨料的特性，分析三种骨料全级配混凝土抗冻性存在差异的原因可以得出，全级配大坝混凝土中高含量的大尺寸骨料对其抗冻性有负面作用，采用低吸水率、低渗透性的骨料可以配制出抗冻性良好的大坝混凝土。

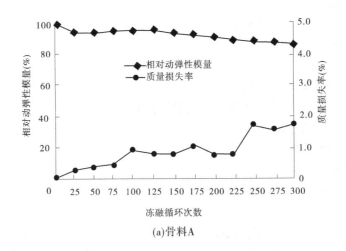

(a)骨料A

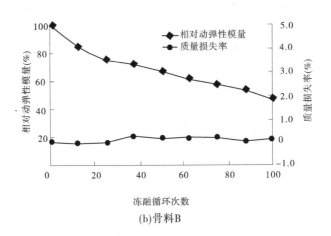

(b)骨料B

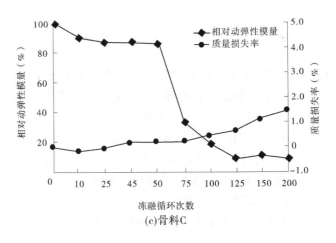

(c)骨料C

图1-10 不同骨料大坝混凝土抗冻性能

参考文献

[1] 中国水利水电科学研究院结构材料研究所. 大体积混凝土[M]. 北京:水利电力出版社,1990.

[2] 黄大能,沈威,等. 新拌混凝土的结构和流变特性[M]. 北京:中国建筑工业出版社,1983.

[3] 中华人民共和国水利部. 水工混凝土施工规范:SL 677—2014[S]. 北京:中国水利水电出版社,2014.

[4] 李金玉,曹建国. 水工混凝土耐久性的研究和应用[M]. 北京:中国电力出版社,2004.

[5] 黄国兴,陈改新,等. 水工混凝土技术[M]. 北京:中国水利水电出版社,2014.

[6] 重庆建筑工程学院,南京工学院. 混凝土学[M]. 北京:中国建筑工业出版社,1981.

[7] 中国长江三峡工程开发总公司试验中心. 长江三峡水利枢纽工程混凝土试验研究与应用[R]. 2009.

[8] 中国水利水电科学研究院. 小湾水电站大坝混凝土配合比优化及其特性试验研究报告[R]. 北京:中国水利水电科学研究院,2006.

[9] 朱柏芳,张超然. 高拱坝结构安全关键技术研究[M]. 北京:中国水利水电出版社,2010.

[10] 郑守仁. 三峡大坝混凝土设计及温控防裂技术突破[J]. 水利水电科技进展,2009,29(5):46-53.

[11] 匡开军,袁慧. 锦屏工程混凝土材料质量控制[J]. 水利水电施工,2016(6):17-21.

[12] 李道军,汤荣平. 小湾电站双曲拱坝混凝土配合比试验及应用[J]. 云南水力发电,2007,23(5):29-34.

[13] 黄国兴,惠荣炎,等. 混凝土徐变与收缩[M]. 北京:中国电力出版社,2012.

[14] 中国水利水电科学研究院. 白鹤滩水电站可行性研究阶段旱谷地灰岩骨料大坝全级配混凝土性能试验研究[R]. 2012.

[15] 胶凝材料学[M]. 北京:中国建筑工业出版社,1983.

[16] 中国水利水电科学研究院. 白鹤滩水电站大坝混凝土配合比试验研究[R]. 2015.

[17] 中国水利水电科学研究院. 丰满水电站全面治理(重建)工程混凝土施工配合比试验研究[R]. 2016.

[18] 中国水利水电科学研究院. 粉煤灰中含量检测方法及对混凝土性能影响研究[R]. 北京:中国水利水电科学研究院,2020.

[19] 孔祥芝,李文伟,刘艳霞,等. 粉煤灰氨含量检测方法研究[J]. 水利水电技术,2019,50(6):181-186.

[20] 孔祥芝,陈改新,刘艳霞,等. 脱硝粉煤灰中铵盐对水工混凝土性能的影响[J]. 水利水电技术,2020,51(9):216-223.

[21] 中国水利水电科学研究院. 景洪水电站RCC掺合料及配合比设计[R]. 2005.

[22] 林可冀,邓毅国. 大朝山水电站碾压混凝土设计和施工的几个特点[J]. 水利水电技术,2000(11):12-14.

[23] 田培,刘加平,王玲,等. 混凝土外加剂手册[M]. 北京:化学工业出版社,2015.

[24] 国际能源局. 水工混凝土外加剂技术规程:DL/T 5100—2014[S]. 北京:中国电力出版社,2014.

[25] 冯乃谦. 实用混凝土大全[M]. 北京:科学出版社,2001.

[26] 杨华全,李鹏翔,李珍,等. 混凝土碱骨料反应[M]. 北京:中国水利水电出版社,2010.

[27] 卢都友,许仲梓,唐明述. 不同结构构造硅质集料的碱硅酸反应模型[J]. 硅酸盐学报,2002,30(2):149-154.

[28] 中国水利工程协会.混凝土工程类[M].郑州:黄河水利出版社,2008.

[29] 莫祥银,许仲梓,唐明述.国内外混凝土碱集料反应研究综述[J].材料科学与工程,2002,20(1):128-132.

[30] 唐明述,邓敏.碱集料研究的新进展[J].建筑材料学报,2006(3):1-8.

[31] 刘晨霞.混凝土碱骨料反应的抑制及膨胀预测的试验研究[D].北京:中国水利水电科学研究院,2006.

[32] 卢都友,吕忆农,许仲梓,等.粉煤灰对 ASR 的抑制及有效性评估[J].硅酸盐学报,2003(5):498-503.

[33] 王迎春,苏英,周世华.水泥混合材和混凝土掺合料[M].北京:化学工业出版社,2011.

[34] 李新宇,方坤河.水工碾压混凝土接触溶蚀特性研究[J].混凝土,2002(12):12-16.

[35] Yixia Zhou. Frost resistance of Concrete with and without Silica Fume, and the Effects of External Loads [D]. Purdue University, USA, 1994.

[36] T C Powers. A Working Hypothesis for Further Studies of Frost Resistance of Concrete [J]. Journal of the American Concrete Institute, 1945, 16(4): 245-272.

[37] T C Powers, R A Helmuth. Theory of Volume Changes in Hardened Portland Cement Paste During Freezing [C]. Proceedings of the Highway Research Board, Chicago, USA,1953,32.

[38] T C Powers. The Air Requirement of Frost-Resistant Concrete [C]. Proceedings of the Highway Research Board, Washington, D. C. , USA,1949,29.

[39] 张德思,成秀珍.硬化混凝土气孔参数的研究[J].西北工业大学学报,2002,20(1):10-13.

[40] Michel Pigeon, Jacques Marchand,Richard Pleau. Frost Resistant Concrete[J]. Construction and Building Materials, 1996, 10(5): 339-348.

[41] S Chatterji. Freezing of Air-entrained Cement-based Materials and Specific Actions of Air-entraining Agents[J]. Cement and Concrete Composites,2003(25):759-765.

[42] T C Powers. Freezing Effects in Concrete [C]. In : C. F. Scholer eds. Durability of Concrete, ACI SP-47, Detroit, 1975:1-11.

[43] 刘艳霞,陈改新,刘晨霞,等.不同骨料全级配大坝混凝土抗冻性的试验研究[R].第八届全国混凝土耐久性学术交流会论文集.中国浙江杭州, 2012,9:311-317.

第 2 章　大坝混凝土性能演变规律综述

2.1　混凝土材料长期力学性能

2.1.1　美国百年混凝土性能研究

美国 Wisconsin 大学的 Withey 于 1910 年启动了一项长达 100 年的混凝土长期性能研究计划,已于 2010 年研究期满,目前百年混凝土数据尚未发表。已发表的 50 年龄期的混凝土试件力学性能的研究结果表明,标准条件养护 28 d 后存放于户外的混凝土试件的抗压强度先增加后降低。对水泥中 C_2S 含量较高、水泥细度较低的混凝土,25～50 年间抗压强度达到峰值;而对水泥中 C2S 含量较低、水泥细度较高的混凝土,抗压强度于 10 年左右达到峰值(约为 28 d 强度的 1.6 倍)。

图 2-1 为 12 种配合比混凝土(水泥细度较高,C2S 含量较低)抗压强度的平均值随时间的变化曲线。试验中试件的养护条件为:标准养护 28 d 后置于室外空旷区域的一个无盖笼内,每冬经受 25 次冻融循环,平均湿度 75%,年降雨量 80 cm,温度变动范围为 -32～35 ℃。

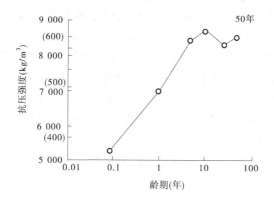

图 2-1　C 系列 12 种配合比混凝土的平均抗压强度与龄期关系

由试件的存放条件可知,试件每年经受约 25 次冻融循环,另外经历一定次数的干湿循环,因此所得到的试件长期抗压强度相当于在一定冻融循环和干湿循环下的混凝土试件的强度。

2.1.2　美国波特兰水泥协会"混凝土长期性能评估"研究

美国波特兰水泥协会(PCA)对龄期在 5～34 年的混凝土试件的长期力学性能进行了研究:对 5 000 个混凝土棱柱体试件和 1 500 个圆柱体试件进行了测试,涵盖了近 300 个水泥品种、配合比、养护条件的不同组合。试验主要测试了四种养护条件下混凝土的抗压强度、抗弯强度和动弹性模量等力学性能的依时变化。四种养护条件见表2-1。

表2-1　养护条件的具体参数

湿养护(moist curing)	储存在23 ℃、100%相对湿度的房间中
干养护(air curing)	湿养护7 d后置于21~24 ℃、50%相对湿度的室内环境中
干养护+加载前浸泡 (air curing-soaked before test)	湿养护7 d后置于21~24 ℃、50%相对湿度的室内环境中。测试前置于24 ℃水中浸泡48 h
户外掩埋(outdoor exposure)	湿养护7 d后置于室外,四周用沙土覆盖,只一面露在外面

研究结果见图2-2~图2-4,可看出:

(1)湿养护和户外掩埋条件下的混凝土试件的抗压强度和抗弯强度20多年一直增加,户外掩埋混凝土试件强度数值要低于标养试件。

(2)湿养护下混凝土试件的抗压强度持续增长,20年龄期时抗压强度比28 d龄期要高出30%~40%[对由Ⅰ型和Ⅲ型水泥配置的混凝土(普通硅酸盐水泥和早强水泥)]。户外掩埋条件下试件的抗压强度与湿养护差别不大,前者为后者同龄期数值的80%~100%。干养护条件下试件的抗压强度28 d至3个月后就不再增加并逐渐降低。而干养护+加载前浸泡看起来是最恶劣的条件,其强度约为同龄期湿养护试件抗压强度的70%。

(3)混凝土的抗弯强度对试件内部湿度分布敏感。湿润和干燥的突然改变能引起20%~30%的抗弯强度的降低。湿养护的混凝土20年龄期抗弯强度的平均值比28 d的增加了20%;干养护的试件抗弯强度比湿养护小很多;7 d龄期抗弯强度最大,5年龄期为湿养护的80%;而干养护+加载前浸泡的试件抗弯强度要低于干养护试件;户外掩埋试件的强度与标准条件下的几乎一样,1年之后比湿养护稍高,5年之后有较大的提高。

(4)混凝土长期动弹性模量也与试件内湿度含量相关。湿养护条件下混凝土动弹性模量持续增加;干养护试件7 d到1年龄期逐渐降低,之后略有回升,5年龄期动弹性模量值与28 d相当;干养护+加载前浸泡的试件,28 d龄期动弹性模量与7 d相当,28 d到5年间下降了10%;室外掩埋的试件动弹性模量数值与湿养护的几乎相同,但1~3年龄期时出现轻微的下降后又逐渐增加。

另外,其研究结果还表明,混凝土的归一化强度与其水胶比没有函数关系,即强度的增长率与水胶比无关。

2.1.3　日本大坝混凝土块体长期抗冻试验研究

日本学者Kokubu在6个大坝的现场环境中进行了龄期达30~37年的大坝混凝土块体抗冻试验。1961~1967年间将1 m见方的大坝混凝土块分散置于6个大坝的上游(试块位置见图2-5),暴露于冻融天气条件下:部分被水淹没,部分暴露于大气中;另一些尺寸为10 cm×10 cm×42 cm和φ15 cm×30 cm的湿筛试块一半置于大坝混凝土块所在区域,一半置于试验室冻融环境中,以相对动弹性模量随时间的变化情况来表征混凝土内部损伤的长期演化,并尝试建立实际服役环境下大坝混凝土的抗冻性与试验室测试条件下的小试件抗冻性之间的联系。6个大坝30多年来共经历了1 800~3 500次冻融循环。测试结果可见图2-6。

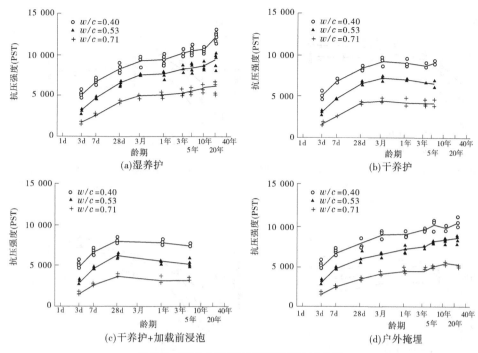

图 2-2　混凝土抗压强度随龄期发展曲线

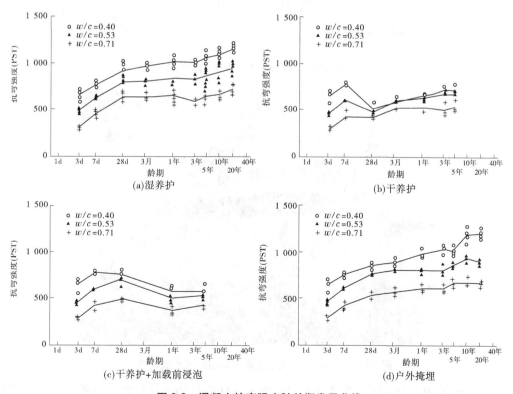

图 2-3　混凝土抗弯强度随龄期发展曲线

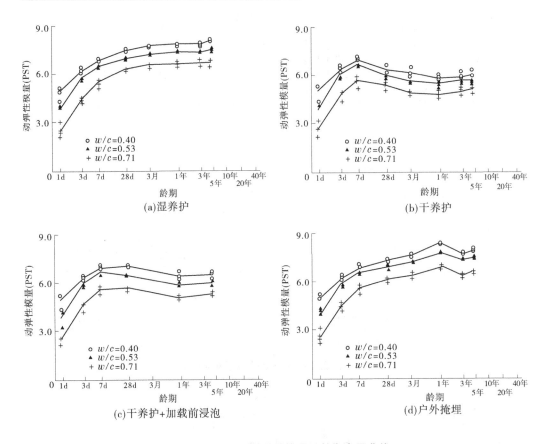

图 2-4　混凝土动弹性模量随龄期发展曲线

图 2-5　Okuniikappu 大坝上游右岸的混凝土试块照片

　　由于试验中未对标准养护条件下的混凝土试件的长期力学特性进行观测,因此所测结果包含了水泥水化的影响而且无法将之剔除。尽管如此,从图 2-6 仍可以看出,相对动

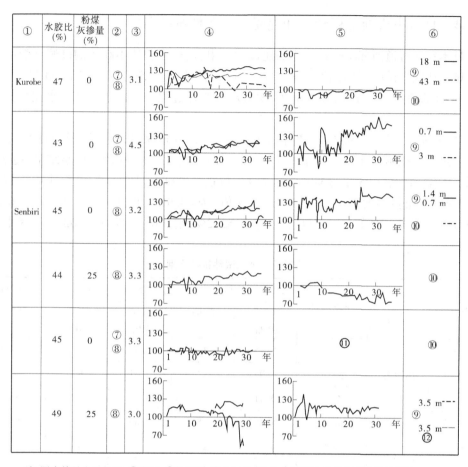

注:图中符号含义如下:①大坝;②外加剂;③含气量;④1 m³ 混凝土块的相对动弹性模量(%);
⑤φ 15 cm×30 cm 试样的动弹性模量;⑥暴露条件;⑦减水剂;⑧引气剂;⑨高水位处的水深;
⑩空气中;⑪无;⑫切割面的值

图 2-6　6 个大坝上游放置的大坝混凝土块体与小试块的观测结果

弹性模量受水泥水化和冻融循环次数、所处环境条件(空气中、水下埋深等)等的影响,可
得出如下结论:

(1)水胶比 0.60 以下的大混凝土块 37 年来,一直保持良好的状态,相对动弹性模量
保持在 105%~133%(相对 1 年龄期动弹性模量),看不出损伤的痕迹(其原因在于水泥持
续的水化作用对损伤有一定的恢复作用);而水胶比为 0.60~1.10 的受损严重。

(2)采用粉煤灰替代 25% 的水泥能有效地抑制大气中混凝土试块的冻融损伤,尤其
对高水胶比的混凝土。

(3)对于高水胶比混凝土,引气对抑制损伤很有效,可增强混凝土的耐久性;但对低
水胶比的效果不明显。

(4)淹没在 40 m 以下的相对动弹性模量相比水位较浅的试块有较大的损伤。

(5)大混凝土块和小混凝土试件的抗冻能力之间的关系仍并不明朗。

2.1.4　日本小樽港工程砂浆和混凝土耐久性试验研究

日本在北海道西部小樽港工程的建造过程中,进行了长达 100 年的砂浆和混凝土耐久性试验研究。试验所用的原材料中水泥 C3S 含量低、C2S 含量高;用 900 目(孔尺寸 0.02 mm)的筛对水泥筛分,筛余量在 10% 以下;制样过程中掺加了细度与水泥相同的火山灰。

从 1899 年开始到 1937 年,累计制作了超过 6 万个砂浆试件,分别置于海水、空气及淡水中进行长期耐久性试验,对砂浆试块进行外观及抗拉强度检测。试验结果(见表 2-2 和图 2-7)表明,经过 95 年龄期的砂浆试件的抗拉强度有大幅度下降:在海水中抗拉强度比(测试时的抗拉强度与最大抗拉强度的比值)为 48.5% ~ 49.1%,空气中为 66.0%;而 85 年龄期的砂浆试件的抗拉强度,海水中为 52.2%,空气中为 47.3% ~ 62.4%,淡水中为 54.7%。

表 2-2　砂浆试件抗拉强度

编号	制作时间	存放条件	最大抗拉强度		残存抗拉强度		抗拉强度比(%)
			强度(MPa)	龄期(年)	强度(MPa)	龄期(年)	
S-1-1	1899 年	海水	5.15	41	2.53	95	49.1
S-1-2		海水	4.97	23	2.41		48.5
A-5-2		空气	9.41	18	6.21		66.0
S-5-3	1909 年	海水	5.46	35	2.85	85	52.2
W-2-2		淡水	4.39	40	2.40		54.7
A-1-5		空气	6.43	30	4.01		62.4
A-4-1		空气	8.05	50	3.81		47.3

由图 2-7 可以看出,空气中和海水中存放的试件的抗拉强度都经历了一个先逐渐增长后又降低的过程;无论在空气中存放还是在海水中存放,使用火山灰的试件的强度要高于不使用火山灰的试件;不使用火山灰的试件,放在海水中的试件的抗压强度要低于放在空气中的试件。

混凝土耐久性检测是浇筑 8 m³ 的大混凝土块并置于防波堤上,从中钻芯取样进行强度测试。所用混凝土的配合比见表 2-3。

表 2-3　防波堤混凝土配合比

防波堤	体积比(%)					单方混凝土用量(kg/m³)				
	水泥	火山灰	砂	卵石	水	水	水泥	火山灰	砂	卵石
北	1.0	0	2.0	4.0	12 ~ 14	130	272	0	602	1 419
南	1.0	0.8	3.2	6.4	12 ~ 14	130	168	96	596	1 404

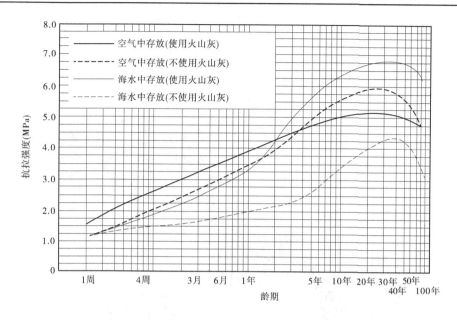

图 2-7　砂浆试件抗拉强度的依时变化

　　1933 年建成的防波堤混凝土强度为 40 MPa，1997 年对混凝土芯样检测表明，经过 60 年，混凝土的强度残存率仅 75%（北防波堤混凝土平均强度只有 30.3 MPa，南防波堤混凝土强度只有 20.8 MPa）。同一时期砂浆试件抗拉强度残存率约为 60%（海水中保存的 S-1-1 和 S-1-2 分别为 65% 和 52%）。

2.1.5　水养护的混凝土长期性能研究

　　日本水泥（株）对多种水泥（普通水泥、早强水泥、矿渣水泥等）混凝土 40 年内的抗压强度、20 年的动弹性模量进行了试验研究。试件水胶比为 0.53，按日本 JIS 标准成型后在 20 ℃、相对湿度 100% 的湿空气箱中养护 1 d，脱模后继续在水中养护，养护水为温度（20±1）℃、pH 为 9~10 的循环水。

　　以 1 年龄期为基准，混凝土的强度、动弹性模量结果分别见图 2-8 和图 2-9。可以看出，混凝土长龄期的强度发展，以粗粒型的普通硅酸盐水泥、低热水泥、混合水泥等为佳，这些都是低发热型水泥；而粗粒型的普通硅酸盐水泥、低热水泥的砂浆试件的长龄期强度也很好。高石膏型的普通水泥和经 6 个月风化后的普通硅酸盐水泥的长龄期强度发展也很好，但其对应的砂浆长龄期性能不好。混凝土长期动弹性模量在 5 年龄期增加到峰值，之后略有降低。

2.1.6　日本港湾空港技术研究所混凝土长期暴露试验

　　日本港湾空港技术研究所进行了混凝土 35 年的长期暴露试验研究。混凝土试件水胶比为 0.52~0.55，试件尺寸为 ϕ 15 cm×30 cm，拌和水为海水。混凝土试件置于海水中、陆上、干湿、浪溅区。经 20 年的暴露试验，其强度发展如图 2-10 所示。20 年后强度与 28 d 龄期在同一水平上甚至还低；5 年龄期时强度达到最大值，然后开始下降。

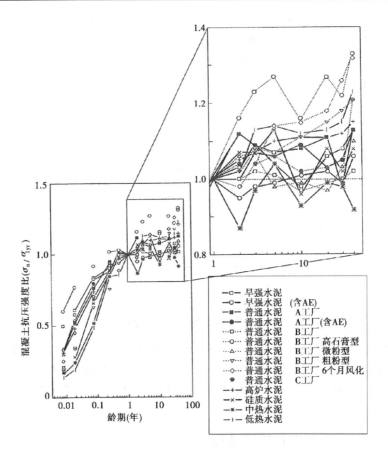

图 2-8　以 1 年龄期强度为基准的混凝土抗压强度的经年变化

2.1.7　国内对混凝土长期性能的研究

国内对混凝土长期性能也开展了一些研究。安徽省水科所研究了水胶比为 0.65 的掺粉煤灰的矿渣水泥混凝土试件的强度(见表 2-4),发现在室内养护 20 年后抗压强度是 28 d 龄期的 2.5 倍左右。

表 2-4　20 年龄期混凝土试件(室内养护)的强度

序号	混凝土种类	28 d 抗压强度(MPa)	20 年抗压强度(MPa)
1	纯矿渣水泥	18.0	48.7
2	矿渣水泥掺 10%粉煤灰	17.7	38.2
3	矿渣水泥掺 20%粉煤灰	15.8	37.6
4	矿渣水泥掺 30%粉煤灰	13.8	35.5
5	矿渣水泥掺 40%粉煤灰	12.5	32.9

吴国强研究了不同环境条件对粉煤灰加气混凝土长期抗压强度系数的影响,其结果

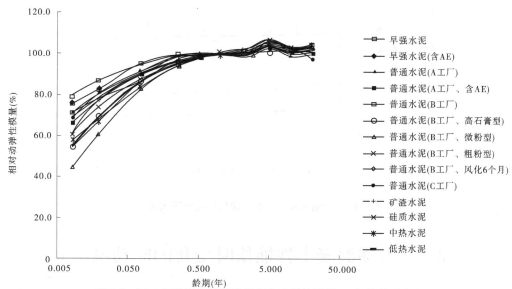

图 2-9　以 1 年龄期为基准的混凝土动弹性模量 20 年的依时变化

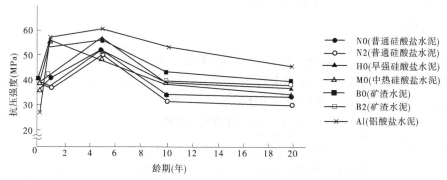

图 2-10　海洋环境下混凝土抗压强度与龄期的关系

见表 2-5 和图 2-11。结果表明:在室内湿养护条件下的混凝土,其抗压强度系数逐渐增加并稳定,3 年龄期时抗压强度系数为 1.09;在室内干燥条件下存放的试件,抗压强度逐渐降低, 8 年龄期时抗压强度系数为 0.62;在室外暴露的试件抗压强度也逐渐降低,抗压强度系数要低于室内干燥条件下的同龄期试件。

表 2-5　粉煤灰加气混凝土长期抗压强度系数

测试条件	初始强度（MPa）	龄期						
		100~120 d	180~220 d	350~400 d	550~750 d	1 100 d	4.75~6 年	8 年
室外暴露	4.17（100%）	0.83~0.98	0.66~0.84	0.69~0.74	0.65~0.66	0.70	0.61~0.7	
室内湿润		0.86~1.10	0.86~1.10	1.02~1.19	0.93~1.13	1.09		
室内干燥		0.87~0.98	0.84~0.90	0.72~0.81	0.75~0.78	0.77	0.61~0.67	0.62

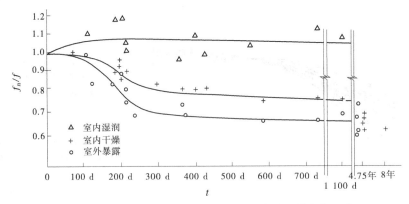

图 2-11　粉煤灰加气混凝土在不同环境条件下的长期强度

2.2　大坝混凝土性能依时变化的驱动机制

大坝混凝土长期力学性能依时变化的驱动机制,即大坝混凝土的老化原因可分为内部材料老化因素和外部环境侵蚀因素两类。

2.2.1　内部因素

混凝土坝浇筑完毕后,混凝土材料结构初步形成。由于水泥的水化作用和其他一些复杂的物理化学作用,混凝土会产生固结和收缩,导致自身的结构和物理力学性质会逐渐发生变化。混凝土老化的内部因素见表 2-6。

表 2-6　混凝土老化的内部因素

材料内部作用	材料结构的转化	材料内部不利变化	对结构工作性的影响
水泥持续的水化作用	凝胶体体积增加,未水化熟料颗粒体积减少,自由水和结合水的数量减少	材料自身内部应力发展、材料变脆,出现微裂纹,材料自愈能力逐渐降低,材料脱水及其膨胀能力降低	结构应力重新分配,对外部作用的阻力降低
再结晶作用	晶体扩大	应力松弛能力降低	结构材料变脆
脱水收缩作用	凝胶体的凝结和脱水	收缩变形发展,凝胶体复原能力丧失,应力松弛能力降低	结构材料变脆,渗透性增大

混凝土内部老化过程的动力学和混凝土材料特性随时间变化的过程与水泥的矿物成分、混凝土结构和成分,以及混凝土凝结硬化条件等均有极大的关系。如果胶凝材料或骨料中掺有杂物并通过周围的介质与混凝土发生反应,引起自身的体积变化从而导致内部应力的出现,则该作用对混凝土的耐久性往往是不利的。

如果混凝土所用骨料具有碱活性,在条件合适的时候会与水泥中的碱发生碱骨料反应而产生膨胀,对混凝土造成严重的劣化并影响大坝的安全,成为大坝的"癌症"。水泥中硫化物、方镁石和游离氧化钙含量超过允许极限值也是特别危险的,因为这些化合物可能加剧老化过程,引起混凝土自身破坏。

碱骨料反应(alkali aggregate reaction)指的是水泥、外加剂、掺合料或拌和水中的碱与骨料中的活性矿物组分之间发生的化学反应。该反应的产物具有膨胀性,往往导致混凝土内部出现超过基体抗拉强度的拉应力,从而出现微裂纹,并进一步导致混凝土开裂破坏。

1940 年美国学者 Stanton 最先发表了关于碱骨料反应的文章。20 世纪 50 年代以来,在澳大利亚、加拿大、丹麦、冰岛及南非、英国等国家先后发现了碱骨料反应。我国从 20 世纪 90 年代开始陆续在北京、天津、山东等地的立交桥、机场或铁路轨枕中发现了碱骨料反应引起的破坏实例。碱骨料反应引起的水电工程破坏的例子很多,如美国的 Parker 坝、American Falls 坝、Seminoe 坝等,英国的 Jersey Island 坝,巴西的 Furnas 坝、Moxoto 坝等,引起了世界各国对碱骨料反应研究的重视。自 1974 年召开第一次关于碱骨料反应的国际会议以来,已经陆续召开了 10 多次国际学术会议。

半个多世纪以来,国内外学者研究了碱骨料反应对混凝土宏观力学性能的影响。碱骨料反应对混凝土的抗弯强度、弹性模量、动弹性模量和抗拉强度影响明显,对抗压强度的影响目前存在争议;部分学者如 Swamy 的研究结果显示抗压强度受碱骨料反应影响程度不敏感,而 Clark 和 Ono 的研究表明随着碱骨料反应程度的增加,混凝土抗压强度逐渐降低,并在膨胀量达最大时降低了 40%。部分学者认为超声波波速对碱骨料反应的敏感程度不如长度变化,但 Hasparyk 等认为超声波波速也可以表征碱骨料反应的影响。

2.2.2　外部因素

对大坝混凝土而言,内部混凝土的老化主要是内部因素在起作用,而表层混凝土则是在内部、外部因素共同作用下老化。大坝混凝土老化的外部因素见表 2-7。外部有害因素作用越活跃,外部因素对混凝土老化程度的影响就越大。

表 2-7　大坝混凝土老化的外部因素

建筑物分区	主要作用	对材料内在过程的影响	材料内部的不利变化	对结构工作性的影响
建筑物水上部分	大气作用(冷热循环、干湿循环、碳化等)	水化作用周期性加快和减缓,重结晶过程的发展	材料变脆并出现表层破坏的可能	表层混凝土强度和变形特性的变化而导致的结构应力重分配
上下游水位变幅范围内建筑物的表面部分	冻融、干湿、侵蚀水的作用	水化作用周期性加快和减缓,重结晶过程的增强,腐蚀过程的发展	材料出现损伤及表层破坏的可能	
泄水结构、水闸、放水建筑物、静水池等	冻融、干湿、泥沙磨损、气蚀	水化作用周期性加快和减缓,重结晶过程的强化,磨损过程的发展	材料出现损伤及表层破坏的可能	
建筑物水下表面区域	侵蚀水的作用(溶蚀、腐蚀等)	水化作用和重结晶过程的强化,混凝土成分与侵蚀物质反应	水分迁移区域结晶破坏	

图 2-12 形象地示意了实际服役环境中大坝的老化作用。其中,碱骨料反应为大坝老化的内部因素,其他因素为大坝老化的外部因素。

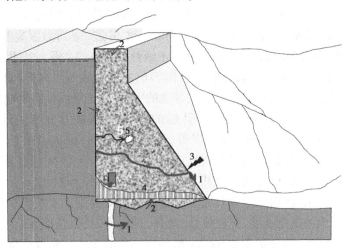

1—渗漏溶蚀;2—侵蚀性离子,如 SO_4^{2-}、Cl^-、CO_3^{2-} 等;3—冻融;4—毛细孔水压;5—碱骨料反应

图 2-12　不同环境类型对混凝土坝的劣化作用示意图

2.2.2.1　冻融

冻融破坏是指硬化混凝土在浸水饱和或潮湿状态下,由于温度正负交替变化,内部孔隙水形成冻结膨胀压、渗透压及水中盐类的结晶压等,产生疲劳应力,造成混凝土由表及里逐渐剥蚀的一种破坏现象。冻融破坏是我国东北、华北和西北地区水工混凝土建筑物的主要病害之一。吉林丰满水电站、吉林云峰水电站、辽宁桓仁水电站、北京珠窝水电站等均经受着严重的冻融破坏。

饱和或接近饱和的混凝土才会受到冻融破坏。通常最容易受冻融影响的区域是大坝上游面和上下游的水位变动区域。图 2-13 显示了有记录的苏格兰(英国)Glendevon 大坝上游面冬季若干天的温度变化,当地海拔为 335 m。表面温度的降温速率最快为 10 ℃/h,升温速率最快为 8 ℃/h。由图 2-13 可看出,冻融对该坝面的影响仅限大坝表层厚约 45 cm 的范围。冻融的影响范围与环境的最低温度、温度变化速率等有关。我国丰满大坝坝区气候寒冷,多年平均气温 5.4 ℃,极限最低气温-39 ℃,结冰期长达 5 个半月。经检测发现下游面冻融的破坏深度一般为 20~40 cm,个别部位达 60~80 cm。

2.2.2.2　溶蚀

溶蚀是因长期与暂时硬度小的水接触而使混凝土中的石灰被溶失、液相石灰浓度下降、水泥水化产物分解、混凝土孔隙率增加、强度降低,最后导致混凝土结构物破坏的一种化学腐蚀,也是水工混凝土的常见病害之一。我国的丰满、佛子岭、新安江、响洪甸、磨子潭、梅山等混凝土坝都存在不同程度的溶蚀病害。

美国早期修建的部分拱坝混凝土抗渗性能较差,坝体断面较薄,曾因溶蚀破坏导致报废,如 1912 年 Colorado 拱坝的报废、1924 年 Drum Afterby 拱坝的报废等。国内对混凝土溶蚀特性的研究工作开展较晚,对溶蚀破坏的认识也不够,直到 20 世纪末,我国因修建高混凝土坝,特别是高碾压混凝土坝的需要,才开始进行相关的研究。

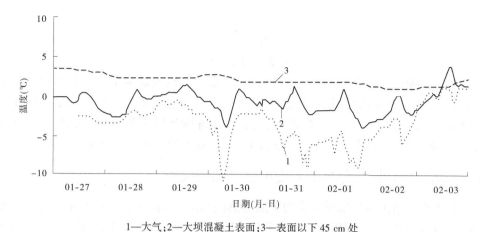

1—大气;2—大坝混凝土表面;3—表面以下 45 cm 处

图 2-13　1954 年英国苏格兰 Glendevon 大坝上游面(朝西)冬季
若干天不同位置的温度变化曲线

溶出性侵蚀使混凝土失去胶凝性,强度和抗渗性能下降,是混凝土坝一种不可忽视的本质性病害。混凝土坝遭受溶蚀破坏的程度,既取决于混凝土坝本身的结构状况,又与环境水质有着密切关系。混凝土越密实、渗透性越小,抗溶蚀能力就越强;若组成混凝土的水泥具有抗侵蚀性,其抗溶蚀能力就比较强;如果环境水质具有较强的侵蚀性,则混凝土坝易遭受溶蚀破坏。

2.3　大坝混凝土长期力学性能预测

由于大坝混凝土的长期力学性能数据难以在短时期内获得,因此一些学者提出了混凝土长期性能的预测模型,以便预测大坝的寿命,为大坝结构性态的分析提供基础。这些模型分为基于物质冷却定律假设的混凝土衰变方程和基于统计回归分析的混凝土强度预测模型两种。

2.3.1　基于物质冷却定律假设的混凝土衰变方程

混凝土的衰变是其自身结构的损伤引起的,衰变过程就是其自身结构的损伤过程,衰变量就是损伤量。设 E_0 为混凝土开始损伤前的原有量(如弹性模量),E_t 为混凝土衰变至某一时刻 t 的剩余未损伤量,其衰变速率为 $\mathrm{d}E_t/\mathrm{d}t$,该速率应与 $t_0 \sim t$ 时刻间的结构衰减量 $-\varepsilon = -(E_t - E_0)$ 成正比,即

$$\frac{\mathrm{d}E_t}{\mathrm{d}t} \propto -\varepsilon$$

引入比例常数 λ,即衰变常数,可得:

$$\frac{\mathrm{d}E_t}{\mathrm{d}t} \propto -\lambda(E_t - E_0)$$

由此得:

$$\frac{E_t}{E_0} = e^{-\lambda t}$$

或

$$E_t = E_0 e^{-\lambda t}$$

此即为混凝土的理论衰变方程。可看出,混凝土结构未破损量随原始结构完整量作自然规律衰减,与牛顿的"物质冷却定律"(物质冷却的速度正比于物质的温度与外部温度的瞬时差)是一致的。依据此方程,刘崇熙预测冻融环境下我国坝工混凝土老化衰变周期为50年;认为理论上水胶比为0.38的长寿混凝土的寿命可达500年。

2.3.2　基于统计回归分析的混凝土强度预测模型

牛获涛在总结国内外暴露试验和实测结果的基础上,分析了一般大气环境下混凝土强度的依时变化规律,并利用统计回归分析,给出了一般大气环境下混凝土强度均值和标准差的依时变化模型。

图2-14和图2-15分别为大气环境中混凝土平均强度和标准差的依时变化散点图和回归曲线。可看出,一般大气环境下混凝土长期强度均值可分为上升段和下降段,上升段为25~30年甚至更长,下降段下降速度非常缓慢。由该预测模型可知,经过50年的混凝土强度平均值仍略高于28 d强度,但标准差远大于28 d的标准差。因此,在服役结构抗力评定时必须考虑强度的依时变化这一特点。

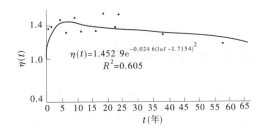

图 2-14　大气环境中混凝土平均强度依时变化散点图和回归曲线

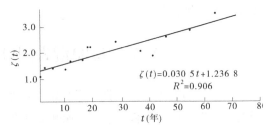

图 2-15　大气环境中混凝土强度标准差依时变化散点图和回归曲线

类似地,牛获涛在分析国内外混凝土长期海洋暴露试验和经年建筑物实测结果的基础上,对海洋环境下混凝土强度的发展规律进行了回归分析,其调研研究结果表明:①混凝土平均强度在开始几年逐渐增大,其后增长缓慢,5~10年开始下降;②水泥品种、混凝土种类和混凝土28 d强度影响混凝土强度的依时变化;③不同海洋环境的依时变化有所不同,但总趋势相同,潮汐涨落区的劣化最严重,海岸最轻;④混凝土强度的标准差随时间增大。

图2-16和图2-17分别为海洋环境中混凝土平均强度和标准差的依时变化散点图和回归曲线。

对比大气环境和海洋环境下混凝土的强度变化规律,可发现大气环境下混凝土的强度增长期较长,再次表明混凝土的强度依时变化与其服役环境密切相关。

现有的混凝土长期力学性能预测模型或者是基于物质冷却定理,或者是基于简单的统计回归分析,均是混凝土的长期力学性能的一个较粗略的定性模拟。它们无法反映出

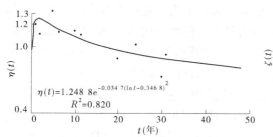
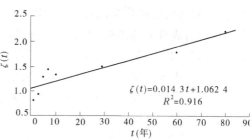

图 2-16　海洋环境中混凝土平均强度
依时变化散点图和回归曲线

图 2-17　海洋环境中混凝土强度标准差
依时变化散点图和回归曲线

大坝混凝土在内部老化因素和环境侵蚀因素共同作用下的力学性能长期发展规律,无法反映出水泥特性、混凝土种类等对大坝混凝土长期力学性能的影响,更无法反映出大坝的内部、外部混凝土长期力学性能的演化规律的不同。大坝混凝土的长期力学特性的预测模型仍旧是一个难点问题,需要进行大量长期系统深入的试验研究。

2.4　本章小结

本章分析了大坝混凝土长期力学性能变化的理论基础,详细介绍了混凝土材料力学性能的长期演化规律、大坝混凝土在实际服役环境中力学性能的长期演化规律,以及混凝土长期力学性能的预测三个方面的研究成果。

大坝混凝土长期性能的演化是在内部自身老化因素和外部环境侵蚀因素共同作用下的结果,大坝内部和表面混凝土的力学性能的长期演化规律是不同的。

大坝混凝土长期力学特性的影响因素有:水泥的品质(水泥细度,水泥的矿物成分如 C_3S 和 C_2S 的含量、碱含量、方镁石含量、游离 CaO 的含量等)、混凝土配合比(水胶比、矿物掺合料的种类如粉煤灰、火山灰、高炉矿渣等及其含量,骨料是否具有碱活性、骨料的物理性质,是否添加引气剂等)和所处的环境条件(如大气环境、海洋环境、冻融环境、渗漏溶蚀、有害离子侵蚀等)。

若不存在碱骨料反应和渗漏溶蚀等自身膨胀劣化因素,大坝内部的混凝土可视为不受侵蚀的混凝土,其抗压强度、抗拉强度和弹性模量等力学性能持续增长,增长速度随龄期发展而逐渐变缓。胡佛大坝等的混凝土芯样测试结果表明,混凝土的力学性能可持续增长 60 年以上。

对于内部经受碱骨料反应劣化的大坝混凝土,其长期抗压强度比不经受碱骨料反应劣化的混凝土要低,但随龄期在缓慢增长,个别的大坝出现抗压强度随龄期下降的趋势;弹性模量与抗压强度的发展规律类似;碱骨料反应劣化的混凝土的抗拉强度有明显的降低,并随龄期也在缓慢增长。

大坝表面的混凝土的力学性能的长期变化规律和所处的环境条件密切相关,笼统地讲主要取决于大坝外部环境作用与材料自身抗力相对大小的依时演变。

　　对处于冻融环境下的大坝混凝土长期力学性能,由于冻融的影响范围局限在表层混凝土,因此造成的损伤为局部的、表面的损伤,对于体积庞大的混凝土重力坝而言,短时间内部不会造成重大的影响;然而对于薄拱坝或者其他薄壁结构而言,冻融劣化的影响不可忽视。因此,对于我国北方寒冷地区而言,一方面要使用引气的混凝土以增强抗冻能力;另一方面在坝体体型设计时要适当增大剖面的厚度,以抵抗冻融劣化的影响。

　　现有的大坝混凝土长期力学性能预测模型都较简单,它们无法反映出大坝混凝土在内部老化因素和环境侵蚀因素双重作用下的力学性能长期发展规律,无法反映出水泥特性、混凝土种类等对大坝混凝土长期力学性能的影响,更无法反映出大坝的内部、外部混凝土长期力学性能演化规律的不同。建立符合实际的大坝混凝土长期性能预测模型仍是水工领域的研究热点和难点。

参考文献

[1] Washa G W, Saeman J C, Cramer S M. Fifty-year properties of concrete made in 1937[J]. ACI Materials Journal, 1989, 86(4): 367-371.

[2] Wood S L. Evaluation of the long term properties of concrete, pca research and development bulletin rd102t[R]. Portland Cement Association. Urbana, Illinois. 1992.

[3] Kokubu M, Kobayashi M. Long term observations on frost damage to dam concrete using large concrete blocks[M]. 20th ICOLD congress on large dams, Beijing, 2000.

[4] 冯乃谦, 邢锋. 混凝土与混凝土结构的耐久性[M]. 北京: 机械工业出版社, 2009.

[5] 沙慧文. 粉煤灰混凝土碳化和钢筋锈蚀原因及防止措施[J]. 工业建筑, 1989(1): 7-10.

[6] 吴国强. 粉煤灰加气混凝土长期强度劣化机理探讨[J]. 硅酸盐学报, 1996, 24(4): 235-241.

[7] 安托诺夫. 老化混凝土坝运行能力评价准则[J]. 水利水电快报, 1995(24): 18-21.

[8] Stanton T E. Expansion of concrete through reaction between cement and aggregate[J]. Proceedings of the ASCE, 1940, 66(10): 1781-1811.

[9] 刘崇熙, 文梓芸. 混凝土碱骨料反应[M]. 广州: 华南理工大学出版社, 1995.

[10] Swamy R N, Al-Asali M M. Engineering properties of concrete affected by alkali-silica reactio[J]. ACI Materials Journal, 1988, 85(5): 367-374.

[11] Swamy R N, Al-Asali M M. Expansion of concrete due to alkali-silica reaction[J]. ACI Materials Journal, 1988, 85(1): 33-40.

[12] Clark L A. Structural aspects of alkali-silica reaction[J]. Structural engineering review, 1990, 2(2): 81-87.

[13] Ono K. Strength and stiffness of alkali silica reaction concrete and concrete members[J]. Structural engineering review, 1990(2):121-125.

[14] Pleau R, Bérubé M A, Pigeon M, et al. Mechanical behavior of concrete affected by asr. Proceedings of the. 8th International Conference on Alkali-Aggregate Reaction, Kyoto, Japan, 1989:721-726.

[15] Hasparyk N P, Monteiro P J, Dal Molin D C C. Investigation of mechanical properties of mass concrete affected by alkali-aggregate reaction[J]. Journal of Materials in Civil Engineering, 2009, 21: 294-297.

[16] Charlwood R G. Icold bulletin: The physical properties of hardened conventional concrete in dams. ICOLD committee on concrete dams. 2009.

[17] Charlwood R G. Predicting the long term behavior and service life ofconcrete dams. Proceeding of the 2nd International Conference on Long Term Behavior of Dams, Graz, Austria, 2009:39-49.

[18] 李金玉，曹建国. 水工混凝土耐久性的研究和应用[M]. 北京：中国电力出版社，2004.

[19] 邢林生，聂广明. 混凝土坝坝体溶蚀病害及治理[J]. 水力发电，2003(11)：60-63.

[20] 汝乃华，姜忠胜. 大坝事故与安全拱坝[M]. 北京：中国水利水电出版社，1995.

[21] 徐文雨，关英俊，李金玉. 大坝混凝土渗漏溶蚀的研究[J]. 水利水电技术，1990(7)：43-47.

[22] 方坤河，阮燕，吴玲，等. 混凝土的渗透溶蚀特性研究[J]. 水力发电学报，2001(1)：31-39.

[23] 刘崇熙，汪在芹. 坝工混凝土耐久寿命的衰变规律[J]. 长江科学院院报，2000,17(2)：18-21.

[24] 牛荻涛，王庆霖. 一般大气环境下混凝土强度经时变化模型[J]. 工业建筑，1995, 25(6)：36-38.

[25] 牛荻涛. 海洋环境下混凝土强度的经时变化模型[J]. 西安建筑科技大学学报，1995, 27(1)：49-52.

第 3 章　大坝混凝土碱骨料反应研究

3.1　概　述

碱骨料反应是指硬化混凝土中的碱与骨料中的活性矿物发生化学反应,结果导致混凝土发生膨胀、开裂甚至破坏的现象。

自 1940 年首次发现碱骨料反应以来,各国科学家一直致力于碱骨料反应问题的研究,尤其对预防碱骨料反应做了大量工作。由于 ACR 远没有 ASR 普遍,且很多学者认为,碱碳酸盐反应和碱硅酸盐反应引起的破坏往往与碱硅酸反应有密切的联系,而且没有发现对 ACR 有效的抑制措施,因此近年来对 AAR 的研究主要集中在 ASR 方面。目前预防碱硅酸反应的措施主要有:①避免使用活性骨料;②控制混凝土碱含量(Na_2Oeq);③控制湿度;④使用掺合料或其他化学外加剂。

使用非活性骨料对防止 ASR 而言是最安全可靠的措施,加强骨料碱活性检验是预防 ASR 的关键。国内外对骨料碱活性的鉴定方法开展了大量研究:有对骨料的微观结构进行评价的岩相法,有对骨料的化学成分进行鉴定的化学法,有以测长为基础的砂浆棒法、混凝土棱柱体法、压蒸法等。

ASTM 标准的砂浆棒法和化学法是检验骨料碱活性最传统的方法,但由于存在大量错判、漏判的实例,RILEM(国际材料与结构研究实验联合会)标准中已不再使用这两种方法作为碱骨料反应活性的检验方法。目前,RILEM 标准中检验骨料碱活性的方法有:AAR-1(岩相法)、AAR-2(砂浆棒快速法)、AAR-3(混凝土棱柱体法)、AAR-4(快速混凝土柱法)、AAR-5(碳酸盐骨料快速初选法)等。

砂浆棒快速法主要在南非和加拿大等国使用。南非采用 1.5% 有效碱和 14 d 砂浆试体(掺加掺合料)膨胀小于 0.1% 作为接受的判据。但砂浆棒快速法的试体参数,包括骨料配比等与实际相差甚远,其长期有效性研究很少涉及。加拿大使用混凝土棱柱体法作为评价掺合料的标准方法,目前正使用并发展改进砂浆棒快速法。美国、加拿大参照砂浆棒快速法(ASTM C 1260)发展了新的试验规范 ASTM C 1567 和 CSA A23.2-28A(2004年),进行碱活性抑制试验。美国 ASTM C 1567 和加拿大 CSA A23.2-28A 规定的判据为 14 d 膨胀率低于 0.10%,美国联邦航空局西北分局和内布拉斯加州公路局规定的判据为 28 d 膨胀率低于 0.10%,我国南水北调中线工程采用的判据也是 28 d 膨胀率低于 0.10%。

唐明述等最早采用压蒸法检验骨料碱活性并将其用于比较掺合料抑制 ASR 的能力。后来,法国在"中国快速法"的基础上,采用实际工程用水泥、骨料和掺合料制备砂浆试件,在 150 ℃模拟碱液中压蒸 48 h 来评价掺合料抑制 ASR 的有效性,模拟碱液的浓度根据水胶比和以下假设计算:水泥和硅灰碱含量 100% 释放,而粉煤灰和矿渣分别为 17% 和

50%释放。该方法的结果和 38 ℃与 60 ℃ 100%R. H. 条件下的结果有较好的相关性,可用于筛选不同配合比。以后,又将方法中试体改为全尺寸现场实际配比混凝土试体,并延长压蒸时间至 3 周,以更有效可靠地评价实际配比 ASR 的安全性和掺合料抑制 ASR 的有效性。但方法中对掺合料有效碱的贡献是参照早期 BRE Digest 330,对掺合料有效碱的处理并不一定合理。另外,150 ℃压蒸的养护条件与实际工程所处的环境相差太大,很难反映掺合料在实际工程中的情况并指导掺合料的应用。

综上所述,目前评价掺合料有效性的方法均以检验骨料 ASR 活性的方法为基础,比较掺加掺合料后试件膨胀率的变化。用检验骨料活性的方法评价掺合料,只能相对比较掺合料的抑制能力,或最严酷条件下抑制 ASR 膨胀所需的最小掺合料掺量,并不能回答具体工程中特定骨料和配比掺加多少掺合料才能保证工程的安全耐久。理想的评价掺合料的方法应该为:快速——满足工程需要;可靠——与工程长期性能相关性好;程序尽可能简单——可操作性强。通过对快速试验方法试验结果进行分析处理,预测混凝土在实际环境中的 ASR 膨胀历程,才能最终评价实际混凝土 ASR 安全性或掺合料抑制 ASR 的长期有效性。

近年来,为克服传统方法周期长、可靠性差的缺点,以高温高碱条件下的碱骨料反应为基础发展的许多快速方法研究非常活跃。对反应产物的大量研究表明,强化条件下的化学反应和通常温度下虽有微小差异,但试件膨胀的确是由骨料的活性组分与碱反应引起的,反应形成的产物与低温下的产物及受 ASR 破坏的现场混凝土中产物相似。尽管试验室条件下制备的砂浆或混凝土试件的一维线性膨胀不能代表实际混凝土中化学能转化为机械功的复杂实际过程,但在找到更为直接有效的方法之前,快速测长法仍是方法研究的主流。

对于实际工程来说,需要在短期内采用快速试验方法评价实际工程混凝土的 ASR 危害性。迄今,尽管很多试验都采用各种不同的措施(如提高碱含量、养护温度等)来加速碱骨料反应,但由于没有考虑实际工程中的混凝土与加速试验混凝土之间的差异,这些加速方法的试验结果并不能直接用于评价混凝土的长期安全性。如果我们能将快速试验方法的试验结果进行分析处理,建立数学模型,推测实际混凝土 ASR 的膨胀历程,然后结合工程结构计算,确定造成工程破坏的具体膨胀量,就可判断出碱骨料反应导致该工程破坏的时间,在不考虑其他因素的前提下对该工程进行寿命预测。

自 Stanton 首次发现碱骨料反应以来,各国学者知道了碱骨料反应并对其进行了大量研究,但研究主要是针对碱骨料反应的机制和抑制碱骨料反应膨胀的措施。然而,ASR所导致的劣化过程对混凝土力学性能的影响方面研究却非常有限。此外,大量公开的研究资料主要涉及的是砂浆而非混凝土。R. N. Swamy 等使用两种活性骨料成型混凝土试件,研究 ASR 对混凝土力学性能的影响试验结果显示,受碱骨料反应影响的主要性能为抗弯强度和动弹性模量,抗压强度不适合表征 ASR 的影响,但抗弯强度显示是监测 ASR的一个比较可靠和敏感的试验参数。非破坏性的试验如动弹性模量和超声波速也可以识别发生 ASR 混凝土的劣化状态。如果我们能够将 ASR 膨胀量对混凝土力学性能的影响规律找出,那么即可通过 ASR 膨胀量对混凝土力学性能的影响规律确定导致混凝土结构破坏的临界 ASR 膨胀量,然后根据碱骨料反应预测模型推测实际混凝土 ASR 的膨胀历程,对该工程进行寿命预测。这将对工程的耐久性设计帮助很大,尤其是对于使用年限很长的大型水利工程更是意义重大。

本章首先选用工程实际活性骨料,以砂浆棒快速法和混凝土棱柱体法为基础设计一系列试验,研究温度、碱含量和粉煤灰掺量对碱骨料反应膨胀性能的影响规律,初步建立碱骨料反应膨胀与碱含量、温度的动力学关系式,提出膨胀预测模型,用膨胀模型预测一定温度下碱骨料反应的膨胀历程,为快速评价实际工程混凝土 ASR 抑制措施的长期有效性提供理论依据。其次,参照工程实际配合比,成型二级配混凝土抗压、抗弯、轴向拉伸和弹性模量试件,所有试件成型拆模后均在温度为 20 ℃、相对湿度为 90% 以上的养护室养护 28 d,然后移入温度为 60 ℃、相对湿度为 90% 的养护室加速养护,在混凝土达到不同的膨胀量时取出,进行混凝土试件各力学性能的试验,研究不同膨胀量下混凝土力学性能的变化规律。

通过温度、碱含量、粉煤灰掺量、骨料尺寸效应对所采用骨料碱骨料反应膨胀特性的影响规律的试验研究和分析,基于 Arrhenius 方程建立碱骨料反应膨胀预测模型;系统全面地研究碱骨料反应作用下混凝土试件抗压强度、劈裂抗拉强度、抗弯强度、弹性模量、轴向抗拉强度及极限拉伸值等力学性能的变化规律;根据碱骨料反应引起的混凝土损伤与混凝土各力学性能相对值的关系曲线,得出受碱骨料反应损伤混凝土的力学性能衰减预测模型。

3.2　混凝土碱骨料反应膨胀量预测

对于实际工程来说,需要在短期内采用快速试验方法评价混凝土的 ASR 危害性。迄今,很多试验采用各种措施(如提高碱含量、养护温度等)来加速碱骨料反应,但由于没有考虑实际工程中的混凝土与加速试验条件下混凝土之间的差异,这些加速方法的试验结果并不能直接用于评价混凝土的 ASR 危害性。

碱骨料反应过程包含了一系列物理化学过程,温度对碱骨料反应及其膨胀的加速作用也可以用化学反应动力学理论来描述,这就为通过短期的试验预测实际工程混凝土发生碱骨料反应提供了一种研究手段。如果通过化学反应动力学理论可以预测碱骨料反应的膨胀历程,然后结合工程结构计算,确定造成工程破坏的具体膨胀量,那么就可能判断出由于碱骨料反应导致工程破坏的大致时间,在不考虑其他因素的前提下对工程进行寿命预测。

本节以砂浆棒快速法和混凝土棱柱体法为基础设计系列试验,研究温度、碱含量和粉煤灰掺量对碱骨料反应膨胀性能的影响规律,并采用工程实际配比研究骨料级配对混凝土碱骨料反应膨胀的影响,通过对碱骨料反应膨胀量与碱含量、温度、粉煤灰掺量、骨料级配等关系的分析,初步建立碱骨料反应膨胀量与碱含量、温度的动力学关系式,提出膨胀预测模型,用膨胀模型预测一定温度下碱骨料反应的膨胀历程,为快速评价实际工程混凝土 ASR 抑制措施的长期有效性提供理论依据。

3.2.1　原材料

水泥:所用水泥为 42.5 中热硅酸盐水泥,碱含量为 0.542%,水泥的碱含量及压蒸膨胀率检测结果见表 3-1。

表 3-1　42.5 中热硅酸盐水泥的碱含量及压蒸膨胀率检测结果　　　　（%）

项目	Na$_2$O	K$_2$O	MgO	碱含量（Na$_2$Oeq）	压蒸膨胀率
检测结果	0.18	0.55	1.55	0.542	0.02

　　按《水泥压蒸安定性试验方法》（GB/T 750—1992）检验，试验用中热硅酸盐水泥的压蒸膨胀率为 0.02%，满足《水工混凝土砂石骨料试验规程》（DL/T 5151—2014）"5.5 骨料碱活性检验"中对水泥压蒸膨胀率小于 0.2% 的要求。

　　粉煤灰：所用粉煤灰为 F 类 I 级粉煤灰，其碱含量及主要化学成分分析结果列于表 3-2。

表 3-2　粉煤灰的碱含量及主要化学成分分析结果　　　　（%）

项目	Na$_2$O	K$_2$O	MgO	SO$_3$	碱含量（Na$_2$Oeq）
检测结果	0.28	0.83	0.26	1.46	0.83

　　化学试剂：分析纯 NaOH 试剂。

　　骨料：所用骨料为人工骨料，主要为石英砂岩，产自四川金沙江流域。骨料经破碎、筛分至各方法所要求的粒径。

3.2.2　试验设计

　　试验以砂浆棒快速法和混凝土棱柱体法的试验参数为基础，当研究温度对 ASR 的影响时，将养护温度分别控制为 80 ℃、60 ℃ 和 38 ℃，其余参数不变；当研究粉煤灰掺量对 ASR 的影响时，粉煤灰分别取代水泥质量的 0、10%、20%、35%、40%，其余参数不变；当研究试件内部碱含量对 ASR 的影响时，将砂浆试件的碱含量分别调整为 0.6%、0.9%、1.25%、1.5%、2.0%，其余参数不变。

　　砂浆棒快速法和混凝土棱柱体法的试验参数如下。

3.2.2.1　砂浆棒快速法

　　试件尺寸：25.4 mm×25.4 mm×285 mm。

　　骨料：采用五粒级，其中 0.16~0.315 mm 粒径占骨料总量的 15%，0.315~0.63 mm、0.63~1.25 mm、1.25~2.5 mm 粒径各占 25%，2.5~5 mm 粒径占 10%。

　　胶砂比：（水泥+掺合料）：骨料=1:2.25。

　　水胶比：水:（水泥+掺合料）=0.47。

　　水泥：使用中热硅酸盐水泥。水泥的含碱量宜为 0.9%±0.1%（以 Na$_2$O 计，即 Na$_2$O+0.658 K$_2$O）。通过外加 10%NaOH 溶液，使试验用水泥含碱量达到 1.25%。

　　养护方式：在 1 mol/L NaOH 溶液中养护。

　　养护温度：80 ℃。

　　试验周期：14~28 d。

3.2.2.2　混凝土棱柱体法

　　试件尺寸：75 mm×75 mm×275 mm。

　　骨料：粗骨料采用三粒级，5~10 mm、10~15 mm 和 15~20 mm，各取 1/3 等量混合。

试验用细骨料细度模数为 2.7±0.2。

粗细骨料质量比为 6:4。

水泥用量:每立方米混凝土水泥用量为 420 kg±10 kg。

水胶比:水:(水泥+掺合料)=0.42~0.45。

水泥:使用中热硅酸盐水泥。水泥的含碱量宜为 0.9%±0.1%(以 Na_2O 计,即 $Na_2O+0.658 K_2O$)。通过外加 10%NaOH 溶液,使试验用水泥含碱量达到 1.25%。

养护方式:密封养护,筒中养护。

养护温度:38 ℃。

试验周期:1 年。

分别参照砂浆棒快速法、混凝土棱柱体法,进行了不同温度、不同碱含量和不同粉煤灰掺量下的碱骨料反应膨胀试验,研究三种因素作用下试件的碱活性膨胀规律,具体试验内容如表 3-3 所示。

表 3-3　试验项目(1)

试验方法	水泥含碱量	试验温度(℃)		
		38	60	80
砂浆棒快速法	基准试件(水泥含碱量 0.54% Na_2Oeq),不掺粉煤灰	√	√	√
	水泥含碱量调整到 2.0%(Na_2Oeq),不掺粉煤灰	√	√	√
	水泥含碱量调整到 1.5%(Na_2Oeq),不掺粉煤灰			√
	水泥含碱量调整到 1.25%(Na_2Oeq),不掺粉煤灰			√
	水泥含碱量调整到 0.9%(Na_2Oeq),不掺粉煤灰			√
	水泥含碱量调整到 0.6%(Na_2Oeq),不掺粉煤灰			√
	水泥含碱量 2.0%(Na_2Oeq),掺 20%粉煤灰			√
	水泥含碱量 2.0%(Na_2Oeq),掺 30%粉煤灰			√
	水泥含碱量 2.0%(Na_2Oeq),掺 35%粉煤灰			√
	水泥含碱量 2.0%(Na_2Oeq),掺 40%粉煤灰			√
混凝土棱柱体法	基准试件(水泥含碱量 0.54% Na_2Oeq),不掺粉煤灰	√		
	水泥含碱量调整到 2.0%(Na_2Oeq),不掺粉煤灰	√		
	水泥含碱量调整到 1.5%(Na_2Oeq),不掺粉煤灰	√		
	水泥含碱量调整到 1.25%(Na_2Oeq),不掺粉煤灰	√		
	水泥含碱量调整到 0.9%(Na_2Oeq),不掺粉煤灰	√		
	水泥含碱量调整到 0.6%(Na_2Oeq),不掺粉煤灰	√		
	水泥含碱量 2.0%(Na_2Oeq),掺 20%粉煤灰	√		
	水泥含碱量 2.0%(Na_2Oeq),掺 30%粉煤灰	√		
	水泥含碱量 2.0%(Na_2Oeq),掺 35%粉煤灰	√		
	水泥含碱量 2.0%(Na_2Oeq),掺 40%粉煤灰	√		

注:表中"√"表示进行的试验项目,表中水泥碱含量为 0.54%(Na_2Oeq),粉煤灰碱含量为 0.83%(Na_2Oeq),粉煤灰的碱含量不计入总碱含量,下同。

采用某高拱坝的混凝土配合比(砂岩方案),进行 38 ℃试验条件下三级配(试件尺寸 ϕ 300 mm×600 mm)、二级配(试件尺寸 150 mm×150 mm×550 mm)和 38 ℃、50 ℃、60 ℃、70 ℃、80 ℃试验条件下混凝土棱柱体(试件尺寸 75 mm×75 mm×275 mm)及砂浆棒试件(试件尺寸 25.4 mm×25.4 mm×285 mm)的碱骨料反应膨胀对比试验,研究不同粒径骨料试件的膨胀率发展规律,为碱骨料反应膨胀预测模型提供参数。分别参照混凝土棱柱体法和砂浆棒快速法,研究粉煤灰掺量和温度对碱骨料反应膨胀的影响规律。具体试验内容见表 3-4,所采用的某水电站高拱坝的混凝土配合比(砂岩方案)见表 3-5。

表 3-4　试验项目(2)

混凝土级配及粒径	水泥含碱量	试验温度(℃)				
		38	50	60	70	80
三级配试件(最大粒径 80 mm)	基准试件(水泥含碱量 0.54% Na_2Oeq),不掺粉煤灰	√				
	水泥含碱量调整到 2.0%(Na_2Oeq),不掺粉煤灰	√				
	水泥含碱量 2.0%(Na_2Oeq),掺 30%粉煤灰	√				
二级配试件(最大粒径 40 mm)	基准试件(水泥含碱量 0.54% Na_2Oeq),不掺粉煤灰	√				
	水泥含碱量调整到 2.0%(Na_2Oeq),不掺粉煤灰	√				
棱柱体试件(最大粒径 20 mm)	基准试件(水泥含碱量 0.54% Na_2Oeq),不掺粉煤灰	√	√	√	√	
	水泥含碱量调整到 2.0%(Na_2Oeq),不掺粉煤灰	√	√	√	√	
砂浆棒试件	基准试件(水泥含碱量 0.54% Na_2Oeq),不掺粉煤灰	√	√	√	√	
	水泥含碱量调整到 2.0%(Na_2Oeq),不掺粉煤灰	√	√	√	√	
混凝土棱柱体法	基准试件(水泥含碱量 0.54% Na_2Oeq),不掺粉煤灰	√		√		
	水泥含碱量调整到 2.0%(Na_2Oeq),不掺粉煤灰	√		√		
	水泥含碱量调整到 2.0%(Na_2Oeq),掺 5%粉煤灰	√		√		
	水泥含碱量调整到 2.0%(Na_2Oeq),掺 10%粉煤灰	√		√		
	水泥含碱量调整到 2.0%(Na_2Oeq),掺 20%粉煤灰	√		√		
砂浆棒快速法	水泥含碱量调整到 2.0%(Na_2Oeq),不掺粉煤灰		√	√		√

表 3-5　混凝土配合比

配合比编号	水胶比	粉煤灰掺量(%)	胶材用量(kg/m³)	混凝土材料用量(kg/m³)				
				水	水泥	粉煤灰	砂	石
ZRJJ-45-30-2.0	0.45	30	207	93.0	144.9	62.1	528.2	1 672.8
ZRJJ-45-0-1	0.45	0	207	93.0	207.0	0	532.6	1 686.5
ZRJJ-45-0-2.0	0.45	0	207	93.0	207.0	0	532.6	1 686.5

3.2.3　试验结果与分析

3.2.3.1　碱含量对混凝土碱骨料反应的影响

分别参照砂浆棒快速法和混凝土棱柱体法,测试了碱含量(Na$_2$Oeq)为0.6%、0.9%、1.25%、1.5%和2.0%时砂浆和混凝土试件在不同龄期的碱骨料反应膨胀量,砂浆棒快速法的试验温度为80 ℃,混凝土棱柱体法的试验温度为38 ℃,试验结果如图3-1和图3-2所示。由试验结果可知:①随着龄期的增长,砂浆和混凝土的膨胀率在增大,但增长速率逐渐降低;②随着碱含量的增大,砂浆和混凝土的膨胀率在增大;③对比可知,在同龄期时砂浆试件的膨胀率更大。分析可知,混凝土碱骨料反应膨胀量ξ与时间t的关系符合双曲函数规律,见式(3-1),利用双曲函数拟合可以获得试件的最终膨胀率ξ_u和反应速率常数k_t,拟合结果见表3-6。碱含量在0.6%~2.0%范围内砂浆试件和混凝土棱柱体试件都表现出上述特性。由此可见,碱含量对混凝土碱骨料反应的最终膨胀率有显著影响,实际工程中应该严格控制混凝土的总碱量。

$$\xi = \frac{\xi_u k_t t}{1 + k_t t} \tag{3-1}$$

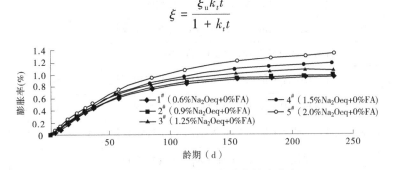

图3-1　不同碱含量砂浆试件的膨胀率

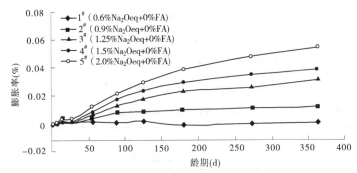

图3-2　不同碱含量混凝土棱柱体试件的膨胀率

3.2.3.2　温度对混凝土碱骨料反应的影响

研究首先参照砂浆棒快速法进行80 ℃、60 ℃、38 ℃条件下的碱骨料反应膨胀试验,根据取得的试验结果,初步分析温度对ASR膨胀的影响规律,采用化学反应速率常数描述温度对混凝土ASR的影响,探讨ASR反应速率常数与养护温度之间的关系,验证温度对碱骨料反应的影响是否可以用Arrhenius方程来描述的设想。

表 3-6　不同碱含量试件的膨胀率与时间的回归分析结果

试件类型与试验温度	碱含量（Na₂Oeq,%）	拟合最终膨胀率（%）	反应速率常数（d⁻¹）	试验龄期内试验值与计算值误差的平方和
砂浆，试验温度80℃	0.60	1.282 2	0.014 6	0.015 5
	0.90	1.295 1	0.015 2	0.011 4
	1.25	1.440 3	0.014 3	0.010 1
	1.50	1.604 0	0.012 6	0.006 8
	2.00	1.843 2	0.011 8	0.004 3
混凝土，试验温度80℃	0.90	0.016 4	0.008 1	1.020 0
	1.25	0.061 7	0.002 8	2.528 6
	1.50	0.073 3	0.003 4	3.929 0
	2.00	0.113 1	0.002 6	3.305 2

运用 Arrhenius 方程建立考虑温度影响的 ASR 膨胀预测模型：

$$\xi = \frac{\xi_u A e^{-\frac{E_a}{RT}} t}{1 + A e^{-\frac{E_a}{RT}} t} = \frac{\xi_u t}{\frac{1}{A} e^{\frac{E_a}{RT}} + t} \tag{3-2}$$

式中：t 为温度为 T 时的养护时间,d;ξ_u 为砂浆试件最终膨胀率(%);E_a 为活化能,J/mol;R 为气体常数,取 8.314 5 J/(mol·K);A 为指(数)前因子,d⁻¹;ξ 为养护时间为 t 时的砂浆试件的膨胀率(%);T 为绝对温度,K。

三种养护温度条件下砂浆试件在不同龄期时的膨胀率如图 3-3 所示,同时利用上述考虑温度影响的 ASR 膨胀预测模型计算试件的膨胀率。由图 3-3 可知:①随着龄期的增长,砂浆膨胀率在增大;②随着养护温度的提高,砂浆膨胀率明显增大;③由模型计算的膨胀率与实测膨胀率相差很小,上述模型可用于预测 ASR 在实际温度环境中的膨胀历程。

同样参照砂浆棒快速法,进行 50℃、60℃、70℃、80℃条件下的碱骨料反应膨胀试验,根据试验结果验证温度对碱骨料反应膨胀的影响。

四种养护温度条件下砂浆试件在不同龄期时的膨胀率如图 3-4 所示,用双曲函数方程拟合的试验结果见图 3-5。根据拟合结果得到不同温度下碱骨料反应膨胀的速率常数 k_t,依据 Arrhenius 公式,可以得到 $\lg k_t$ 与 $1/T$ 的关系,如图 3-6 所示。结果表明,$\lg k_t$ 与 $1/T$ 接近呈直线关系,R^2 为 0.999 4,说明温度对碱骨料反应的影响符合 Arrhenius 方程。由图 3-6 求得直线的斜率和截距,得到碱骨料反应膨胀的活化能 $E_a=5.993\times10^4$ J/mol,以及速率常数 k_t 与绝对温度 T 的关系式 $k_t=7.72\times10^6\exp(-5.993\times10^4/RT)$,如图 3-7 所

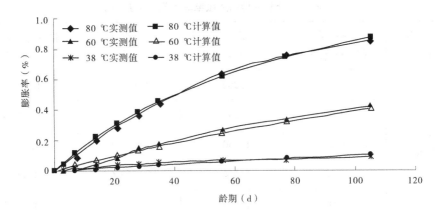

图 3-3　碱骨料反应膨胀预测模型计算值与实测值的比较

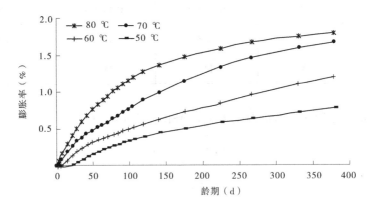

图 3-4　不同温度砂浆试件的膨胀率

示。由此可以用等效时间公式计算出:80 ℃膨胀 28 d 相当于 70 ℃、60 ℃和 50 ℃分别膨胀 51 d、95 d 和 187 d,与试验结果相吻合。由此推算出为 80 ℃膨胀 28 d 相当于 20 ℃膨胀 5 年;80 ℃膨胀 365 d 相当于 20 ℃膨胀 65 年。

3.2.3.3　粉煤灰掺量对混凝土碱骨料反应的影响

采用砂浆棒快速法、混凝土棱柱体法进行粉煤灰掺量(0、20%、30%、35%、40%)对碱骨料反应膨胀规律的影响试验,砂浆棒快速法试验温度为 80 ℃,混凝土棱柱体法试验温度为 38 ℃,试验结果如图 3-8、图 3-9 所示。由图 3-8 和图 3-9 可知:①随着龄期的增长,砂浆、混凝土试件的膨胀率都在增大;②掺加粉煤灰后,砂浆、混凝土试件的膨胀率明显减小;③随着粉煤灰掺量的增大,试件、混凝土试件的膨胀率减小。利用式(3-1)双曲函数拟合掺加粉煤灰后砂浆和混凝土试件的碱骨料反应膨胀率与时间的关系,结果列于表 3-7。由表 3-7 可知,掺加粉煤灰后,碱骨料反应膨胀率曲线同样符合双曲函数规律,掺加粉煤灰后试件的最终膨胀率明显降低,即掺加粉煤灰对碱骨料反应有显著的抑制作用。

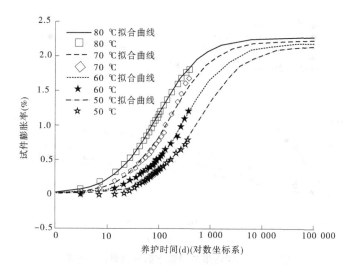

图 3-5　不同温度下的膨胀率—时间关系曲线

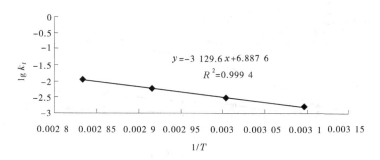

图 3-6　速率常数对数 $\lg k_t$ 与绝对温度倒数 $1/T$ 的关系

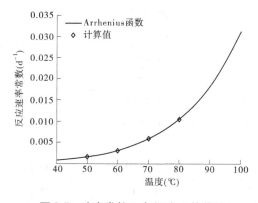

图 3-7　速率常数 k_t 与温度 T 的关系

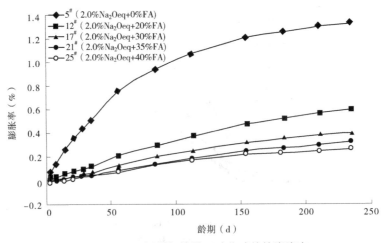

图 3-8 不同粉煤灰掺量下砂浆试件的膨胀率

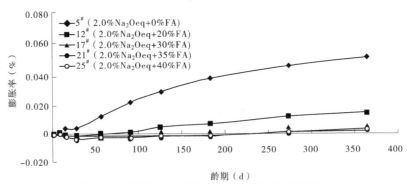

图 3-9 不同粉煤灰掺量下棱柱体试件的膨胀率

表 3-7 不同粉煤灰掺量下砂浆、混凝土试件的膨胀率与时间的回归分析结果

试件类型与 试验温度	FA 掺量 （%）	最终膨胀率 （%）	反应速率常数 （d^{-1}）	试验龄期内试验值与 计算值误差的平方和
砂浆， 试验温度 80 ℃	0	1.843 2	0.011 8	0.004 3
	20	1.629 7	0.002 5	0.001 5
	30	1.342 7	0.001 9	0.002 9
	35	1.847 0	0.000 9	0.001 2
	40	1.001 2	0.001 6	0.002 7
混凝土， 试验温度 80 ℃	0	0.113 1	0.002 6	3.305 2
	20	0.070 5	0.000 7	2.007 8
	30	0.008 4	0.000 6	0.939 1
	35	0.007 3	0.000 7	0.537 5

3.2.3.4　骨料级配对混凝土碱骨料反应的影响

采用表 3-5 混凝土配合比,拌制最大骨料粒径为 150 mm 的四级配混凝土,筛除 80 mm 以上的骨料,成型 ϕ 300 mm×600 mm 圆柱体试件;筛除 40 mm 以上的骨料,成型 150 mm×150 mm×550 mm 棱柱体试件;筛除 20 mm 以上的骨料,成型 75 mm×75 mm×275 mm 棱柱体试件。试件养护拆模后,分别放入 38 ℃潮湿环境中观测。

图 3-10 为湿筛后不同级配混凝土试件在 38 ℃潮湿环境中的变形曲线,ZRJJ45−0−2.0 表示水泥含碱量为 2.0%+不掺粉煤灰。试验结果表明,棱柱体试件早期膨胀发展较快,后期变形曲线趋于平缓,二级配和三级配试件持续缓慢膨胀,500 d 后二级配和三级配试件变形曲线趋于平缓,二级配试件膨胀率接近棱柱体试件,三级配试件膨胀率稍低于二级配试件。试验结果表明,随着养护龄期的增长,骨料粒径对试件膨胀率的影响逐步减小。

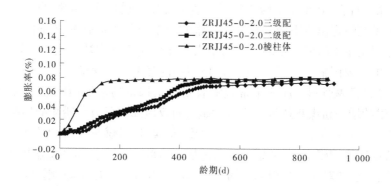

图 3-10　不同粒径混凝土试件在 38 ℃养护条件下的膨胀率

3.2.4　预测模型

通过上述几方面的研究,基本确定温度、碱含量、粉煤灰掺量、骨料尺寸效应对碱骨料反应膨胀特性的影响规律,基于 Arrhenius 方程建立碱骨料反应膨胀预测模型为

$$\xi = \sum_{i=1}^{n} \beta_{FA}\beta_{Na}\beta_{max} \frac{\xi_u A e^{-\frac{E_a}{RT}} t_i}{1 + A e^{-\frac{E_a}{RT}} t_i} \tag{3-3}$$

式中:t_i 为经历某一温度 T_i 的时间,d;ξ_u 为砂浆试件最终膨胀率(%);E_a 为活化能,J/mol;R 为气体常数,为 8.314 5 J/(mol · K);A 为指(数)前因子,d^{-1};ξ 为养护时间为 t 时的砂浆试件的膨胀率(%);T 为绝对温度,K;β_{FA}、β_{Na}、β_{max} 为分别为粉煤灰掺量、碱含量和骨料尺寸效应系数。

由砂浆棒快速法试验结果,通过上述模型可以计算出试验所用骨料的碱骨料反应膨胀的活化能 $E_a = 5.993×10^4$ J/mol 以及速率常数 k_t 与绝对温度 T 的关系式 $k_t = 7.72×10^6 \exp(-5.993×10^4/RT)$。用等效时间公式推算:80 ℃膨胀 28 d 相当于 20 ℃膨胀 5 年;80 ℃膨胀 365 d 相当于 20 ℃膨胀 65 年。

运用该模型可以通过加速试验预测在实际环境温度下碱骨料反应的膨胀历程,结合数值计算分析碱骨料反应膨胀对大坝的危害性;若已知对大坝结构无害的允许膨胀量和设计使用年限,则可以用该模型判断碱骨料反应抑制措施的有效性。

(1)对 ASR 膨胀试验数据的拟合结果显示,等温养护条件下砂浆试件由于 ASR 引起的膨胀率与时间的关系符合双曲函数关系。因此,可以用双曲函数将试件的膨胀率表示为反应速率常数 $k_t(\text{d}^{-1})$ 和时间 t 的函数,通过对各等温养护条件下的试验数据用最小二乘法进行非线性数据拟合,可以分析确定不同养护温度 T 所对应的反应速率常数 $k_t(\text{d}^{-1})$ 的值。

(2)混凝土碱骨料反应膨胀是一个复杂的物理反应及化学反应过程,碱骨料反应膨胀是这一复杂反应进行程度的物理表现结果。通过理论分析与试验数据拟合证实温度对碱骨料反应的影响可以用 Arrhenius 方程来描述,从而为通过快速试验预测混凝土碱骨料反应膨胀提供了一种研究手段。

(3)砂浆试件在 80 ℃下的碱骨料反应速率常数 k_t 受碱含量的影响很小,仅有很微小的波动。但是在恒定温度下碱骨料反应膨胀的速率与碱含量有关,相同养护时间内砂浆试件的膨胀率基本上随碱含量的增大而增大。在反应速率常数一定时,碱含量则是影响试件膨胀率的主要因素,实际工程中应严格控制混凝土总碱含量。

(4)砂浆试件碱骨料反应速率常数随着粉煤灰掺量的增加而减小,当粉煤灰掺量大于30%时,继续增加粉煤灰掺量将不再对碱骨料反应膨胀具有更明显的抑制效果。

(5)基于 Arrhenius 方程,建立了考虑温度、碱含量、粉煤灰掺量、骨料尺寸效应系数的碱骨料反应膨胀预测模型,该模型可以通过加速试验预测在实际环境温度下碱骨料反应的膨胀历程,若已知对大坝结构无害的允许膨胀量和设计使用年限,则可以用该模型判断碱骨料反应抑制措施的有效性。

3.3　发生碱骨料反应大坝混凝土性能衰减规律

混凝土是人造材料,从拌和制备、浇筑成型、养护到投入服役使用为抗力发育成长期,在成长期内混凝土的各项性能应达到设计指标。在随后服役期内混凝土在环境因素作用下,性能会逐渐发生变化,抗力亦随时间变化,而后衰减,直到不能满足安全运行要求。

与冻融循环和水质侵蚀相比,碱骨料反应对大坝的危害性极大,一旦发生便不可逆转,严重的可能危害大坝长期安全运行。本节利用某工程实际使用的混凝土配合比,研究碱骨料反应膨胀量对混凝土力学性能的损伤规律,为实际工程中判定碱骨料反应的危害性和碱骨料反应抑制措施的有效性提供理论依据。

3.3.1　原材料

水泥采用 42.5 中热硅酸盐水泥,水泥品质检测结果见表 3-8,化学成分见表 3-9。

骨料:所用骨料为人工骨料,岩性为石英砂岩,产自四川金沙江流域。人工砂的细度模数为 3.04,石粉含量为 19.7%。

外加剂:所用减水剂为萘系高效减水剂,减水剂的碱含量见表 3-10。引气剂为松香类引气剂。

表 3-8　中热硅酸盐水泥品质检验结果

性能指标	密度（g/cm³）	细度（%）	标准稠度（%）	比表面积（cm²/g）	安定性	凝结时间（h:min）		抗压强度（MPa）			抗折强度（MPa）		
						初凝	终凝	3 d	7 d	28 d	3 d	7 d	28 d
检测结果	3.21	0.14	26.0	3340	合格	3:12	4:00	24.8	34.1	52.0	5.3	6.8	8.8
GB/T 200—2017 要求	—	≤12	—	—	合格	≥1:00	≤12:00	≥12.0	≥22.0	≥42.5	≥3.0	≥4.5	≥6.5

表 3-9　水泥化学成分（%）

化学成分	SiO₂	Al₂O₃	Fe₂O₃	CaO	MgO	SO₃	K₂O	Na₂O	烧失量
检测结果	21.28	3.94	5.66	62.87	1.98	2.3	0.21	0.09	1.0
GB/T 200—2017 要求	—	—	—	—	≤5	≤3.5	$Na_2O+0.658K_2O≤0.6$		—

表 3-10　萘系高效减水剂的碱含量　　　　　　　　（%）

化学成分	K₂O	Na₂O	碱含量（$Na_2O+0.658K_2O$）
检测结果	0	7.9	7.9

化学试剂：分析纯 NaOH 试剂。

3.3.2　试验设计

3.3.2.1　试验方案

利用工程用实际混凝土配合比（见表 3-11），成型二级配混凝土抗压强度、抗弯强度、轴向拉伸和弹性模量试件。所有试件拆模后均在温度为 20 ℃、相对湿度为 95% 以上的养护室养护 28 d，然后移入温度为 60 ℃、相对湿度为 90% 的养护室加速养护，在混凝土达到一定的膨胀量时取出，进行混凝土试件力学性能的试验，研究不同膨胀量下混凝土力学性能的变化规律。

（1）分别成型圆柱体（φ150 mm×450 mm）和棱柱体（75 mm×75 mm×275 mm）试件，圆柱体试件内埋应变计观测试件膨胀量变化，棱柱体试件采用 JD18 型投影万能测长仪检测试件膨胀量变化。

（2）采用 DT-10 型混凝土动弹性模量测定仪检测试件的动弹性模量。

（3）超声波波速测试采用 CTS-25 型非金属超声波检测仪，附加示波单元，另以数字存储示波器来显示波形和测量声时。在尺寸为 100 mm×100 mm×400 mm 的试件侧面上每隔 10 cm 设置一个测试点，共 3 个测试点，另外在试件端面设置 2 个测试点。测试室在试件表面涂抹黄油作耦合剂。

（4）按照《水工混凝土试验规程》（SL/T 362—2020）测试不同膨胀量下混凝土试件的抗压强度、劈裂抗拉强度、抗弯强度和轴向拉伸强度。

（5）不同性能测试用混凝土试件规格见表 3-12。成型二级配动弹性模量试件时，将大于 30 mm 粒径的骨料用湿筛法剔出。成型棱柱体试件时，将大于 20 mm 粒径的骨料用湿筛法剔出。

表 3-11　混凝土配合比

试验编号	水胶比	砂率（%）	外加剂掺量		混凝土材料用量（kg/m³）				备注
			减水剂（%）	引气剂（‰）	水	水泥	砂	石	
J50-0.23	0.50	38	0.6	0.3	125	250	789	1 320	基准未加碱,碱含量 0.23%
JJ50-2.0									加碱,碱含量 2.0%
J45-0.23	0.45	38	0.6	0.3	125	278	800	1 305	基准未加碱,碱含量 0.23%
JJ45-2.0									加碱,碱含量 2.0%
JJ45-2.0-2									
J40-0.23	0.40	38	0.6	0.3	127	317.5	785	1 281	基准未加碱,碱含量 0.23%
JJ40-2.0									加碱,碱含量 2.0%

注：试验编号中"-0.23"表示水泥含碱量为 0.23% 的基准试件；"-2.0"表示通过外加 10%NaOH 溶液，使水泥含碱量达到 2.0% 的待测试件；"JJ45-2.0-2"表示水胶比为 0.45，水泥含碱量为 2.0% 的第二批次成型的待测试件。

表 3-12　混凝土性能测试用试件规格尺寸与数量

试件名称	试件尺寸（mm）	试件数量（组）						
		J50-0.23	JJ50-2.0	J45-0.23	JJ45-2.0	JJ45-2.0-2	J40-0.23	JJ40-2.0
抗压强度	150×150×150	6	7	6	7	—	6	7
劈裂抗拉强度	150×150×150	6	7	10	7	6	6	7
弹性模量	φ150×300	6	7	6	7	—	6	7
轴向抗拉强度	100×100×550	4	5	10	6	7	4	6
动弹性模量、抗弯强度及超声波波速	100×100×400	6	7	10	7	6	6	7
变形（埋应变计）	φ150×450	1	1	2	1	1	1	1
棱柱体	75×75×275	2	2	4	2	2	2	2

所有试件成型拆模后均在温度为 20 ℃、相对湿度为 90% 以上的养护室养护 28 d，然后移入 60 ℃、相对湿度为 90% 左右的养护室加速养护（见图 3-11）。在混凝土达到不同的膨胀量时取出，进行抗压、劈拉、弹性模量、动弹性模量及超声波等试验项目，研究不同膨胀量下混凝土力学性能的变化规律。

试验采用 60 ℃ 加速养护，主要是根据试验用骨料的碱活性高低，以及不同活性骨料在不同温度下发生碱骨料反应的速度。

(a)试件摆放

(b)试件喷雾保湿

图 3-11　60 ℃养护室

3.3.2.2　试件膨胀率

不同水胶比的二级配混凝土试件膨胀率见表 3-13、图 3-12。由图 3-12 可知,基准试件一直处于微收缩状态,加碱试件 0~40 d 发生碱骨料反应膨胀比较快,40 d 之后碱骨料反应膨胀率发展明显放慢,60 d 之后试件碱骨料反应膨胀率发展非常缓慢,水胶比 0.45 的两批试件的膨胀率变化较一致。

表 3-13　60 ℃养护条件下不同水胶比混凝土的膨胀率

膨胀率(%)								
60 ℃养护龄期（d）	水胶比为 0.50		60 ℃养护龄期（d）	水胶比为 0.45			60 ℃养护龄期（d）	水胶比为 0.40	
	J50-0.23	JJ50-2.0		J45-0.23	JJ45-2.0	JJ45-2.0-2		J40-0.23	JJ40-2.0
0	0	0	0	0	0	0	0	0	0
4	0.000 3	0.003 4	3	0.000 4	0.001 7	0.003 7	3	0.000 9	0.001 8
10	0.001 5	0.018 0	9	0.000 3	0.014 9	0.013 5	7	0.000 2	0.004 7
15	0.001 5	0.036 0	15	0.000 1	0.039 0	0.029 6	12	0.001 0	0.017 2
20	0.001 3	0.059 3	20	-0.000 8	0.063 2	0.050 1	15	-0.000 1	0.026 9
25	0.001 8	0.080 6	25	0.000 2	0.083 9	0.074 1	20	0.001 2	0.049 5
30	0.001 5	0.095 0	30	0.000 3	0.093 3	0.095 6	25	0.001 1	0.069 3
35	0.001 5	0.107 3	35	-0.000 2	0.098 6	0.114 6	30	0.000 8	0.081 8
40	0.001 4	0.112 2	40	-0.000 3	0.101 5	0.122 3	35	0.000 7	0.089 9
46	0.001 4	0.115 7	45	-0.000 5	0.103 6	—	40	0.000 8	0.093 6
51	0.001 5	0.118 1	50	-0.000 5	0.105 8	—	45	0.001 0	0.096 6
55	0.001 2	0.119 5	55	-0.000 4	0.107 1	—	50	0.000 9	0.097 7
60	0.001 0	0.120 9	60	-0.000 3	0.108 1	—	55	0.000 9	0.098 8

续表 3-13

膨胀率(%)

60 ℃养护龄期(d)	水胶比为 0.50		60 ℃养护龄期(d)	水胶比为 0.45			60 ℃养护龄期(d)	水胶比为 0.40	
	J50-0.23	JJ50-2.0		J45-0.23	JJ45-2.0	JJ45-2.0-2		J40-0.23	JJ40-2.0
65	0.001 0	0.120 5	65	-0.000 7	0.109 0	—	60	0.000 5	0.100 2
70	0.000 8	0.123 0	70	-0.001 0	0.105 7	—	66	-0.000 3	0.100 4
75	0.000 5	0.123 4	75	-0.001 7	0.109 2	—	70	-0.000 6	0.101 0
80	0.000 3	0.123 9	80	-0.001 3	0.110 7	—	75	-0.000 2	0.102 2
85	0.000 4	0.124 6	85	-0.001 2	0.111 5	—	80	-0.000 1	0.103 0
90	0.000 4	0.125 1	90	-0.001 3	0.111 3	—	85	-0.000 8	0.103 2
95	0.000 0	0.125 6	95	-0.001 4	0.112 5	—	90	-0.000 3	0.104 3
100	0.000 3	0.126 3	100	-0.001 4	0.113 2	—	95	-0.000 3	0.105 1
120	0.000 7	0.126 6	120	-0.002 4	0.114 9	—	120	-0.001 3	0.107 1
150	0.000 1	0.129 7	150	-0.002 9	0.116 9	—	150	-0.002 8	0.109 4
180	-0.000 3	0.130 6	180	-0.003 6	0.118 2	—	180	-0.000 9	0.110 7
210	-0.000 2	0.1315	210	-0.002 9	0.119 2	—	210	-0.000 5	0.112 1
240	0.000 0	0.132 3	240	-0.002 9	0.120 1	—	240	-0.000 2	0.113 3
270	0.000 6	0.133 9	270	-0.001 8	0.122 0	-	270	0.000 4	0.114 7

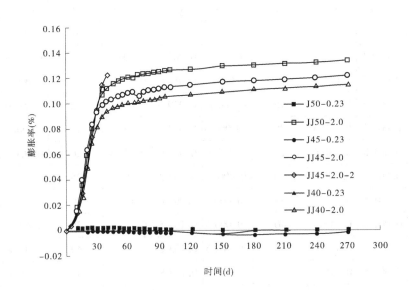

图 3-12　60 ℃条件下混凝土试件膨胀率随养护时间的变化

3.3.3 混凝土宏观性能变化

3.3.3.1 动弹性模量

二级配混凝土基准试件和加碱试件在不同养护时间的动弹性模量如图 3-13 所示。由图 3-13 可以看出:①随着 60 ℃养护时间的增加,基准混凝土试件的动弹性模量持续增长,28 d 之后增长速率放缓;②随着 60 ℃养护时间的增加,加碱混凝土试件的动弹性模量在 28 d 之前不断下降,28~40 d 之后动弹性模量开始增大,并持续增长。由此可知,碱骨料反应会导致混凝土动弹性模量下降,损伤混凝土微观结构(产生微裂纹),但随着高温养护时间的增长,碱骨料反应膨胀趋于放缓,水泥水化持续进行会对混凝土微观结构起到修复作用,混凝土动弹性模量又呈现增长趋势。另外,上述变化规律与混凝土的水胶比没有关系。

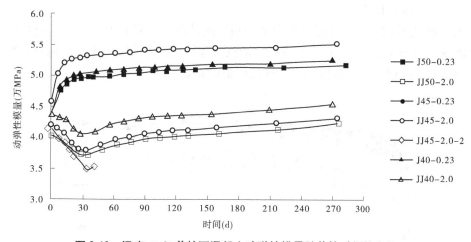

图 3-13 温度 60 ℃养护下混凝土动弹性模量随养护时间的变化

研究表明,混凝土试件的动弹性模量对试件的碱骨料反应膨胀程度比较敏感,在试件碱骨料反应膨胀发展比较迅速时,试件的动弹性模量随试件碱骨料反应膨胀率的增大而减小,但在碱骨料反应膨胀基本停滞后随着龄期延长,动弹性模量有一个明显的恢复性增长过程,这可能是由于碱骨料反应膨胀放缓而混凝土中的水泥进一步水化修复微裂缝所致。

二级配混凝土加碱试件在 60 ℃养护条件下的相对动弹性模量和膨胀率对应关系如图 3-14 所示。由图 3-14 可知,两批次试件在前期试件碱骨料反应膨胀发展比较迅速时,试件的相对动弹性模量随试件碱骨料反应膨胀率的增大而减小,试件的相对动弹性模量最低降至 84.4%~92.9%,当试件碱骨料反应膨胀发展减缓后,即 60 ℃养护 28~40 d 后,试件相对动弹性模量又开始增长,养护龄期达到 103~112 d,相对动弹性模量恢复至初始值的 97.4%~99.6%。

3.3.3.2 超声波波速

为了全面、有效地分析混凝土碱骨料反应膨胀过程中混凝土性能的变化,研究中除了测试混凝土试件的动弹性模量、力学性能和变形性能等外,还采用超声法,通过检测超声波在混凝土中传播速度的变化,研究受碱骨料反应影响的混凝土结构变化,以期与其他测

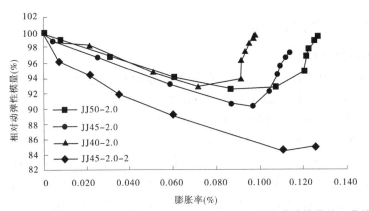

图 3-14　碱骨料反应引起的混凝土试件膨胀率与相对动弹性模量关系曲线

试方法互相验证和评价。

图 3-15 为不同水胶比混凝土基准试件和加碱试件在不同养护龄期时的超声波波速变化曲线。由图 3-15 可以看出,基准试件的波速和加碱试件的波速基本均随养护龄期的增加而增大,在试验测定的膨胀量范围内,膨胀造成的损伤对超声波波速影响不明显。

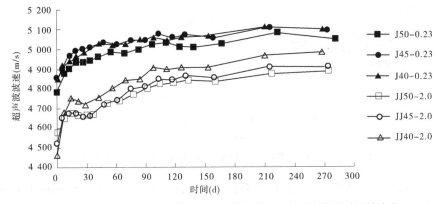

图 3-15　温度 60 ℃养护下混凝土试件超声波波速随养护时间的变化

3.3.3.3　抗压强度

二级配混凝土基准试件与加碱试件在 60 ℃条件下养护不同龄期的抗压强度值如图 3-16 所示。由图 3-16 可以看出,基准试件和加碱试件的抗压强度均随养护龄期的增加而增大,基准试件抗压强度最高增至 28 d 134.4%~141.3%(平均为 138.7%),加碱试件抗压强度最高增至 28 d 161.3%~173.8%(平均为 166.1%)。

3.3.3.4　抗拉强度

混凝土抗拉强度试验包括劈裂抗拉强度、抗弯强度和轴向抗拉强度。

二级配混凝土基准试件与加碱试件不同养护龄期的劈裂抗拉强度值如图 3-17 所示。由图 3-17 可以看出,基准试件的劈裂抗拉强度基本随着养护龄期的增加而增大,加碱试件的劈裂抗拉强度前期碱骨料反应比较迅速时随龄期增长略有降低,后期碱骨料反应放缓,劈裂抗拉强度随龄期的增长而增大。基准试件的劈裂抗拉强度最高增至 28 d 132.4%~149.6%(平均为 139.3%),加碱试件的劈裂抗拉强度最低降至 28 d 72.8%~

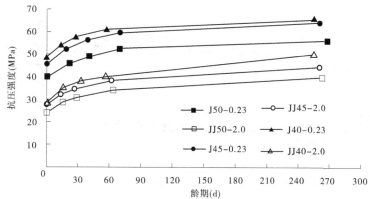

图 3-16　混凝土基准试件与加碱试件的抗压强度随养护龄期的变化曲线

81.7%(平均为 75.8%),后期随着碱骨料反应放缓而水泥进一步水化修复微裂缝,加碱试件的劈裂抗拉强度最高增至 28 d 105.1%~116.7%(平均为 111.4%)。0.45 水胶比的第二批混凝土基准试件(编号 J45-0.23-2)的劈裂抗拉强度最高增至 28 d 123.4%,加碱试件(编号 JJ45-2.0-2)的劈裂抗拉强度最低降至 84.4%,两批试件的劈裂抗拉强度对应观测龄期的试验结果基本一致。

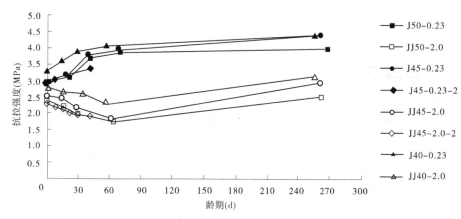

图 3-17　混凝土基准试件与加碱试件的劈裂抗拉强度随养护龄期的变化曲线

二级配混凝土基准试件与加碱试件不同养护龄期的抗弯强度如图 3-18 所示。由图 3-18 可以看出,基准试件抗弯强度值随养护龄期的增加而增大,加碱试件在前期碱骨料反应比较迅速时随龄期的增长而降低,后期碱骨料反应放缓时抗弯强度随龄期增长而略有增长,两批试件的抗弯强度值对应龄期的变化趋势比较一致。基准试件的抗弯强度最高增至 127.0%~131.2%(平均为 128.6%),加碱试件的抗弯强度最低降至 28 d 78.4%~89.0%(平均为 83.1%),后期随着碱骨料反应放缓而水泥进一步水化修复微裂缝,抗弯强度最高恢复至 87.2%~99.5%(平均为 92.0%)。0.45 水胶比的第二批混凝土基准试件的抗弯强度最高增至 110.2%,加碱试件的抗弯强度最低降至 28 d 77.3%。

二级配混凝土基准试件与加碱试件不同养护龄期的轴向抗拉强度如图 3-19 所示。由图 3-19 可以看出,基准试件轴向抗拉强度随养护龄期的增加而增大,加碱试件在前期

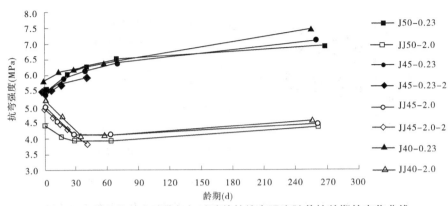

图 3-18　混凝土基准试件与加碱试件的抗弯强度随养护龄期的变化曲线

碱骨料反应膨胀率发展较快时轴向抗拉强度值下降较大,后期随着碱骨料反应放缓,轴向抗拉强度值随养护龄期的增加略有增大。基准试件的轴向抗拉强度最高增至 28 d 130.6%~151.0%,加碱试件的轴向抗拉强度最低降至 28 d 65.1%~80.5%,后期随着碱骨料反应放缓,而水泥进一步水化修复微裂缝,轴向抗拉强度最高恢复至 28 d 82.9%~85.1%。

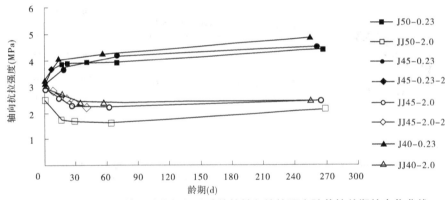

图 3-19　混凝土基准试件与加碱试件的轴向抗拉强度随养护龄期的变化曲线

3.3.3.5　弹性模量

弹性模量是混凝土产生单位应变所需的应力,混凝土弹性模量在很大程度上取决于骨料的弹性模量,随骨料弹性模量的增大而增大。混凝土抗压弹性模量试验采用 ϕ 150 mm×300 mm 圆柱体试件,由 0.5 MPa 至 40% 破坏荷载之间的应力与应变计算得到。试件最大骨料粒径 40 mm。对于大坝工程,较低的弹性模量对减小混凝土温度应力是有利的。

二级配混凝土基准试件与加碱试件不同养护龄期的抗压弹性模量如图 3-20 所示。由图 3-20 可以看出,基准试件的抗压弹性模量随龄期的增加而增大,而加碱试件的静力抗压弹性模量前期碱骨料反应比较迅速时随龄期增长略有降低,后期碱骨料反应放缓时静力抗压弹性模量随龄期增长而增大。基准试件的静力抗压弹性模量最高增至

28 d 154.0%~162.1%(平均为 158.0%),加碱试件的静力抗压弹性模量最低降至 28 d 86.6%~95.8%(平均为 91.4%),后期随着碱骨料反应放缓而水泥进一步水化修复微裂缝,加碱试件的静力抗压弹性模量最高增至 28 d 130.3%~141.5%(平均为 134.9%)。

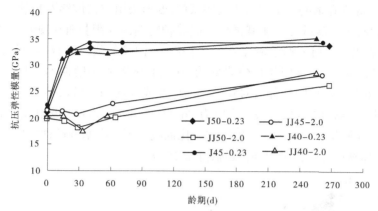

图 3-20　混凝土基准试件与加碱试件的抗压弹性模量随养护龄期的变化曲线

混凝土轴抗拉弹性模量是在轴向抗拉强度试验时测得的,其值为 50%轴向抗拉破坏时的应力与应变的比值,试件的最大骨料粒径为 30 mm。

二级配混凝土基准试件与加碱试件不同养护龄期的抗拉弹性模量如图 3-21 所示。由图 3-21 可以看出,基准试件的抗拉弹性模量随龄期的增加而增大,而加碱试件的抗拉弹性模量在前期碱骨料反应膨胀率发展较快时下降较大,后期随着碱骨料反应放缓抗拉弹性模量随养护龄期的增加而增大。基准试件的抗拉弹性模量最高增至 127.0%~134.0%(平均为 130.8%),加碱试件的抗拉弹性模量最低降至 81.9%~84.6%(平均为 83.2%),后期随着碱骨料反应放缓而水泥进一步水化修复微裂缝,抗拉弹性模量最高增至 124.0%~130.1%(平均为 127.1%)。0.45 水胶比混凝土的两批试件对应养护龄期的抗拉弹性模量试验结果基本一致。其中,第二批基准试件的抗拉弹性模量最高增至 122.0%,加碱试件的抗拉弹性模量最低降至 90.3%,60 ℃加速养护 41 d 时加碱试件的抗拉弹性模量恢复至 96.9%。

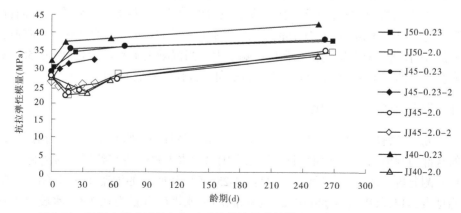

图 3-21　混凝土基准试件与加碱试件的抗拉弹性模量随养护龄期的变化曲线

3.3.3.6　极限拉伸值

极限拉伸是拉伸荷载—应变曲线上的极限荷载(峰值)所对应的拉应变,是大体积混凝土结构温控防裂计算的重要参数。混凝土极限拉伸试件尺寸为 100 mm×100 mm×550 mm,采用 30 mm 方孔筛的湿筛混凝土成型试件,变形采用位移传感器测量。

二级配混凝土基准试件与加碱试件不同养护龄期的极限拉伸值如图 3-22 所示。由图 3-22 可以看出,基准试件经 60 ℃高温养护后,极限拉伸值略有减小;而加碱试件由于受碱骨料反应膨胀损伤,极限拉伸值降低约 40%,且随着养护龄期的延长也恢复不到初始值,这说明混凝土的极限拉伸值对碱骨料反应造成的损伤比较敏感。基准试件的极限拉伸值最低降至 83.1%~92.1%(平均为 86.9%),加碱试件的极限拉伸值最低降至 57.9%~62.6%(平均为 60.4%)。0.45 水胶比混凝土第二批基准试件的极限拉伸值最低降至 91.7%,加碱试件的极限拉伸值最低降至 78.9%。

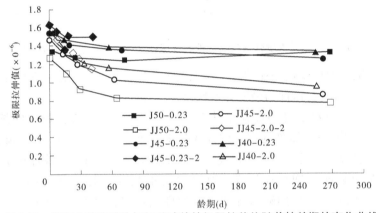

图 3-22　混凝土基准试件与加碱试件的极限拉伸值随养护龄期的变化曲线

碱骨料反应对混凝土宏观性能试验结果表明,混凝土劈裂抗拉强度、抗弯强度、轴向抗拉强度和极限拉伸值受碱骨料反应的影响比较明显,对混凝土抗压强度和弹性模量的影响较小。图 3-23 为混凝土试件的膨胀率和性能相对值随 60 ℃高温养护龄期增长的变化曲线,图 3-24 为混凝土试件的膨胀率与性能相对值在 60 ℃高温养护下的关系曲线。

由图 3-23 可知,在碱骨料反应膨胀发展较快的阶段,混凝土抗弯强度和轴向抗拉强度下降迅速。由图 3-24 可知,对于混凝土的劈裂抗拉强度、抗弯强度、轴向抗拉强度和极限拉伸值,碱骨料反应对轴向抗拉强度影响最大。当混凝土水胶比为 0.40~0.50、碱骨料反应膨胀率达到 0.10%~0.12%时,试件的轴向抗拉强度降低 65.1%~76.5%。

3.3.4　混凝土微结构变化

为研究碱骨料反应劣化混凝土内部微裂纹结构特征,在破坏后的一部分棱柱体抗弯试件的端部切割出 1.5 cm 厚的切片,利用中国水利水电科学研究院研制的微裂纹分析系统进行检测分析。部分染色后的切片见图 3-25,各切片所在的混凝土试件不同龄期的力学性能见表 3-14,其中编号 J40-0.23 为基准试件,水泥碱含量为 0.23%、水胶比为 0.40;JJ40-2.0、JJ45-2.0 试件的水泥碱含量为 2.0%,水胶比分别为 0.40、0.45。

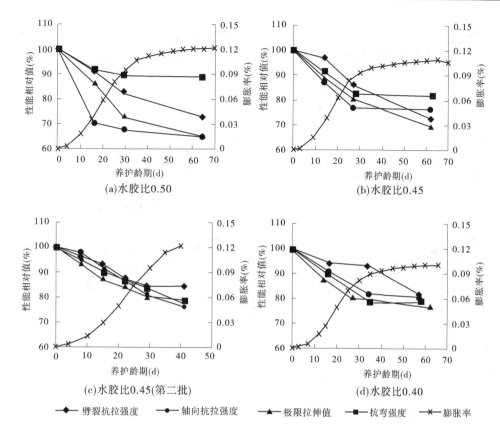

(a)水胶比0.50　　　　　(b)水胶比0.45

(c)水胶比0.45(第二批)　　　　　(d)水胶比0.40

◆ 劈裂抗拉强度　　● 轴向抗拉强度　　▲ 极限拉伸值　　■ 抗弯强度　　× 膨胀率

注:性能相对值是遭受碱骨料反应膨胀损伤试件的性能与基准试件性能的比,用百分比表示(%)

图 3-23　混凝土试件的膨胀率和性能相对值随 60 ℃高温养护龄期增长的变化曲线

表 3-14　混凝土试件不同龄期的力学性能

试件编号	J40-0.23				JJ40-2.0				JJ45-2.0		
60 ℃养护龄期(d)	14	28	57	255	16	35	58	256	15	27	62
抗弯强度(MPa)	6.09	6.20	6.38	7.47	4.69	4.10	4.11	4.56	4.58	4.13	4.10
相对抗弯强度	1	1.018	1.048	1.227	1	0.874	0.876	0.972	1	0.902	0.895
动弹性模量(GPa)	49.4	50.3	50.9	52.5	42.9	40.8	42.1	45.2	39.9	38.1	39.7
相对动弹性模量(%)	100	101.8	103.0	106.3	100	95.1	98.1	105.4	100	95.5	99.5

3.3.4.1　碱骨料反应劣化试件内部典型微裂纹图像

对各切片所得的微裂纹图像的个数进行统计(见表 3-15),得到试件内部微裂纹条数。可以看出,基准试件内部的微裂纹条数处于较低水平;而碱骨料反应劣化试件内部微裂纹条数比基准试件稍高。

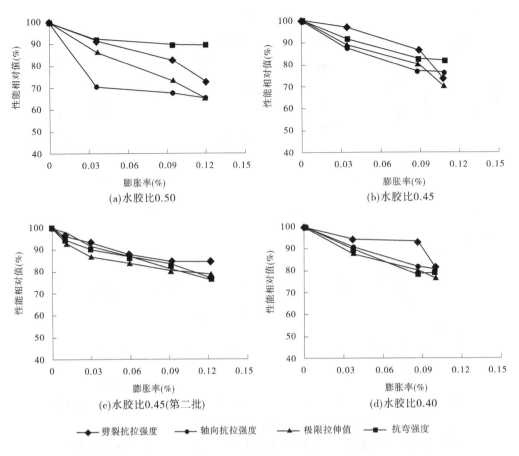

注:性能相对值是遭受碱骨料反应膨胀损伤试件的性能与基准试件性能的比,用百分比表示(%)。

图3-24 60℃高温养护下混凝土试件的性能相对值随膨胀率的变化曲线

图3-25 部分碱骨料反应试件切片照片

表 3-15　碱骨料试件微裂纹图像个数统计

编号	J40-0.23(14 d)	J40-0.23(28 d)	J40-0.23(57 d)	J40-0.23(255 d)
裂纹图像个数	9	6	6	16
编号	JJ40-2.0(16 d)	JJ40-2.0(35 d)	JJ40-2.0(58 d)	JJ40-2.0(256 d)
裂纹图像个数	35	29	21	18
编号	JJ45-2.0(15 d)	JJ45-2.0(27 d)	JJ45-2.0(62 d)	——
裂纹图像个数	17	27	30	——

图 3-26 为碱骨料基准试件 J40-0.23 内部典型微裂纹图像。

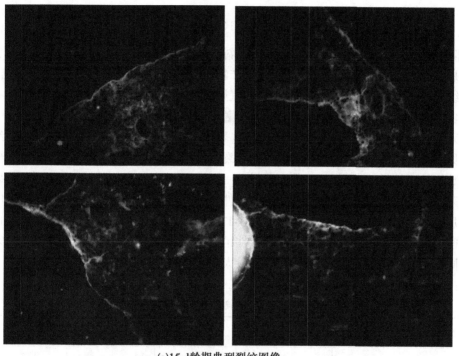

(a)15 d龄期典型裂纹图像

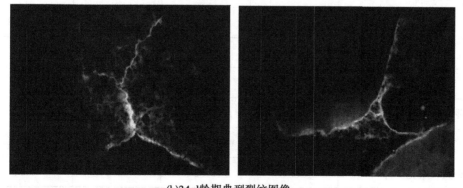

(b)34 d龄期典型裂纹图像

图 3-26　试件 J40-023 内部典型裂纹图像

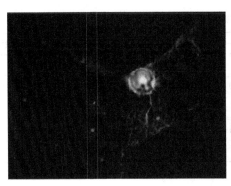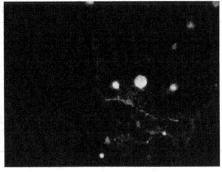

(c)255 d龄期典型裂纹图像

续图 3-26

除微裂纹外,在碱骨料试件中的多个骨料周围发现了明亮的"条环"结构,见图 3-27。推测是碱活性骨料与周围的碱反应得到的产物,由于该产物尚未引起砂浆裂纹或者过渡区裂纹的出现,结构较疏松,因此经荧光环氧染色后形成独特的"反应环"现象。

3.3.4.2 碱骨料反应劣化混凝土微裂纹定量分析

采用 QASCC 系统对基准试件 J40-0.23 不同龄期的切片进行微裂纹结构特征统计,结果见表 3-16。可以看出,基准试件内部微裂纹面积、面积密度、长度、长度密度等结构特征参数均处于较低的水平,与未受冻混凝土一样,基准试件内部存在微量的初始微裂纹。

采用 QASCC 系统对碱骨料反应劣化试件 JJ40-2.0 在 16 d、35 d、58 d 和 256 d 龄期的切片进行裂纹结构特征统计,结果见表 3-17。可以看出,该组试件内部微裂纹的面积、面积密度、长度和长度密度等均比基准试件稍高,但远低于冻融劣化的混凝土。由该组试件不同龄期的相对动弹性模量可看出,其最大损伤量小于 0.05,处于较低的损伤水平,这与其内部较低的微裂纹结构特征统计结果是一致的。

表 3-16　试件 J40-0.23 各龄期微裂纹结构特征统计结果

60 ℃ 养护龄期(d)	14	28	57	255
观察面积(100 mm²)	43.2	37.5	48.5	41.3
裂纹长度(mm)	11.088	6.784	10.178	19.098
裂纹长度密度(mm/mm²)	0.003	0.002	0.002	0.005
裂纹面积(mm²)	0.170	0.119	0.152	0.275
裂纹面积密度(%)	0.004	0.003	0.003	0.007
平均宽度(μm)	14.7	17.0	15.0	14.4
最大裂纹宽度(μm)	18.4	21.3	18.6	17.1

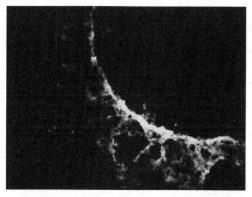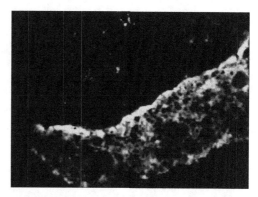

(a)JJ45试件 12 d龄期内部的反应环

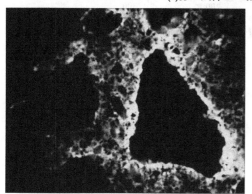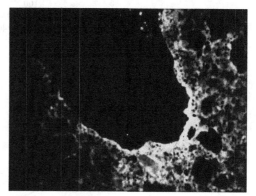

(b)JJ40-2.0试件 27 d龄期内部的反应环

图 3-27　碱骨料试件中的"反应环"

表 3-17　碱骨料试件 JJ40-2.0 裂纹结构特征统计

60 ℃养护龄期(d)	16	35	58	256
观察面积(100 mm²)	43.4	36.7	42.3	45.5
裂纹长度(mm)	52.506	51.172	40.272	21.461
裂纹长度密度(mm/mm²)	0.012	0.014	0.010	0.005
裂纹面积(mm²)	0.799	0.805	0.644	0.291
裂纹面积密度(%)	0.018	0.022	0.015	0.006
平均宽度(μm)	15.2	15.3	16.0	13.6
最大裂纹宽度(μm)	18.5	20.2	20.7	17.1

　　试件 JJ40-2.0 微裂纹结构特征参数随龄期发展曲线见图 3-28～图 3-30;其相对抗弯强度、相对动弹性模量与裂纹长度密度、面积密度随龄期的发展曲线分别见图 3-31和图 3-32。

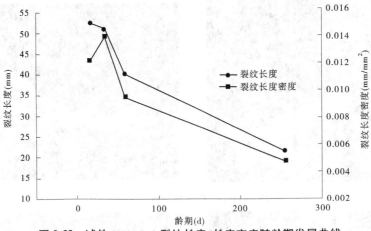

图 3-28　试件 JJ40-2.0 裂纹长度、长度密度随龄期发展曲线

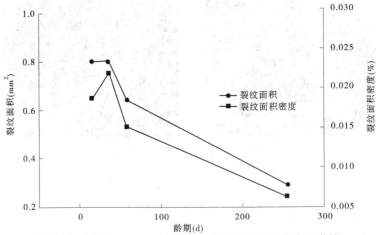

图 3-29　试件 JJ40-2.0 裂纹面积、面积密度随龄期发展曲线

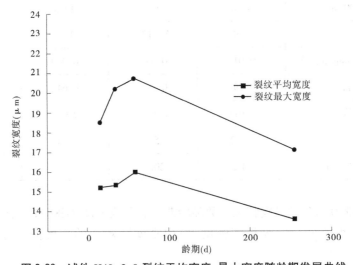

图 3-30　试件 JJ40-2.0 裂纹平均宽度、最大宽度随龄期发展曲线

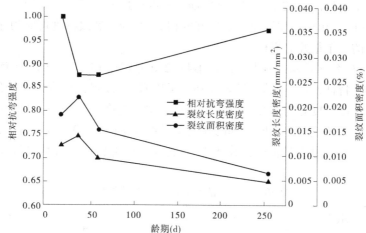

图 3-31　试件 JJ40-2.0 相对抗弯强度与裂纹长度密度、面积密度随龄期发展曲线

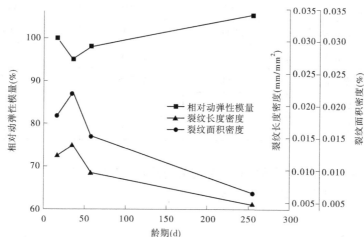

图 3-32　试件 JJ40-2.0 相对动弹性模量与裂纹长度密度、面积密度随龄期发展曲线

由图 3-28~图 3-32 各曲线可看出:

(1)碱骨料反应劣化试件 JJ40 各龄期内部微裂纹的长度、长度密度、面积和面积密度等统计参数数值均不大,比基准试件稍高,但远小于冻融劣化混凝土的相应统计值。表明其内部损伤程度较低,这点与其损伤量值较低、相对抗弯强度降低幅度不大的试验现象是吻合的。

(2)随着龄期的增加,裂纹的长度、长度密度、面积、面积密度、平均宽度和最大宽度等统计参数均先增加后减小,规律性明显;平均宽度约为 15 μm,略小于冻融混凝土中微裂纹的平均宽度(约 18 μm)。

(3)试件相对抗弯强度与裂纹长度密度、面积密度呈反比关系。随着养护龄期的增加,抗弯强度先减小后增大,而裂纹长度密度和面积密度先增大后减小,在抗弯强度的最低点,裂纹长度密度和面积密度达最大。

(4)试件相对动弹性模量与裂纹长度密度、面积密度呈反比关系。随着养护龄期的增加,试件的相对动弹性模量先降低后升高,而裂纹长度密度、面积密度先增大后减小;在相对动弹性模量的最低点,裂纹长度密度、面积密度达最大。裂纹长度密度和面积密度与试件相对抗弯强度、相对动弹性模量的较好的相关性表明,裂纹密度可成为评价混凝土碱骨料反应程度的一个很好的指标。

采用 QASCC 系统对碱骨料劣化试件 JJ45-2.0 分别在 15 d、27 d、62 d 龄期的试样切片进行裂纹结构特征统计,其结果见表 3-18。可以看出,该组试件内部微裂纹的面积、面积密度、长度、长度密度等与 JJ40-2.0 试件相当,均比基准试件稍高,但也远低于冻融劣化混凝土试件。由该组试件不同龄期的相对动弹性模量(见表 3-14)可看出,其最大动弹性模量降低为 4.5%,处于较低的损伤水平,这也与其内部较低的微裂纹特征参数统计结果是一致的。

表 3-18　碱骨料试件 JJ45-2.0 裂纹信息统计

60 ℃养护龄期(d)	15	27	62
观察面积(100 mm²)	34.9	43.6	34.9
裂纹长度(mm)	26.524	40.967	43.542
裂纹长度密度(mm/mm²)	0.008	0.009	0.012
裂纹面积(mm²)	0.382	0.660	0.753
裂纹面积密度(%)	0.011	0.015	0.022
裂纹平均宽度(μm)	14.1	16.1	17.3
裂纹最大宽度(μm)	17.1	27.3	27.6

试件 JJ45-2.0 微裂纹结构特征参数随龄期发展曲线见图 3-33~图 3-35;其相对抗弯强度与裂纹长度密度的关系见图 3-36。

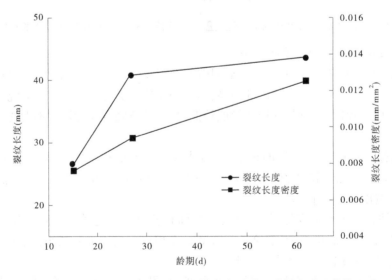

图 3-33　试件 JJ45-2.0 微裂纹长度、长度密度随龄期发展曲线

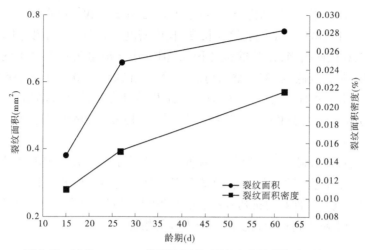

图 3-34　试件 JJ45-2.0 微裂纹面积、面积密度随龄期发展曲线

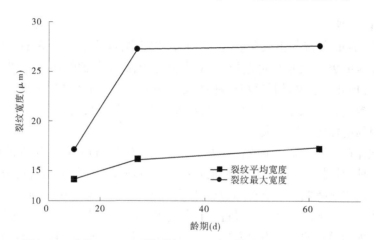

图 3-35　试件 JJ45-2.0 微裂纹平均宽度、最大宽度随龄期发展曲线

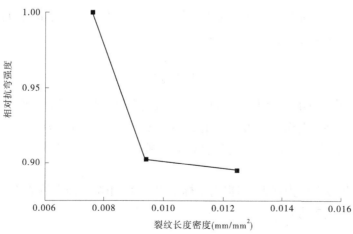

图 3-36　试件 JJ45-2.0 相对抗弯强度与裂纹长度密度关系曲线

与 JJ40-2.0 系列试件的结论类似,对于 JJ45-2.0 试件我们可得出:

(1)系列碱骨料试件内部微裂纹的长度、长度密度、面积、面积密度、平均宽度等统计参数与 JJ40-2.0 试件相当,比基准试件稍高,但远小于冻融劣化混凝土的相应统计值。这一点是其内部损伤较低(从 34 d 龄期到 57 d 龄期损伤量从 0.045 升到 0.05)的本质原因。

(2)随着龄期的增加,试件内部微裂纹的结构特征参数均在逐渐增大,规律性明显。平均宽度约为 16 μm,与 JJ40-2.0 试件在同一量级(15 μm),略小于冻融混凝土中微裂纹的平均宽度(约 18 μm)。

(3)试件相对抗弯强度与裂纹长度密度呈反比关系。随着养护龄期的增加,裂纹长度密度逐渐增加,抗弯强度逐渐降低,在裂纹长度密度达最大值处降低到最低值。裂纹长度密度和面积密度与试件相对抗弯强度、相对动弹性模量的较好的相关性表明裂纹密度可成为评价混凝土碱骨料反应程度的一个很好的指标。

3.3.5　混凝土性能衰减规律

3.3.5.1　预测模型

通过外加 NaOH 使混凝土碱含量达到 2.0%(以水泥质量计),制备混凝土加碱试件。加碱试件标准养护 28 d 龄期后再进行 60 ℃高温养护,高温养护的 0~40 d 发生碱骨料反应膨胀比较快,40 d 之后碱骨料反应膨胀率发展明显放慢,60 d 之后试件碱骨料反应膨胀率发展非常缓慢,混凝土试件在碱骨料反应发展非常缓慢时,由于高温养护各项力学性能随养护时间的增加而有所增大。

由加碱试件在不同膨胀率下的各项力学性能试验结果可以看出,试件的劈裂抗拉强度、抗弯强度、轴向抗拉强度和极限拉伸值在碱骨料反应发展比较迅速时均随碱骨料反应膨胀率的增大而明显降低。本节对加碱试件不同养护龄期内劈裂抗拉强度、抗弯强度、轴向抗拉强度和极限拉伸值的试验结果进行计算分析,研究碱骨料反应对混凝土力学性能的损伤规律。预测模型的建立主要根据碱骨料反应发展比较明显的养护龄期内的数据进行计算分析。

假定碱骨料反应所造成混凝土损伤的分布及其对材料性能的影响为各项同性,损伤变量(见图 3-37 可以用一个标量来表示,定义:

$$D = \frac{\delta_{s_D}}{\delta_s} \tag{3-4}$$

式中:δ_s 为微团中一个截面面积;δ_{s_D} 为所考虑截面上已受损(缺陷)的面积。

由式(3-4)可见,损伤变量 D 的变化范围是 $0 \leqslant D \leqslant 1$。当 $D=0$ 时,表示截面未受损伤;当 $D=1$ 时,表明截面上遍布损伤,材料完全破坏。事实上,往往当 $D<1$ 时,断裂或破坏就已发生。

对于一般的复杂应力状态,当损伤用标量表示时,相对于能有效地承受载荷的面积部分,应力 σ_{ij} 为有效应力:

$$\widetilde{\sigma}_{ij} = \sigma_{ij} \frac{\delta_s}{\delta_s - \delta_{s_D}} \tag{3-5}$$

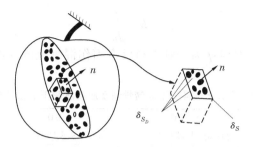

图 3-37　损伤变量示意图

其中,δ_S 是损伤前的面积微元,δ_{S_D} 是由于损伤不能承载的面积微元。根据损伤的定义,有:

$$\widetilde{\delta} = \frac{\delta}{1 - D} \tag{3-6}$$

根据应变等效原理,受损材料($D \neq 0$)的任何应变本构关系可以从无损材料($D = 0$)的本构方程来导出,只要用损伤后的有效应力来取代无损材料本构关系中的名义应力即可。

微弹性本构方程在无损时可以表示为 $\varepsilon_e = \dfrac{\sigma}{E}$,用有效应力代替式中的名义应力即可得到损伤后的一维弹性本构方程:

$$\varepsilon_e = \frac{\widetilde{\sigma}}{E} = \frac{\sigma}{E(1 - D)} \tag{3-7}$$

当材料服从弹性本构关系时,有:

$$\sigma = (1 - D)E_{\varepsilon_e} \tag{3-8}$$

假设损伤前的弹性模量为 E,损伤后的弹性模量为 $\widetilde{E}$,那么

$$D = 1 - \frac{\widetilde{E}}{E} \tag{3-9}$$

根据加碱试件不同养护龄期所对应的动弹性模量,由式(3-9)可以计算出加碱试件不同养护龄期下所对应的损伤变量 D(简称损伤量),从而根据碱骨料反应膨胀率随龄期的发展曲线得到碱骨料反应膨胀率下所对应的损伤量。不同水胶比混凝土试件在不同膨胀率时所对应的损伤量 D 如表 3-19 所示。对表 3-19 所示混凝土试件的碱骨料反应膨胀率和损伤量进行拟合,结果如图 3-38 所示。由图 3-38 可知,试件碱骨料反应膨胀率与损伤量的关系符合线性函数规律,拟合曲线的 R^2 分别为 0.981 7、0.998 6、0.986 4 和 0.962 3。混凝土损伤量随着碱骨料反应膨胀率的增长而增大。

在混凝土试件发生碱骨料反应比较迅速的时期,混凝土试件的劈裂抗拉强度、抗弯强度、轴向抗拉强度和极限拉伸值等各项性能均产生不同程度的降低,为方便研究混凝土性能随碱骨料反应发展的变化规律,将不同损伤量下混凝土性能衰减程度采用混凝土性能相对值表征,混凝土性能相对值为 1 时表示试件性能未发生衰减,混凝土性能相对值为 0 时表示试件完全破坏。将混凝土试件的性能相对值定义为

$$R = \frac{f}{f_0} \qquad (3\text{-}10)$$

式中:R 为混凝土性能相对值;f 为受碱骨料反应损伤混凝土的性能;f_0 为未受碱骨料反应损伤时混凝土的性能。

表 3-19　混凝土试件在不同碱骨料反应膨胀率下的累计损伤量

JJ50-2.0 (0.50 水胶比)		JJ45-2.0 (0.45 水胶比)		JJ45-2.0-2 (0.45 水胶比)		JJ40-2.0 (0.40 水胶比)	
试件膨胀率 (%)	损伤量	试件膨胀率 (%)	损伤量	试件膨胀率 (%)	损伤量	试件膨胀率 (%)	损伤量
0	0	0	0	0	0	0	0
0.007 9	0.009	0.004 4	0.011	0.007 3	0.038	0.004 7	0.011
0.027 0	0.032	0.025 2	0.032	0.021 5	0.056	0.021 8	0.017
0.059 3	0.059	0.058 8	0.068	0.035 5	0.081	0.050 9	0.052
0.086 4	0.075	0.086 9	0.093	0.059 7	0.108	0.088 8	0.071
—	—	—	—	0.110 4	0.156	—	—
$D = 0.832\,5x + 0.006\,2$ $R^2 = 0.981\,7$		$D = 1.003\,4x + 0.007$ $R^2 = 0.998\,6$		$D = 1.138\,7x + 0.034\,4$ $R^2 = 0.986\,4$		$D = 0.762x + 0.006\,1$ $R^2 = 0.962\,3$	

注:表中 x 为试件发生碱骨料反应的膨胀率(%);D 为试件发生碱骨料反应膨胀率为 x 时的累计损伤量。

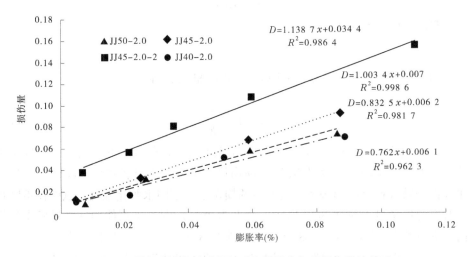

图 3-38　混凝土试件的碱骨料反应膨胀率与其损伤量的关系

3.3.5.2　基于损伤量的碱骨料反应混凝土宏观衰减规律

根据不同养护龄期下加碱试件的碱骨料反应膨胀率,利用表 3-19 中所列拟合方程计算不同水胶比混凝土试件碱骨料反应膨胀率所对应的损伤量,再由式(3-10)计算混凝土的相对劈裂抗拉强度,计算结果见表 3-20。

对表 3-20 所列混凝土试件的损伤量与相对劈裂抗拉强度进行非线性拟合,将混凝土相对劈裂抗拉强度表示为损伤量的函数,拟合结果如式(3-11)、图 3-39、表 3-21 所示。由拟合结果可知,混凝土遭受碱骨料反应,混凝土相对劈裂抗拉强度可以表示为损伤量的幂函数。拟合方程的相关系数为 0.905。

$$y = \frac{1}{1 + bx^c} \tag{3-11}$$

式中:b、c 为方程中的参数。

表 3-20　试件不同损伤量下的相对劈裂抗拉强度

JJ50-2.0 (0.50 水胶比)			JJ45-2.0 (0.45 水胶比)			JJ45-2.0-2 (0.45 水胶比)			JJ40-2.0 (0.40 水胶比)		
膨胀率(%)	累计损伤量	相对劈裂抗拉强度	膨胀率(%)	累计损伤量	相对劈裂抗拉强度	膨胀率(%)	累计损伤量	相对劈裂抗拉强度	膨胀率(%)	累计损伤量	相对劈裂抗拉强度
0	0	1.000	0	0	1.000	0	0	1.000	0	0	1.000
0.036 0	0.036	0.912	0.034 2	0.041	0.968	0.009 9	0.046	0.961	0.037 0	0.034	0.942
0.095 0	0.085	0.824	0.088 6	0.096	0.861	0.029 6	0.068	0.930	0.086 5	0.072	0.932
—	—	—	—	—	—	0.059 7	0.103	0.877	—	—	—
—	—	—	—	—	—	0.092 0	0.139	0.846	—	—	—

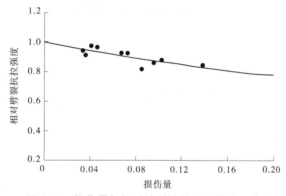

图 3-39　损伤量与相对劈裂抗拉强度的关系曲线

表 3-21　混凝土试件相对劈裂抗拉强度与损伤量的回归分析结果

b	c	S	r
1.358	0.966	0.028	0.905

注:表中 S 为标准误差,r 为相关系数。

3.3.5.3　基于损伤量的碱骨料反应混凝土抗弯强度衰减规律

根据不同养护龄期下加碱试件的碱骨料反应膨胀率,利用表 3-19 中所列拟合方程计算不同水胶比混凝土试件碱骨料反应膨胀率所对应的损伤量,再由式(3-10)计算混凝土的相对抗弯强度,计算结果见表 3-22。

表 3-22　混凝土试件不同损伤量下的相对抗弯强度

JJ50-2.0 (0.50 水胶比)			JJ45-2.0 (0.45 水胶比)			JJ45-2.0-2 (0.45 水胶比)			JJ40-2.0 (0.40 水胶比)		
膨胀率 (%)	累计损伤量	相对抗弯强度	膨胀率 (%)	累计损伤量	相对抗弯强度	膨胀率 (%)	累计损伤量	相对抗弯强度	膨胀率 (%)	累计损伤量	相对抗弯强度
0	0	1.000	0	0	1.000	0	0	1.000	0	0	1.000
0.036 0	0.036	0.917	0.034 2	0.041	0.914	0.009 9	0.046	0.945	0.037 0	0.034	0.897
0.095 0	0.085	0.895	0.090 5	0.098	0.824	0.029 6	0.068	0.903	0.088 1	0.073	0.784
—	—	—	—	—	—	0.059 7	0.103	0.868	—	—	—
—	—	—	—	—	—	0.092 0	0.139	0.836	—	—	—

　　对表 3-22 所列混凝土试件的损伤量与相对劈裂抗拉抗弯强度进行非线性拟合,将混凝土相对劈裂抗拉强度表示为损伤量的函数,拟合结果如表 3-23 和图 3-40 所示。由拟合结果可知,混凝土遭受碱骨料反应,混凝土相对抗弯强度可以表示为损伤量的幂函数。拟合方程的相关系数为 0.891。

表 3-23　混凝土试件相对抗弯强度与损伤量的回归分析结果

b	c	S	r
0.692	0.598	0.035	0.891

注:表中 S 为标准误差,r 为相关系数。

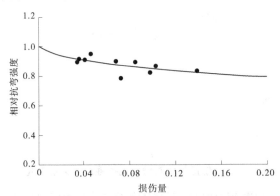

图 3-40　损伤量与相对抗弯强度的关系曲线

3.3.5.4　基于损伤量的碱骨料反应混凝土极限拉伸衰减规律

　　根据不同养护龄期下加碱试件的碱骨料反应膨胀率,利用表 3-19 中所列拟合方程计算不同水胶比混凝土试件碱骨料反应膨胀率所对应的损伤量,再由式(3-10)计算混凝土的相对极限拉伸值,计算结果见表 3-24。

　　对表 3-24 所列混凝土试件的损伤量与相对极限拉伸值进行非线性拟合,将混凝土相对极限拉伸值表示为损伤量的函数,拟合结果如图 3-41 和表 3-24 所示。由拟合结果(见表 3-25)可知,混凝土遭受碱骨料反应,混凝土相对极限拉伸值可以表示为损伤量的幂函数。拟合方程的相关系数为 0.911。

表 3-24　混凝土试件在不同碱骨料反应膨胀率时的损伤量和相对极限拉伸值

JJ50-2.0 (0.50 水胶比)			JJ45-2.0 (0.45 水胶比)			JJ45-2.0-2 (0.45 水胶比)			JJ40-2.0 (0.40 水胶比)		
膨胀率 (%)	累计损伤量	相对极限拉伸值	膨胀率 (%)	累计损伤量	相对极限拉伸值	膨胀率 (%)	累计损伤量	相对极限拉伸值	膨胀率 (%)	累计损伤量	相对极限拉伸值
0	0	1.000	0	0	1.000	0	0	1.000	0	0	1.000
0.036 0	0.036	0.863	0.034 2	0.041	0.890	0.009 9	0.046	0.933	0.037 0	0.034	0.879
0.095 0	0.085	0.731	0.088 6	0.096	0.807	0.029 6	0.068	0.871	0.086 5	0.072	0.801
—	—	—	—	—	—	0.059 7	0.103	0.840	—	—	—
—	—	—	—	—	—	0.092 0	0.139	0.803	—	—	—

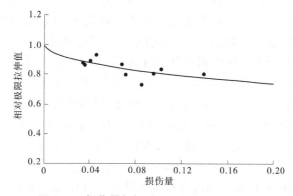

图 3-41　损伤量与相对极限拉伸值的关系曲线

表 3-25　混凝土试件相对极限拉伸值与损伤量的回归分析结果

b	c	S	r
0.885	0.574	0.040	0.911

注:表中 S 为标准误差, r 为相关系数。

3.3.5.5　受碱骨料反应损伤混凝土的力学性能衰减预测模型

通过上述几方面的混凝土力学性能衰减规律研究可以看出,由碱骨料反应引起的混凝土损伤与混凝土的相对劈裂抗拉强度、相对抗弯强度和相对极限拉伸值的关系符合式(3-11)所示的幂函数关系。据此得出受到碱骨料反应损伤的混凝土力学性能衰减的预测模型,如式(3-12)所示:

$$R = \frac{1}{1 + bD^c} \tag{3-12}$$

$$D = 1 - \frac{E}{E_0} \tag{3-13}$$

式中:R 为混凝土性能相对值;D 为由碱骨料反应引起的累计损伤量;E 为受碱骨料反应损伤混凝土的动弹性模量,MPa;E_0 为未受碱骨料反应损伤混凝土的动弹性模量,MPa;b、c 为模型参数。

根据受碱骨料反应损伤混凝土的力学性能衰减预测模型,可以计算出由碱骨料反应引起的不同损伤量下的混凝土力学性能(劈裂抗拉强度、抗弯强度、轴向抗拉强度和极限拉伸值等)相对值。根据骨料发生碱骨料反应的程度,运用该模型可以初步预测碱骨料反应对混凝土力学性能的影响,评价水工混凝土结构的老化状态和安全性。

3.4　本章小结

本章在调研国内外碱骨料反应影响因素、粉煤灰抑制碱硅酸反应有效性快速试验方法及碱骨料反应对混凝土力学性能影响研究的基础上,围绕如何快速可靠评价实际工程中受碱骨料反应影响的混凝土结构的耐久性开展了两方面的试验研究。

对混凝土碱硅酸反应膨胀试验数据的拟合结果显示,等温养护条件下砂浆试件由于碱硅酸反应引起的膨胀率与时间的关系符合双曲函数关系。因此,可以用双曲函数将试件的膨胀率表示为反应速率常数 $k_T(\mathrm{d}^{-1})$ 和时间 t 的函数,通过对各等温养护条件下的试验数据用最小二乘法进行非线性数据拟合,分析确定不同养护温度 T 所对应的反应速率常数 $k_T(\mathrm{d}^{-1})$ 的值。混凝土碱骨料反应是一个复杂的物理及化学反应过程,碱骨料反应膨胀是这一复杂反应进行程度的物理表现结果。通过对所采用骨料试验数据的理论分析与数据拟合,验证了温度对碱骨料反应的影响可以用 Arrhenius 方程来描述这一设想,从而为通过快速试验研究预测实际混凝土结构碱骨料反应膨胀提供了一种研究手段。

骨料砂浆试件在 80 ℃下的 ASR 速率常数 k_T 受碱含量的影响很小,仅有很微小的波动。但是在恒定温度下 ASR 膨胀的速率与碱含量有关,相同养护时间内砂浆试件的膨胀率基本上随碱含量的增大而增大。在反应速率常数一定时,碱含量则是影响试件膨胀率的主要因素,因此在实际工程中应控制碱含量。骨料砂浆试件 ASR 速率常数随着粉煤灰掺量的增加而减小,而且 ASR 速率常数的降低速度(绝对值)也随粉煤灰掺量的增加而逐渐减小,当粉煤灰掺量大于 33%时,继续增加粉煤灰掺量将不再对骨料 ASR 膨胀具有更明显的抑制效果。

通过温度、碱含量、粉煤灰掺量、骨料尺寸效应对所采用骨料碱骨料反应膨胀特性的影响规律的试验研究和分析,基于 Arrhenius 方程初步建立了碱骨料反应膨胀预测模型,运用该模型可以通过加速试验预测在实际环境温度下碱骨料反应的膨胀历程,结合数值计算分析碱骨料反应膨胀对大坝的危害性;若已知对大坝结构无害的允许膨胀量和设计使用年限,则可以用该模型判断碱骨料反应抑制措施的有效性。

60 ℃高温养护条件下,不同水胶比的二级配混凝土基准试件膨胀率一直处于微收缩状态,加碱试件 0~40 d 发生碱骨料反应膨胀比较快,40 d 之后碱骨料反应膨胀率发展明显放慢,60 d 之后试件碱骨料反应膨胀率发展非常缓慢,接近停滞,这可能是所用骨料中碱活性组分反应基本完毕所致。混凝土的动弹性模量对碱骨料反应膨胀损伤比较敏感,在碱骨料反应膨胀发展比较迅速时,混凝土的动弹性模量随碱骨料反应膨胀率的增大而减小,但在碱骨料反应膨胀基本停滞后随着龄期延长,动弹性模量有一个明显的恢复性增长过程,这可能是由于碱骨料反应膨胀放缓而混凝土中的水泥进一步水化修复微裂缝所致。碱骨料反应膨胀造成的损伤对混凝土超声波波速影响不明显。

根据加碱试件不同膨胀率下的力学性能试验结果,加碱试件的劈裂抗拉强度、抗弯强度、轴向抗拉强度和极限抗伸值在碱骨料反应发展比较迅速时均随碱骨料反应膨胀率的增大而降低。在碱骨料反应膨胀发展较快的阶段,劈裂抗拉强度、抗弯强度、轴向抗拉强度和极限拉伸值最大分别降低约 22%、18%、25% 和 27%。

根据加碱试件不同养护龄期所对应的动弹性模量,计算出加碱试件不同养护龄期下所对应的损伤量 D,从而根据碱骨料反应膨胀率随龄期的发展曲线得到碱骨料反应膨胀率下所对应的损伤量,对其进行曲线拟合,拟合结果表明,碱骨料反应膨胀率与损伤量的关系符合线性函数规律。根据碱骨料反应膨胀率的线性拟合函数可以计算出不同碱骨料反应膨胀率所对应的损伤量。

受碱骨料反应损伤混凝土的相对劈抗强度、相对抗弯强度、相对轴向抗拉强度和相对极限拉伸值与损伤量之间的关系用式(3-11)所示的幂函数关系式进行拟合,相关性较好。据此,可建立受碱骨料反应损伤混凝土的力学性能衰减预测模型。运用该模型可以初步预测碱骨料反应对混凝土力学性能的影响,评价水工混凝土结构的老化状态和安全性。

参考文献

[1] RILEM Recmmended Test Method 碱骨料反应-1,Detection of PotentiAl Alkali-Reactivity of Aggregates: Petrographic Method-FinAl Draft.

[2] ASTM C 295-90. Standard guide for petrographic examination of aggregates for concrete. AnnuAl book of ASTM standards. 1992: 179-186.

[3] ASTM C 289-87. Standard test method for potentiAl reactivity of aggregates(chemicAl method). AnnuAl book of ASTM standards. 1992: 162-169.

[4] ASTM C 227-81. Standard test method for potentiAl reactivity of cement-aggregate combination (Mortar-bar Method)[J]. AnnuAl book of ASTM standards, 1985,4(2):152-161.

[5] ASTM C 1293-95. PotentiAl expandability of aggregates (Procedure for length change due to Alkali aggregate reaction prisms). AnnuAl book of ASTM standards. Vol. 04. 02ccConcrete and MinerAl Aggregates, America Society for Testing and MateriAls.

[6] RILEM Recommended test method 碱骨料反应-3(formerly TC-106-3). Detection of potentiAl Alkali-reactivity of aggregates: B-Method for aggregate combinations using concrete prisms[J]. MateriAls and Structures,2000,33(229):290-293.

[7] 砂、石碱活性快速试验方法建设部行业标准,1993,CECS48. 93.

[8] David Stark. Alkali-silica reaction in concrete. In: Klieger P,Lamond J F. Significance of tests and properties of concrete and concrete-make materiAls. Fredericksburg,1994,367-368.

[9] RILEM Recommended Test Method 碱骨料反应-1,Detection of PotentiAl Alkali-Reactivity of Aggregates: Petrographic Method-FinAl Draft.

[10] RILEM Recommended Test Method 碱骨料反应-2(formerly TC-106-3). Detection of PotentiAl Alkali-Reactivity of Aggregates: A-The ultra-accelerated mortar-bar test, MateriAls and Structures, 2000, 33

(229):283-289.

[11] RILEM Recommended Test Method 碱骨料反应-4. Detection of PotentiAl Alkali-Reactivity of Aggregates: Accelerated(60 ℃) Concrete Prism Test-November 2000 Draft

[12] RILEM/TC-ARP/02/11,碱骨料反应-5: Rapid preliminary screeningtest for carbonate aggregates, Draft May 2002.

[13] Swamy R N,Al-Asali M M. Influence of Alkali-Silica Reaction on the Engineering Properties of.

[14] Concrete. Alkalies in Concrete, STP-930,ASTM,Philadelphia,1986:69-86.

[15] Swamy, R. Narayan,and Al-Asali,M. M. ,Expansion of Concrete due to Alkali-Silica Reaction,ACI Materials.

[16] P J Nixon,I Sims,RILEM TC 106 Alkali aggregate reaction – accelerated tests interim report and summary of.

[17] survey of nationAl specifications. Proc. of 9th InternationAl Conference on 碱骨料反应 in Concrete,London ,UK,1992,Vol. 2,The Concrete Society,Slough,731-738.

[18] Tang M S,Han S F,and Zheng S H. ,A rapid method for identifyication of Alkali reactiveity of aggregate, Cement and Concrete Research. Vol. 13(3),1983:417-422.

[19] Tang M S,Han S F. Rapid method for determining the preventiveeffect of minerAl admixtures on Alkali silica reaction,Proc. Of the 6th InternationAl Conference on 碱骨料反应 in Concrete,Danish Concrete Association,copenhagen,June,1983:383-386.

[20] A Criaud,C Defosse. EvAluation of the effectiveness of minerAl admixtures:a quick mortar bar test at 150℃,Proc. of 9th InternationAl Conference on 碱骨料反应 in Concrete,London ,UK,1992,Vol. 1,The Concrete Society,Slough,192-200.

[21] A Criaud,C Defosse,V Andrei,An accelerated method for the evAluation of ASR risks of actuAl concrete composition,3th CANMET/ACI internation Alconference on durability of concrete, Nice, France, May, 1994,1-26.

[22] Stanton, Thomas, E. ,"Expansion of Concrete through Reaction between Cement and Aggregate," Proceedings,American Society of Civil Engineers,Dec. 1940:1781-1811.

[23] 中国水利水电科学研究院. 恶劣环境与运行条件下大坝混凝土的耐久性研究及应对措施研究 [R].北京:中国水利水电科学研究院,2011. 6.

第 4 章　大坝混凝土溶蚀耐久性研究

4.1　概　述

20 世纪 80 年代全国水工混凝土耐久性及病害调查表明,在调查的 32 座大坝中,每座大坝均存在不同程度的渗漏溶蚀病害。工程中最常见的混凝土表面积聚"白霜"状沉积物,就是随水流溶出的水泥水化产物 $Ca(OH)_2$ 与空气中 CO_2 反应生成的 $CaCO_3$。

20 世纪 30 年代,苏联科研人员首先指出了波特兰水泥混凝土的溶蚀病害,并提出了混凝土强度随着钙元素溶出的衰减预测模型,认为当混凝土中 CaO 损失达到 33% 时,混凝土强度可降到零。水工大坝混凝土胶凝材料用量低,水胶比较大,长期与水接触,因此溶蚀耐久性一直是人们关注的重点。20 世纪 80 年代,中国水利水电科学研究院和武汉大学开始研究大坝混凝土的溶蚀耐久性问题,提出了接触溶蚀和渗透溶蚀的概念,建立了混凝土力学性能与溶蚀程度的相关关系。20 世纪 90 年代以来,出于对核废料封存用混凝土掩体安全性的担心,瑞士、法国和中国等国家重点开始研究接触溶蚀及其对水泥基材料性能的影响,包括溶蚀进程加速方法、水泥浆体微观结构变化、宏观性能衰减规律和预测模型等。

由于 Ca^{2+} 溶出是一个非常缓慢的过程,试验周期很长,试验模拟溶蚀全过程非常困难,因此研究者基于不同理论提出一些数值模型,但多数模型都是针对接触溶蚀建立在扩散或溶解−扩散双重控制的基础之上。针对渗透溶蚀,文献指出,水泥混凝土中钙的溶出经历 3 个阶段:溶出量受渗水量控制阶段、溶蚀逐渐受 $Ca(OH)_2$ 扩散系数控制阶段、最终完全由 $Ca(OH)_2$ 扩散系数控制阶段,遗憾的是,上述模型缺乏试验验证。各国学者对溶蚀作用下水泥基材料性能衰减规律的研究表明,砂浆、混凝土微观孔结构、抗压强度、抗拉强度等性能随着溶蚀的进行趋于变差,但由于试验条件的差异,并没有较为公认的性能衰减规律。弹性模量是混凝土的基本特性,是混凝土结构安全计算、耐久性分析的重要参数,然而由于试验条件和研究方法的限制,国内外学者未曾对溶蚀作用下混凝土的弹性模量进行过试验研究,只有 Garde 等对水泥净浆的浸泡试验表明,随着溶蚀过程的进行,材料的刚度会有明显的下降,与未溶蚀的试样相比,溶蚀试样的微观孔隙结构改变导致塑性增大,文献引用法国学者 Le Bellégo 的研究成果,溶蚀程度为 48%、59% 和 74% 的砂浆试样,其刚度损失分别为 23%、36% 和 53%。

渗漏溶蚀是水工混凝土建筑物常见的病害之一,特别是碾压混凝土层间、新老混凝土结合面、坝体建基面等部位的层(缝)间渗漏溶蚀,不仅影响工程外观,破坏大坝整体性,严重的甚至可能危及坝体抗滑稳定。遗憾的是,以往的研究都是针对材料本体,对混凝土层(缝)间渗漏溶蚀过程,以及溶蚀对缝隙两侧混凝土微观结构和抗剪强度的影响研究未见有报道。

　　中国水利水电科学研究院自 2003 年以来,先后受到水利部公益性行业专项、国家重点基础研究发展计划、"十三五"国家科技支撑计划等项目的资助,对大坝混凝土渗透溶蚀规律、层(缝)间接触溶蚀规律,以及混凝土性能衰减规律进行了较系统的研究。

4.2　渗透溶蚀作用下大坝混凝土性能衰减规律

　　如前所述,渗漏、溶蚀是水工混凝土建筑物最为普遍的病害之一,国内外学者针对水工大坝混凝土的溶蚀问题也进行了大量试验研究,取得了一些研究成果,但仍有一些问题有待解决:①现代水泥、混凝土技术发展迅速,大坝混凝土胶凝材料体系与传统波特兰水泥胶凝体系明显不同,其溶蚀损伤和性能衰减规律有待进一步研究;②如何设计溶蚀试验,使溶蚀过程更能够接近实际情况,对砂浆、混凝土性能的评价更加准确反映实际状况;③溶蚀过程中钙溶出量的评价方式及计算方法的选择,尤其是对于现代胶凝体系的混凝土;④实际耐久性评价需要对有溶蚀现象的混凝土有全面的认识,包括微观、细观及宏观性能,而非仅仅是抗压强度。

　　针对以上问题和实际工程耐久性评价的需要,设计进行大尺寸水工大坝混凝土渗透溶蚀试验。借助大比尺混凝土抗渗试验仪,针对大坝混凝土胶凝材料用量较少、水胶比大的特点,通过对掺粉煤灰混凝土和掺火山灰混凝土大尺寸试件的渗透溶蚀,根据渗水量变化,渗透水 Ca^{2+} 浓度、pH 和电导率变化,混凝土芯样孔隙率、抗压强度、劈裂抗拉强度、弹性模量和微观结构的变化,系统研究混凝土溶蚀损伤和性能衰减规律。第一,评价大水胶比、低胶凝材料用量大坝混凝土抗渗透溶蚀能力,对比两种掺合料混凝土的溶蚀损伤过程;第二,试验研究压力水作用下,大坝混凝土渗水规律,渗透水 Ca^{2+} 浓度、pH,以及总离子含量的变化规律;第三,研究大坝混凝土在溶蚀作用下宏观性能衰减规律和微观结构变化;第四,探讨分析混凝土在压力水渗透过程中的自愈现象,为科学分析实际工程中的渗漏问题提供参考。

4.2.1　原材料与配合比

4.2.1.1　水泥

　　试验用中热硅酸盐水泥(P·MH 42.5),水泥品质检测执行《中热硅酸盐水泥 低热硅酸盐水泥 低热矿渣硅酸盐水泥》(GB 200—2003),化学成分分析和品质检测结果分别列于表 4-1、表 4-2。检测结果表明,水泥品质指标满足 GB 200—2003 中规定的技术要求。

表 4-1　水泥化学成分(%)

化学成分	SiO_2	Al_2O_3	Fe_2O_3	CaO	MgO	K_2O	Na_2O	SO_3	烧失量	R_2O^*
中热水泥	21.19	4.03	4.68	61.18	4.90	0.54	0.10	1.88	0.79	0.46
GB 200—2003 要求	—	—	—	—	≤5.0	—	—	≤3.5	≤3.0	—

　　注:R_2O^*(碱含量)= $Na_2O+0.658K_2O$,下同。

表 4-2　水泥品质检验结果

项目	密度 (g/cm³)	比表面积 (m²/kg)	细度 (%)	标准稠度 (%)	安定性	凝结时间(h∶min)	
						初凝	终凝
中热水泥	3.22	318	1.37	24.4	合格	02∶26	03∶17
GB 200—2003 要求	—	≥250	—	—	合格	≥1∶00	≤12∶00

项目	水化热(kJ/kg)		抗压强度(MPa)			抗折强度(MPa)		
	3 d	7 d	3 d	7 d	28 d	3 d	7 d	28 d
中热水泥	234	267	21.0	28.8	47.4	4.5	6.0	8.0
GB 200—2003 要求	≤251	≤293	≥12.0	≥22.0	≥42.5	≥3.0	≥4.5	≥6.5

4.2.1.2　掺合料

试验选择粉煤灰和天然火山灰两种掺合料进行。粉煤灰、火山灰化学成分检测结果列于表 4-3,两种掺合料的化学成分及其含量相近,火山灰的碱含量较高。粉煤灰品质检验结果列于表 4-4,粉煤灰满足《用于水泥和混凝土中的粉煤灰》(GB/T 1596—2017)中Ⅰ级灰技术要求。火山灰品质检测结果列于表 4-5,火山灰性能满足《用于水泥中的火山灰质混合材料》(GB/T 2847—2005)的要求。

表 4-3　掺合料化学成分

化学成分	SiO_2	Al_2O_3	Fe_2O_3	CaO	MgO	K_2O	Na_2O	SO_3	烧失量	R_2O
粉煤灰	58.74	22.00	9.31	2.82	1.33	0.91	0.18	0.33	1.56	0.78
火山灰	56.12	16.45	7.26	5.12	5.53	2.36	3.66	0.21	3.13	5.21

表 4-4　粉煤灰品质检验结果

检测项目		密度 (g/cm³)	需水量比 (%)	烧失量 (%)	SO_3 (%)	细度 (%)	R_2O (%)
粉煤灰		2.39	95	1.56	0.33	8.0	0.78
GB/T 1596—2017	Ⅰ级	—	≤95	≤5.0	≤3.0	≤12.0	—
	Ⅱ级	—	≤105	≤8.0	≤3.0	≤25.0	—
	Ⅲ级	—	≤115	≤15.0	≤3.0	≤45.0	—

表 4-5　火山灰品质检测结果

检测项目	密度 (g/cm³)	需水量比 (%)	烧失量 (%)	抗压强度比(%)		细度(%)		火山灰性	
				7 d	28 d	45 μm	80 μm	8 d	15 d
火山灰	2.75	104	3.13	57.5	62.6	13.14	1.27	不合格	合格

4.2.1.3 砂石

在成型混凝土试件时,由于原材料自身或混凝土拌和过程中引入任何杂质都有可能对渗透水样的测试结果产生影响,因此对试验选用的天然砂石骨料进行了筛分、冲洗。试验砂采用天然河砂,考虑到以后试验中将对混凝土中的砂浆进行孔结构分析,为减少砂中粗颗粒对测试样品以及试验结果的影响,成型混凝土前筛除天然砂中 2.5 mm 以上颗粒。试验用砂级配曲线见图 4-1。

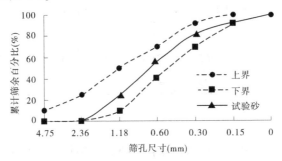

图 4-1　试验用砂级配曲线

粗骨料为天然卵石,最大骨料粒径 40 mm,分为中石(20~40 mm)和小石(5~20 mm),为了减少骨料中含泥对溶蚀结果的影响,试验前将所有粗骨料进行冲洗。粗骨料品质检测执行《水工混凝土试验规程》(SL/T 352—2020),检测结果列于表 4-6。

表 4-6　骨料品质检测结果

骨料	细度模数	饱和面干吸水率(%)	饱和面干密度(kg/m³)	含泥量(%)	泥块含量(%)	有机质含量	轻物质含量(%)
砂	2.81	1.28	2 660	0	0	浅于标准色	0
小石	—	1.00	2 666	0	0	浅于标准色	—
中石	—	0.89	2 667	0	0	浅于标准色	—

4.2.1.4 配合比

试验选用二级配常态混凝土,配合比列于表 4-7。掺粉煤灰混凝土水胶比 0.68,水泥用量 123.5 kg/m³,粉煤灰掺量 30%,180 d 龄期混凝土抗压强度 23.3 MPa;掺火山灰混凝土水胶比 0.64,水泥用量 125.8 kg/m³,火山灰掺量 30%,90 d 龄期混凝土抗压强度 20.5 MPa。

表 4-7　混凝土配合比

试验编号	级配	水胶比	掺合料(%)	砂率(%)	混凝土原材料用量(kg/m³)					坍落度(cm)	抗压强度(MPa)	
					水	水泥	FA	砂	石		28 d	90 d
CVC68-30	二	0.68	30	40	120	123.5	52.9	827	1 270	3.0	15.0	23.3
CVC64-30	二	0.64	30	33	115	125.8	53.9	697	1 448	5.0	15.5	20.5

4.2.2　试验设计

4.2.2.1　试验装置

　　渗透溶蚀试验装置为大比尺混凝土自动控制抗渗试验仪,包括圆柱体和棱柱体两种规格,均配备渗透水收集装置,另外在溶蚀水与渗透水容器口设置消石灰保护装置,防止水样碳化,仪器照片见图 4-2。抗渗试验仪最大水压力 6.0 MPa,控制精度 0.01 MPa。

　　大尺寸试件为 ϕ 430 mm×230 mm 圆柱体和 300 mm×300 mm×230 mm 棱柱体,如图 4-3 所示。

(a)圆柱体　　　　　　　　　　　(b)棱柱体

图 4-2　大比尺混凝土自动控制抗渗试验仪

(a)圆柱体　　　　　　　　　　　(b)棱柱体

图 4-3　大尺寸混凝土试件

4.2.2.2　测试方法

　　根据渗水情况,定时收取水样,测定渗水量、水样的 pH、电导率和 Ca^{2+} 浓度,如图 4-4 所示,测试温度(20±1) ℃。pH 采用玻璃电极测定;电导率测定采用 DDBJ-350 型便携式电导率仪,仪器测试范围 0~1.99×10^5 μS/cm;Ca^{2+} 浓度测定采用 EDTA 滴定法,按公式(4-1)计算 Ca^{2+} 浓度。

$$C_{Ca} = \frac{V_1 C \times 40.08}{V} \times 1\,000 \tag{4-1}$$

式中：C_{Ca}为水样中 Ca^{2+} 浓度，mg/L；C 为 EDTA 标准溶液的浓度，mol/L；V_1 为滴定时消耗 EDTA 标准溶液的体积，mL；V 为水样的体积，mL；40.08 为钙离子摩尔质量，g/mol。

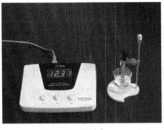

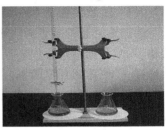

(a)pH测定　　　　　　　　　　(b)电导率测定　　　　　　　　(c)Ca^{2+}浓度滴定

图 4-4　水样测定

大试件经一定时间的溶蚀作用后钻取芯样，制备抗压、劈裂抗拉和弹性模量试件，抗压、劈裂抗拉试件为 ϕ 100 mm×100 mm 圆柱体，弹性模量试件为 ϕ 100 mm×200 mm 圆柱体。混凝土试件及性能测试情景见图 4-5。试验依据《水工混凝土试验规程》（SL/T 352—2020）进行。

(a)抗压强度试验　　　　　　　　　　　(b)抗压破坏试件

(c)劈裂抗拉强度试验　　　　　　　　　(d)劈拉破坏试件

图 4-5　混凝土试件及性能测试

4.2.3　压力水渗漏规律

掺粉煤灰混凝土试件编号 2# ~ 6#，取 4# 作为基准，其他经过 45~80 d 不等的加压渗透

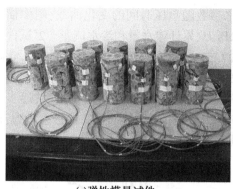

(e)弹性模量试件　　　　　　　　　　　(f)弹性模量测试

续图 4-5

溶蚀,累计收集渗透水样 128 份。掺火山灰混凝土试件编号 Ⅰ ~ Ⅵ,取试件Ⅲ作为基准,其他试件经过 235~335 d 不等的加压渗透试验,累计收集渗透水样 381 份。肉眼观察水样呈淡黄色或无色。测定渗水量、水样的 Ca^{2+} 浓度、pH 和电导率,结果汇总见表 4-8。

表 4-8　混凝土渗水量及水样检测结果汇总表

混凝土	掺粉煤灰混凝土					掺火山灰混凝土					
大试件编号	2#	3#	4#	5#	6#	Ⅰ	Ⅱ	Ⅲ	Ⅳ	Ⅴ	Ⅵ
试件规格	ϕ 430 mm× 230 mm 圆柱体		300 mm×300 mm× 230 mm 棱柱体			ϕ 430 mm×230 mm 圆柱体			300 mm×300 mm× 230 mm 棱柱体		
混凝土体积(L)	33.4		20.7			33.4			20.7		
水泥用量(kg)	4.125		2.556			4.202			2.604		
掺合料用量(kg)	1.767		1.095			1.800			1.116		
渗透历时(d)	79.8	52.9	9.1	71.7	44.9	335	335	17	235	319	319
最大渗水压力(MPa)	3.8	2.8	1.3	4.0	4.0	3.5	3.5	1.8	3.5	3.5	3.5
渗透水样(份)	62	46	0	14	6	144	144	0	15	44	34
累计渗水量(L)	27.59	15.24	—	3.03	1.38	90.7	90.8	—	4.9	21.5	15.8
单方累计渗水量(L/m³)	826	456	—	146	66.7	2 715	2 717	—	237	1 039	763
渗透水 Ca^{2+} 浓度(mg/L)	11.0~ 631.3	13.0~ 621.2	—	463~ 583	437~ 531	176~ 632	143~ 489	—	338~ 659	125~ 656	155~ 628
渗透水 pH	11.5~ 12.7	11.8~ 12.7	—	12.6~ 12.7	12.5~ 12.7	12.1~ 12.7	12.2~ 12.6	—	12.6~ 12.7	12.6~ 12.7	12.5~ 12.8
渗透水电导率(S/m)	2.02~ 3.23	2.85~ 3.19	—	3.12~ 3.18	3.11~ 3.15	2.61~ 3.29	2.90~ 3.24	—	3.13~ 3.33	2.99~ 3.37	2.98~ 3.30

由表 4-8 可知:掺粉煤灰混凝土试件渗透溶蚀最大渗水压力 2.8~4.0 MPa,累计渗水量 1.38~27.59 L,单方混凝土渗水量 66.7~826 L/m³,渗透水 Ca^{2+} 浓度 11.0~631.3 mg/L,渗透水 pH 11.5~12.7,电导率 2.02~3.23 S/m。掺火山灰混凝土试件渗透溶蚀最大水压力 3.5 MPa,最大累计渗水量 90.8 L,渗透水样 Ca^{2+} 浓度变化范围 125~656 mg/L,渗透水样 pH 变化范围 12.1~12.8,电导率变化范围 2.61~3.37 S/m。

　　图4-6为掺粉煤灰混凝土试件的压力渗水参数随承压时间的变化曲线,图中横坐标为渗水历时,第一、第二、第三纵坐标分别为水压力、累计渗水量和渗水流量。2#试件持压80 d,最大水压力增至3.8 MPa,累计渗水量27.59 L,渗水流量由最初的0.58 L/d降至0.18 L/d;3#试件持压53 d,最大水压力增至2.8 MPa,累计渗水量15.24 L,渗水流量由最初的0.47 L/d降至0.15 L/d;同样,5#、6#试件经一定时间的渗透溶蚀作用后,逐步提高水压力,渗水流量均在下降。由此可见,随着渗水时间的延长,逐渐提高渗透水压力,掺粉煤灰混凝土累计渗水量不断增加,但渗水流量明显减小。

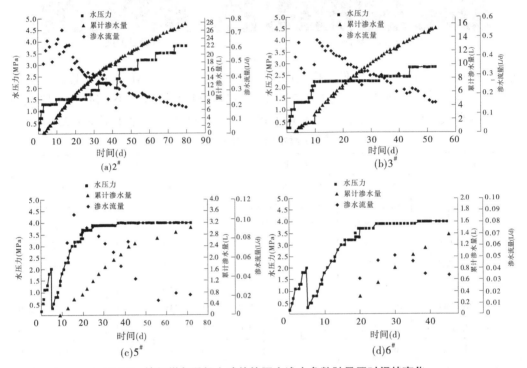

图4-6　掺粉煤灰混凝土试件的压力渗水参数随承压时间的变化

　　掺火山灰混凝土大试件压力渗水参数随时间变化曲线如图4-7所示。试件Ⅰ,持续加压335 d,最大渗水压力增至3.5 MPa,混凝土累计渗水量90.7 L,渗水流量由最初的1.22 L/d降至0.24 L/d;试件Ⅱ,持续加压335 d,最大渗水压力增至3.5 MPa,混凝土累计渗水量90.8 L,渗水流量由0.72 L/d降至0.23 L/d;同样,试件Ⅳ、Ⅴ、Ⅵ,经235~319 d不等的持续加压,混凝土渗水流量明显减小。由此可见,掺火山灰混凝土在渗透溶蚀过程中也表现出较强的自愈特性,随着渗水时间的延长,逐渐提高渗水压力,渗水流量逐渐减小。

　　为了更加准确反映混凝土渗透性随持压时间的变化规律,计算混凝土渗透系数。参照《水工混凝土试验规程》(SL/T 352—2020)中全级配混凝土渗透系数试验,按式(4-2)计算混凝土渗透系数。

$$K = \frac{QL}{AH} \tag{4-2}$$

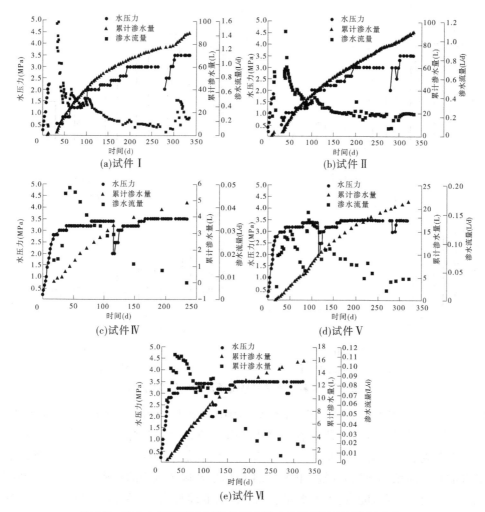

(a)试件 I

(b)试件 II

(c)试件 IV

(d)试件 V

(e)试件 VI

图 4-7 掺火山灰混凝土试件的压力渗水参数随承压时间的变化

式中:K 为混凝土渗透系数,m/s;Q 为通过混凝土的平均流量,m³/s,固定作用水头,在低流速下进行测量,对累计流量与渗水时间进行线性拟合,拟合直线的斜率即为平均流量;A 为渗水断面面积,m²;L 为试件高度,m;H 为作用水头(1 MPa 水压=100 m 水头),m。

混凝土渗透系数随承压时间的变化规律如图 4-8 所示。掺粉煤灰混凝土 2# 试件渗透系数由 0.81×10^{-10} m/s 降至 0.09×10^{-10} m/s,3# 试件渗透系数由 0.45×10^{-10} m/s 降至 0.12×10^{-10} m/s,混凝土出现明显的自愈现象。掺火山灰混凝土试件 I 渗透系数由 3.47×10^{-10} m/s 降至 0.15×10^{-10} m/s,试件 II 渗透系数由 1.52×10^{-10} m/s 降至 0.14×10^{-10} m/s,混凝土同样具有较强的自愈特性。

此前已有试验证实混凝土具有一定的自愈能力。方坤河研究表明,常态混凝土(水胶比 0.34、0.36)、碾压混凝土(水胶比 0.42、0.51)均表现出明显的自愈特性,认为主要有以下五方面因素:①水流经毛细孔,毛细孔中的水化产物吸水膨胀;②随着渗透历时的延长,胶凝材料的不断水化使混凝土进一步密实;③水中夹杂的细泥、黏土等悬浮粒子堵塞混凝土中孔隙通道;④随渗透距离的延长,氢氧化钙的浓度逐渐提高并在某些微细孔隙

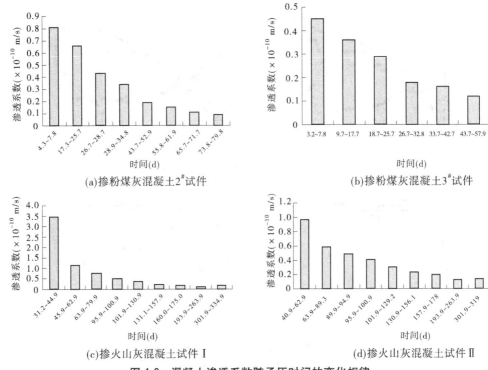

图 4-8　混凝土渗透系数随承压时间的变化规律

中结晶,堵塞了毛细孔;⑤存在于混凝土大孔隙中或溶于水中的气泡在压力作用下体积缩小,随着渗透水迁移,压力逐渐减小,气泡膨胀堵塞孔隙,阻碍水的流动。方永浩教授对带裂缝水泥基材料的渗漏溶蚀及其自愈的研究表明,在低水力梯度(0.2 MPa/m)条件下,带有裂缝的水泥净浆、砂浆和混凝土的渗水速率均呈现逐渐减小的趋势,原来的裂缝发生了自愈现象,分析原因可能有:①未水化水泥颗粒的继续水化;②结晶产物的形成;③水中夹杂碎颗粒在一些部位的沉淀堵塞;④溶蚀脱落颗粒的堵塞等。本试验混凝土同样出现自愈现象。

混凝土的渗透性随渗透历时的延长而降低的工程实例也很多。如美国的柳溪坝,开始时渗流量达180 L/s,虽经灌浆处理,仍有一定渗漏,但4年后,其渗流量只有10 L/s,降低了18倍;澳大利亚的柯普菲尔德坝(Copperfield)开始蓄水时渗流量达24 L/s,18个月后只有5.5 L/s,3年后只有3 L/s左右;我国坑口碾压混凝土坝也有此种现象,开始时渗漏量也比较大,1年之后渗漏量约为3.5 L/s,2年后只有2.8 L/s。

总结上述学者对混凝土渗漏、溶蚀的研究以及对混凝土自愈机制的解释,对于大坝混凝土,水胶比0.68,粉煤灰掺量30%,出现自愈现象可能有以下几个主要原因。

(1)混凝土自身特性,随着龄期的增长,胶凝材料水化仍在进行,混凝土密实度进一步提高,渗透性降低,尤其是掺粉煤灰等活性掺合料的作用。

(2)由于压力水的进入,因缺水而基本停止水化的胶凝材料颗粒重新开始水化,这种现象在压力水渗透情况下更容易发生。

(3)渗透水进入水泥浆体,一些水化凝胶产物吸水膨胀阻碍渗透水穿流。

（4）与掺粉煤灰混凝土类似，掺火山灰混凝土在渗透溶蚀过程中其胶凝材料持续水化，混凝土密实度进一步提高。需要注意的是，火山灰后期水化活性可能会低于粉煤灰。

混凝土材料由于水化的持续进行，内部孔隙的大小、数量、分布以及连通性不断变化，因此渗透性也在变化。但对于给定配合比，在某一龄期时，混凝土具有一确定的渗透系数。方坤河提出渗透临界水力梯度的概念，定义为一定厚度的混凝土承受的作用水头超过某值后其内部结构开始发生破坏造成渗透流量，渗透系数随渗透时间的延长而增大的水力梯度。很显然，混凝土临界水力梯度随龄期是变化的。

4.2.4　渗透水 Ca^{2+} 浓度、pH、电导率变化规律

4.2.4.1　Ca^{2+} 浓度

渗透水样 Ca^{2+} 浓度随渗水历时的变化曲线如图 4-9 所示。掺粉煤灰混凝土 2#、3#、5#、6# 试件渗透水的 Ca^{2+} 浓度范围分别为 11.0~631.3 mg/L、13.0~621.2 mg/L、463~583 mg/L、437~531 mg/L。渗水早期，2#、3# 试件 Ca^{2+} 浓度较低，随着渗水时间的延长，浓度迅速增长，到 10 d，Ca^{2+} 浓度分别达到 359 mg/L 和 293 mg/L。5#、6# 试件的渗透水样没有出现低 Ca^{2+} 浓度阶段，分析原因主要是 5#、6# 试件渗透早期混凝土中 $Ca(OH)_2$ 得到充分溶解。由图 4-9 可知，渗水 10 d 后，渗透水样 Ca^{2+} 浓度稳定在 435.7~631.3 mg/L 范围之内，并未达到石灰（以 CaO 计）极限溶解度 1.18 g/L。

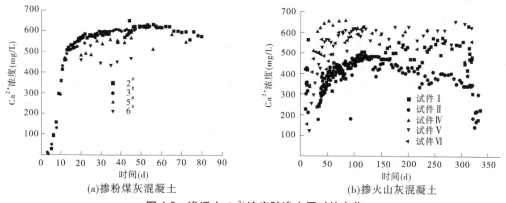

(a)掺粉煤灰混凝土　　　　　　　　(b)掺火山灰混凝土

图 4-9　渗透水 Ca^{2+} 浓度随渗水历时的变化

掺火山灰混凝土试件 Ⅰ、Ⅱ、Ⅳ、Ⅴ、Ⅵ渗透水样 Ca^{2+} 浓度的变化范围分别为 176~632 mg/L、143~489 mg/L、338~659 mg/L、125~656 mg/L、155~628 mg/L，浓度最大值 658.7 mg/L，与掺粉煤灰混凝土渗透溶蚀水样类似，也未达到石灰极限溶解度 1.18 g/L。由图 4-9 可知，Ca^{2+} 浓度随时间的变化大致可分为三个阶段，早期，Ca^{2+} 浓度随渗透时间的增长迅速增大；中期，Ca^{2+} 浓度稳定于某一范围；后期，Ca^{2+} 浓度随渗透时间增长逐渐减小，图中试件Ⅱ渗透水样 Ca^{2+} 浓度的变化趋势尤为明显。

图 4-10 给出各试件累计溶出 Ca^{2+} 随渗水量的变化曲线。可以发现，随着渗水量的增加，Ca^{2+} 溶出量逐渐增加，渗水早期，二者具有很好的线性关系，经一定时间的渗透溶蚀作用，如掺火山灰混凝土试件Ⅱ，累计渗水量达 80~90 L 时，线性关系逐渐变差。根据 B. M. 莫斯克文对软水在压力作用下对混凝土钙溶出过程的观点，试件Ⅱ的 Ca^{2+} 溶出逐渐

受到 Ca^{2+} 经凝胶孔和微毛细孔扩散到渗透水流的限制。需要说明的是,对于大体积混凝土,渗径对渗透水样 Ca^{2+} 浓度及 Ca^{2+} 溶出量具有重要影响,渗径越长,渗透水样流经混凝土的时间越长,Ca^{2+} 的溶解—扩散作用越充分,从而渗透水样中的 Ca^{2+} 浓度越高。

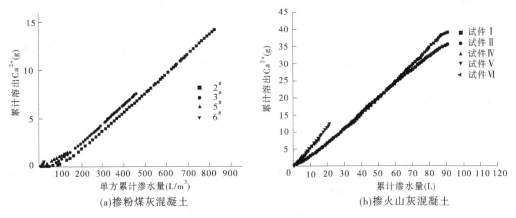

(a)掺粉煤灰混凝土　　　　　　　　(b)掺火山灰混凝土

图 4-10　渗透水 Ca^{2+} 浓度与渗水量的对应关系

由此可见,渗透水 Ca^{2+} 浓度与石灰溶解的动力学因素、渗透水的运动速度、渗径等因素有关,渗透水样 Ca^{2+} 浓度变化主要受混凝土抗渗性、渗透水压力、渗径、钙的存在形式等因素影响,Ca^{2+} 溶出量与渗水量呈线性正相关关系。

如前文所述,混凝土溶蚀作用是 Ca^{2+} 不断溶解—扩散的过程,研究者提出数值模型,并用接触溶蚀试验进行验证。对于渗透溶蚀作用,Ca^{2+} 溶出同样遵循溶解—扩散的过程,不同之处在于,接触溶蚀是随表层 Ca^{2+} 溶解流失,内部 Ca^{2+} 不断向表层扩散、溶解的过程,其溶蚀速度受扩散过程控制,而渗透溶蚀是 Ca^{2+} 通过凝胶孔或微毛细孔向渗透水流不断溶解-扩散的过程,两个过程的影响因素也有所不同。本书试验结果表明,Ca^{2+} 累计溶出量与渗水量具有很好的线性关系。如 B. M. 莫斯克文对溶蚀作用的描述,大体积构筑物渗透初期,如果混凝土渗透系数较小,结构又很厚,钙溶出的数量主要取决于水的数量,并且混凝土的自封闭作用在这一阶段具有特殊意义。由试验中渗透水样 Ca^{2+} 浓度变化及 Ca^{2+} 溶出量的变化,初步推断,渗透溶蚀过程 Ca^{2+} 溶出主要受以下因素的影响:混凝土配合比、密实度、渗透水压力、渗径、溶蚀介质、环境等,尤其是混凝土自愈作用对其渗透系数的影响,以及渗径对 Ca^{2+} 浓度及溶出量的影响。

4.2.4.2　pH

渗透水样 pH 随渗水量的变化曲线如图 4-11 所示。由图 4-11(a)可知,掺粉煤灰混凝土试件渗透水样的 pH 均在 11.5 以上,基本在 12.5~12.7 范围内波动。以 2# 试件为例,混凝土累计渗水量 826 L/m^3,渗透水样的 pH 仍有 12.7,由此可见,经过 80 d 渗透溶蚀,掺粉煤灰大坝混凝土内部的碱性依然很高。

由图 4-11(b)可知,掺火山灰混凝土试件所有渗透水样的 pH 值均在 12.0 以上。渗水早期,试件Ⅳ、Ⅴ、Ⅵ渗透水样的 pH 大于试件Ⅰ、Ⅱ渗透水样的 pH,初步判断可能是溶蚀初期,试件Ⅰ、Ⅱ的渗透系数较大,累计渗水量达 80~90 L 后,渗透水样的 pH 呈现较低的趋势。

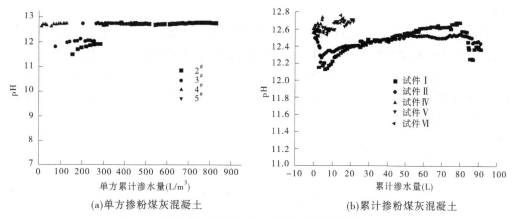

(a)单方掺粉煤灰混凝土　　　　　　　(b)累计掺粉煤灰混凝土

图 4-11　渗透水样 pH 随渗水量的变化

4.2.4.3　电导率

渗透水样电导率随渗水量变化情况如图 4-12 所示。由图 4-12(a)可知,掺粉煤灰混凝土试件渗透水样的电导率波动范围在 2.02~3.23 S/m,试验过程中,渗透水样的电导率基本稳定 3.0 S/m 左右。由图 4-12(b)可知,掺火山灰混凝土试件所有渗透水样的电导率均在 2.61 S/m 以上,渗透溶蚀过程中水样电导率基本稳定在 3.0 S/m 上下。累计渗水量达 80~90 L,试件Ⅰ、Ⅱ渗透水样的电导率有所降低。

因此可见,在渗透溶蚀过程中没有出现离子集中渗出现象,渗透水样的总离子含量基本保持稳定。

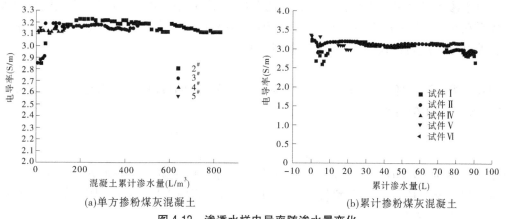

(a)单方掺粉煤灰混凝土　　　　　　　(b)累计掺粉煤灰混凝土

图 4-12　渗透水样电导率随渗水量变化

4.2.5　混凝土渗透溶蚀程度评价

4.2.5.1　评价指标

前文提到,苏联学者在计算钙溶出率时以水泥中的 CaO 作为计算基准,用 CaO 溶出率来表示。李金玉计算钙溶出率时以混凝土中 $Ca(OH)_2$ 的量为基准,并以 $Ca(OH)_2$ 溶出率来表示。两种计算方法不同,得到的钙溶出率自然不同,尤其是对于当今大坝混凝土,由于胶凝材料体系复杂,水化硬化过程及浆体结构与波特兰水泥混凝土有很大的差别。

　　因此,本书以混凝土中 Ca(OH)$_2$ 的溶出率来表示渗透溶蚀程度。主要从以下两方面考虑:第一,水泥水化产物中 Ca(OH)$_2$ 的溶解度最大,最易溶解,并且在水化产物中占有一定的比例,溶蚀初期,钙的溶出主要由 Ca(OH)$_2$ 贡献,其他产物中钙的溶出很少;第二,混凝土配合比中粉煤灰掺量并不大,消耗 Ca(OH)$_2$ 的量有限,这一点从渗透水样 Ca^{2+} 浓度、pH,以及后面热重分析结果均可以间接证明。

4.2.5.2　钙溶出率计算方法

　　Ca(OH)$_2$ 的溶出率按照式(4-3)计算。

$$Q_{Ca(OH)_2} = \frac{G_1}{G} \times 100\% \qquad (4-3)$$

式中:$Q_{Ca(OH)_2}$ 为 Ca(OH)$_2$ 溶出率(%);G_1 为渗透溶蚀作用下 Ca(OH)$_2$ 的溶出量,g;G 为渗透溶蚀前混凝土中 Ca(OH)$_2$ 的含量,g。

　　假设渗透水样中的 Ca^{2+} 均由 Ca(OH)$_2$ 提供,则渗透溶蚀作用下 Ca(OH)$_2$ 溶出量 G_1 可按照式(4-4)计算。

$$G_1 = \frac{74.08}{40.08} \times \sum_{i=1}^{n} (p_{Ca^{2+}}^i \cdot v^i) \qquad (4-4)$$

式中:74.08 为 Ca(OH)$_2$ 的摩尔质量,g/mol;40.08 为 Ca^{2+} 的摩尔质量,g/mol;$p_{Ca^{2+}}^i$ 为第 i 份渗透水样的 Ca^{2+} 浓度,g/L;v^i 为第 i 份渗透水样体积,L; n 为渗透水样份数。

　　对于渗透溶蚀前混凝土中 Ca(OH)$_2$ 的含量 G,首先利用和遭溶蚀混凝土相同配比胶凝体系在相同养护制度下净浆的热重分析测定结果,计算水化生成 Ca(OH)$_2$ 的量占水泥质量的百分比 ρ,再按式(4-5)计算 Ca(OH)$_2$ 的量。

$$G = m_C \rho \qquad (4-5)$$

式中:m_C 为试验混凝土中水泥用量,g;ρ 为水化产物 Ca(OH)$_2$ 的量占水泥质量的百分比(%),按照式(4-6)计算

$$\rho = \frac{74.08}{18} \times \rho_1 \times \frac{m_w + m_{1C} + m_F}{m_{1C}} \qquad (4-6)$$

其中,74.08 为 Ca(OH)$_2$ 的摩尔质量,g/mol;18 为水的摩尔质量,g/mol;ρ_1 为净浆热分解失重过程中由于 Ca(OH)$_2$ 分解失重量(%);m_w 为净浆用水量,g;m_{1C} 为净浆水泥用量,g;m_F 为净浆粉煤灰用量,g。

　　水泥净浆热重分析结果如图 4-13 所示,掺粉煤灰硬化水泥浆体 Ca(OH)$_2$ 分解失重1.26%,掺火山灰浆体 Ca(OH)$_2$ 分解失重 2.45%,按照式(4-6)计算可得,两种硬化浆体水化产物 Ca(OH)$_2$ 的量分别为水泥质量的 12.4% 和 23.6%。

　　根据以上计算方法,得出每块试件 Ca(OH)$_2$ 的溶出率列于表 4-9。掺粉煤灰混凝土2$^\#$试件的 Ca(OH)$_2$ 溶出 5.13%,溶出率最大;其次是 3$^\#$、5$^\#$ 和 6$^\#$ 试件,溶出率分别为2.74%、0.96% 和 0.38%。掺火山灰混凝土试件 I 的 Ca(OH)$_2$ 溶出 7.28%,溶出率最大;其次是试件 II、V、VI 和试件 IV,溶出率分别为 6.63%、3.60%、2.46% 和 0.96%。

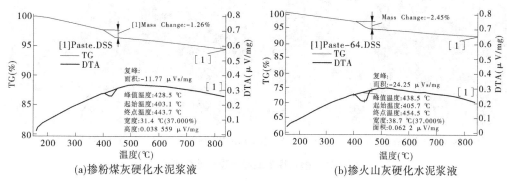

(a)掺粉煤灰硬化水泥浆液　　　　　(b)掺火山灰硬化水泥浆液

图 4-13　不同胶凝体系水化硬化浆体热重—差热曲线

表 4-9　Ca(OH)₂ 溶出率计算结果

混凝土	掺粉煤灰混凝土					掺火山灰混凝土					
大试件编号	2#	3#	4#	5#	6#	I	II	III	IV	V	VI
试件规格	ϕ 430 mm× 230 mm 圆柱体		300 mm×300 mm× 230 mm 棱柱体			ϕ 430 mm×230 mm 圆柱体			300 mm×300 mm× 230 mm 棱柱体		
混凝土体积(m³)	0.033 4		0.020 7			0.033 4			0.020 7		
水泥用量(kg)	4.125		2.556			4.202			2.604		
粉煤灰/火山灰用量(kg)	1.767		1.095			1.800			1.116		
Ca(OH)₂ 含量 G(g)	511.5		316.9			991.7			614.5		
Ca(OH)₂ 溶出量 G₁(g)	26.24	14.04	0	3.04	1.19	72.19	65.80	0	5.89	22.11	15.09
Ca(OH)₂ 溶出率(%)	5.13	2.74	0	0.96	0.38	7.28	6.63	0	0.96	3.60	2.46

4.2.6　混凝土微观结构变化

4.2.6.1　水化产物形貌

利用 S-4800 型冷场发射扫描电镜和 X-射线能谱仪,观察溶蚀作用下掺粉煤灰混凝土浆体形貌的变化。分别选取 Ca(OH)₂ 溶出率为 0、2.74%和 5.13%时进行,浆体形貌见图 4-14。由照片可知,混凝土溶蚀前,浆体是一个水化产物相互胶结、相互堆积的密实体,随着钙的溶出,浆体密实度变差,水化产物逐渐变得疏散,另外,由于持续溶蚀作用,个别 Ca(OH)₂ 晶体边缘出现锯齿状,外形轮廓有所改变,如图 4-14(b)所示。

与掺粉煤灰水泥胶凝体系相同,掺火山灰水泥硬化浆体溶蚀前各种水化产物是一个相互胶结、相互堆积的密实体,随着钙的溶出,浆体密实度逐渐降低,水化产物变得疏松,见图 4-15。

4.2.6.2　砂浆孔结构

利用 AutoPore IV9510 型压汞仪,测试遭受溶蚀前后混凝土中砂浆的孔结构参数,压汞仪压力范围 0~60 000 psi(1 psi=6.89 kPa,下同),测孔直径 420~0.003 μm。

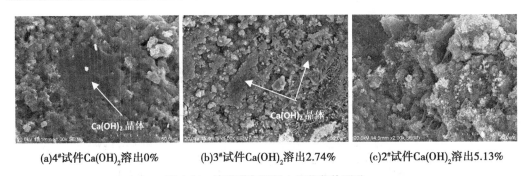

(a)4#试件Ca(OH)₂溶出0%　　(b)3#试件Ca(OH)₂溶出2.74%　　(c)2#试件Ca(OH)₂溶出5.13%

图 4-14　掺粉煤灰混凝土硬化浆体形貌

(a)试件Ⅲ Ca(OH)₂溶出0　　(b)试件Ⅳ Ca(OH)₂溶出0.96%　　(c)试件Ⅵ Ca(OH)₂溶出2.46%

(d)试件Ⅴ Ca(OH)₂溶出3.60%　　　(e)试件Ⅰ Ca(OH)₂溶出7.28%

图 4-15　掺火山灰混凝土硬化浆体形貌

吴中伟根据孔径对强度的不同影响,将混凝土中的孔分为无害孔、少害孔、有害孔和多害孔,共4类,对应的孔径大小分别为小于20 nm、20~100 nm、100~200 nm 和大于200 nm,减少孔隙率、除去多害孔、减少有害孔就能得到较高的强度和密实度。本书参考上述对孔的分级,将砂浆中的孔分为以下六级:3~21.1 nm、21.1~50.4 nm、50.4~203.7 nm、203.7~1 088.7 nm、1 088.7 nm~10.07 μm 和 10.07~104.4 μm。

遭受溶蚀前后混凝土中砂浆的孔结构参数测试结果列于表4-10,孔径微分分布与累计孔体积如图4-16 和图4-17 所示。

对比掺粉煤灰混凝土试件 Ca(OH)₂ 在0 溶出率和5.13%溶出率时砂浆的孔结构参数可知,总孔体积没有明显变化,但随溶出率的增大,孔隙率和平均孔径增大,50.4 nm 以下孔体积百分比减小,而50.4 nm 以上孔体积百分比增大,详见表4-10。孔径分布曲线中最可几孔径峰值降低,位置没有移动,初步推断,主要由于试验 Ca(OH)₂ 溶出率有限,并且胶凝材料水化持续在进行。

法国学者 Christophe Carde 等采用 NH₄NO₄ 溶液加速水泥石溶蚀的试验,提出了溶蚀

表 4-10　砂浆孔结构试验结果

混凝土	试件编号	Ca(OH)$_2$溶出率(%)	总孔体积(mL/g)	孔隙率(%)	平均孔径(nm)	各级孔体积百分比(%)					
						3~21.1 nm	21.1~50.4 nm	50.4~203.7 nm	203.7~1 088.7 nm	1 088.7 nm~10.07 μm	10.07~104.4 μm
掺粉煤灰混凝土	4#	0	0.077	19.4	19.3	40.3	41.2	12.4	2.5	0.4	3.3
	3#	2.74	0.072	19.0	20.1	40.7	33.0	14.3	4.6	2.6	4.7
	2#	5.13	0.077	20.8	21.0	40.0	31.1	15.4	5.7	3.8	4.0
掺火山灰混凝土	III	0	0.092	22.9	18.8	44.5	24.1	10.3	10.2	5.9	5.1
	IV	0.96	0.099	24.2	20.1	34.6	23.1	11.9	14.2	10.0	6.1
	VI	2.46	0.098	22.2	16.4	45.7	25.1	9.4	10.4	5.5	3.9
	V	3.60	0.109	24.7	17.8	43.6	23.3	10.9	12.0	5.9	4.3
	I	7.28	0.096	23.9	22.6	41.4	25.9	11.9	10.9	4.9	5.1

作用下水泥石强度降低和孔隙率增加的模型,认为在 Ca(OH)$_2$ 和水化 C-S-H 凝胶同时存在时,溶蚀引起的脱钙会引起强度降低,这种降低主要是 Ca(OH)$_2$ 的溶出引起的,C-S-H 凝胶溶出引起强度降低所占的比例很小。出现上述情况主要是因为 Ca(OH)$_2$ 的溶出产生大孔,C-S-H 凝胶溶出产生小孔。根据 Christophe Carde 等的上述研究成果,掺粉煤灰混凝土在渗透溶蚀早期,主要是 Ca(OH)$_2$ 的溶出,溶蚀造成浆体大孔增多。

　　掺火山灰混凝土中浆体的孔结构参数试验结果表明,溶蚀作用前,砂浆总孔体积和孔隙率分别为 0.092 mL/g 和 22.9%,Ca(OH)$_2$ 溶出 7.28% 后,总孔体积和孔隙率分别增至 0.096 mL/g 和 23.9%。总体对比分析可知,溶蚀导致混凝土总孔体积和孔隙率有所增大。从孔分布看,大于 50 nm 的孔明显增加,小于 50 nm 的孔变化不明显,最可几孔径峰值增大,位置没有移动。

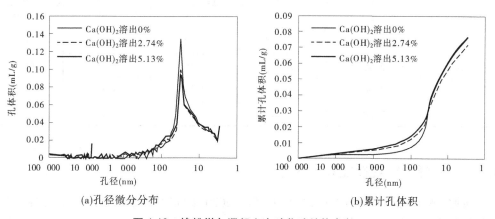

(a)孔径微分分布　　　　　　　　　(b)累计孔体积

图 4-16　掺粉煤灰混凝土中砂浆孔结构参数

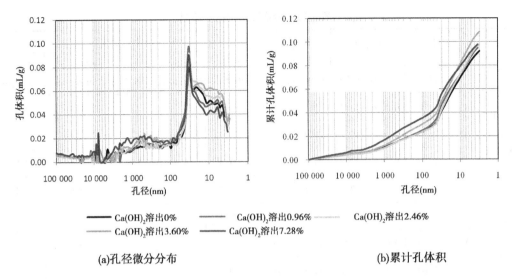

(a)孔径微分分布　　　　　　　　　　　　(b)累计孔体积

图 4-17　掺火山灰混凝土中砂浆孔结构参数

4.2.6.3　混凝土孔结构

日本学者 Kazuko Haga 等对不同水胶比的水泥浆体在去离子水的浸泡作用下浆体孔结构变化进行研究,指出,波特兰水泥浆体在溶蚀作用下,体积密度的改变和孔体积的增大主要是 $Ca(OH)_2$ 的溶出所致,并且水胶比越大,溶解速率越快。

参照《水利水电工程岩石试验规程》(SL 264—2001),测定掺火山灰混凝土渗透溶蚀作用下饱和面干密度、饱和面干吸水率和孔隙率的变化,结果列于表 4-11。由试验结果可知,未经溶蚀作用,混凝土饱和面干密度、饱和面干吸水率和孔隙率分别为 2.54 g/cm^3、4.32和10.9%,$Ca(OH)_2$ 溶出 7.28%时,饱和面干密度降至 2.48 g/cm^3,饱和面干吸水率增至4.79%,孔隙率增至11.7%,增长幅度分别为-2.36%、10.88%和7.34%。

表 4-11　混凝土孔隙率试验结果

大试件编号	Ca(OH)₂溶出率 (%)	饱和面干密度 (g/cm³)	干密度 (g/cm³)	饱和面干吸水率 (%)	孔隙率 (%)
Ⅲ	0	2.54	2.43	4.32	10.9
Ⅳ	0.96	2.50	2.39	4.67	11.7
Ⅵ	2.46	2.50	2.39	4.56	11.4
Ⅴ	3.60	2.49	2.37	4.84	12.0
Ⅰ	7.28	2.48	2.37	4.79	11.7

4.2.7　混凝土宏观性能衰减规律

按照《水工混凝土试验规程》(SL/T 352—2020)测定经渗透溶蚀作用的混凝土芯样的抗压强度、劈裂抗拉强度和弹性模量,详见表 4-12。掺粉煤灰混凝土性能测试结果表明,未经渗透溶蚀作用的混凝土芯样抗压强度 24.8 MPa(高径比 1∶1)和 20.2 MPa(高径

比 2:1),劈裂抗拉强度和弹性模量分别为 2.07 MPa 和 33.6 GPa。Ca(OH)$_2$ 溶出率为
5.13%的 2#混凝土试件,抗压强度为 22.8 MPa(高径比 1:1) 和 18.7 MPa(高径比 2:1),
劈裂抗拉强度和弹性模量分别为 1.88 MPa 和 32.2 GPa。

表 4-12　混凝土性能检测结果

混凝土	大试件编号	Ca(OH)$_2$溶出率(%)	抗压强度(MPa)		劈裂抗拉强度(MPa)	弹性模量(GPa)
			φ 100 mm×100 mm	φ 100 mm×200 mm		
掺粉煤灰混凝土	4#	0	24.8	20.2	2.07	33.6
	6#	0.38	22.0	19.3	2.05	33.1
	5#	0.96	22.0	20.6	1.93	31.8
	3#	2.74	22.8	20.4	2.01	30.9
	2#	5.13	22.8	18.7	1.88	32.2
掺火山灰混凝土	III	0	22.4	19.0	2.05	30.7
	IV	0.96	23.4	18.8	1.96	30.2
	VI	2.46	22.0	17.5	1.76	23.8
	V	3.60	20.2	16.9	1.50	26.8
	I	7.28	19.8	16.6	1.53	25.9

掺火山灰混凝土性能测试结果表明,未经渗透溶蚀作用的芯样抗压强度 22.4 MPa
(高径比 1:1) 和 19.0MPa(高径比 2:1),劈裂抗拉强度和弹性模量分别为 2.05 MPa 和
30.7 GPa。经渗透溶蚀作用后,各项性能均有所降低。Ca(OH)$_2$ 溶出 7.28%,抗压强度
降至 19.8 MPa(高径比 1:1) 和 16.6 MPa(高径比 2:1),劈裂抗拉强度和弹性模量分别降
至 1.53 MPa 和 25.9 GPa。

由表 4-12 可知,随着 Ca(OH)$_2$ 的不断溶解流失,混凝土各项性能呈降低趋势,但试
验结果总体离散性较大,为了建立掺粉煤灰混凝土在渗透溶蚀作用下的性能变化规律,将
Ca(OH)$_2$ 溶出率与性能试验结果进行一元线性拟合,分别得混凝土抗压强度、劈裂抗拉
强度和弹性模量随 Ca(OH)$_2$ 溶出率的线性变化关系,见图 4-18 和图 4-19。

依据以上拟合关系式,分别计算不同 Ca(OH)$_2$ 溶出率时混凝土的抗压强度、劈裂抗
拉强度和弹性模量,结果列于表 4-13。由表 4-13 可知,计算值与试验值误差在-16.4%~
6.9%,上述拟合关系式能够反映掺粉煤灰混凝土性能随 Ca(OH)$_2$ 溶出率的变化规律。

为了反映混凝土各项性能在渗透溶蚀作用下的衰减速率,引入混凝土性能相对值的
概念,指遭溶蚀作用的混凝土的各项性能与溶蚀前混凝土各项性能的百分比,性能相对值
越小,表明混凝土性能损伤越严重,具体包括相对抗压强度、相对劈裂抗拉强度和相对弹性
模量。计算掺粉煤灰混凝土在不同 Ca(OH)$_2$ 溶出率时的混凝土相对值,结果列于表 4-14。

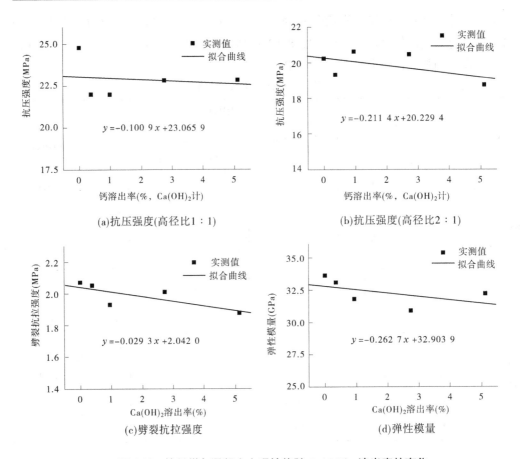

图 4-18　掺粉煤灰混凝土宏观性能随 Ca(OH)₂ 溶出率的变化

表 4-13　掺粉煤灰混凝土性能

混凝土	Ca(OH)₂溶出率（%）	抗压强度（MPa）						劈裂抗拉强度（MPa）			弹性模量（GPa）		
		φ 100 mm×100 mm			φ 100 mm×200 mm								
		试验值	计算值	误差（%）	试验值	计算值	误差（%）	试验值	计算值	误差（%）	试验值	计算值	误差（%）
掺粉煤灰混凝土	0	24.8	23.1	6.9	20.2	20.2	0	2.07	2.06	0.5	33.6	32.9	2.1
	0.38	22	23.1	-5.0	19.3	20.1	-4.1	2.05	2.05	0.0	33.1	32.8	0.9
	0.96	22.0	23.0	-4.5	20.6	20.0	2.9	1.93	2.03	-5.2	31.8	32.6	-2.5
	2.74	22.8	22.8	0	20.4	19.6	3.9	2.01	1.97	2.0	30.9	32.2	-4.2
	5.13	22.8	22.6	0.9	18.7	19.1	-2.1	1.88	1.9	-1.1	32.2	31.6	1.9
掺火山灰混凝土	0	22.4	22.9	-2.2	19.0	18.8	1.1	2.05	1.98	3.4	30.7	29.3	4.6
	0.96	23.4	22.4	4.3	18.8	18.4	2.1	1.96	1.90	3.1	30.2	28.7	5.0
	2.46	22.0	21.7	1.4	17.5	17.9	-2.3	1.76	1.79	-1.7	23.8	27.7	-16.4
	3.60	20.2	21.2	-5.0	16.9	17.5	-3.6	1.50	1.70	-13.3	26.8	27.0	-0.7
	7.28	19.8	19.5	1.5	16.6	16.2	2.4	1.53	1.43	6.5	25.9	24.7	4.6

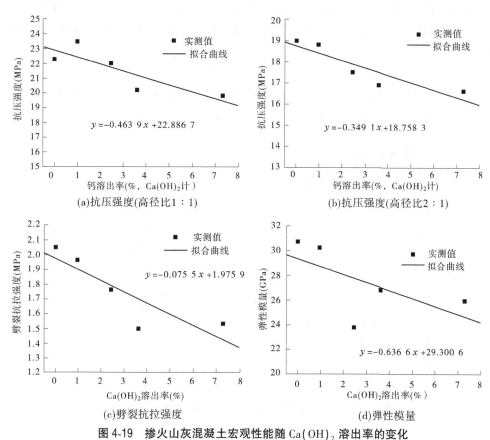

图 4-19　掺火山灰混凝土宏观性能随 $Ca(OH)_2$ 溶出率的变化

表 4-14　混凝土性能随 $Ca(OH)_2$ 溶出的变化

混凝土	$Ca(OH)_2$ 溶出率(%)	相对抗压强度(%)		相对劈裂抗拉强度(%)	相对弹性模量(%)
		ϕ 100 mm×100 mm	ϕ 100 mm×200 mm		
掺粉煤灰混凝土	0	100	100	100	100
	0.38	100	99.5	99.5	99.7
	0.96	99.6	99.0	98.5	99.1
	2.74	98.7	97.0	95.6	97.9
	5.13	97.8	94.6	92.2	96.0
掺火山灰混凝土	0	100.0	100.0	100.0	100.0
	0.96	97.8	97.9	96.0	98.0
	2.46	94.8	95.2	90.4	94.5
	3.60	92.6	93.1	85.9	92.2
	7.28	85.2	86.2	72.2	84.3

注:性能相对值根据拟合值计算。

对表 4-14 所列 Ca(OH)$_2$ 溶出率分别与混凝土相对抗压强度、相对劈裂抗拉强度和相对弹性模量进行线性拟合,拟合公式符合通式(4-7),拟合曲线如图 4-20 和图 4-21所示。

$$P = AQ_{Ca(OH)_2} + 100 \qquad (4-7)$$

式中:P 为 Ca(OH)$_2$ 溶出率为 $Q_{Ca(OH)_2}$ 时的混凝土性能相对值(%);A 为常数,反映混凝土性能随 Ca(OH) 溶出的变化斜率;$Q_{Ca(OH)_2}$ 为 Ca(OH)$_2$ 溶出率(%)。

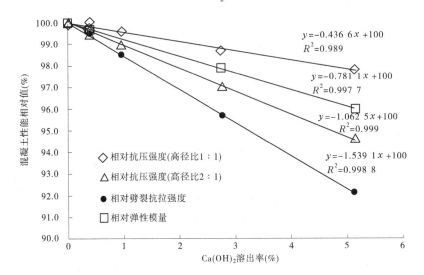

图 4-20　渗透溶蚀作用下掺粉煤灰混凝土性能衰减规律

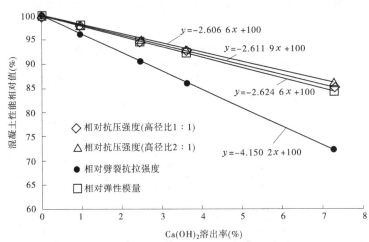

图 4-21　渗透溶蚀作用下掺火山灰混凝土性能衰减规律

由拟合结果可知,Ca(OH)$_2$ 溶出 5.13%,混凝土抗压强度下降 2.24%(高径比 1:1)和 5.45%(高径比 2:1),劈裂抗拉强度和相对弹性模量分别下降 7.95% 和 4.10%。相比之下,劈裂抗拉强度下降最大,即混凝土劈裂抗拉强度对压力水渗透溶蚀作用最为敏感。

性能试验结果表明,渗透溶蚀作用下掺粉煤灰混凝土的各项性能均有降低,与苏联学者的研究成果相比,虽然钙溶出率表示方法不同,但结果是一致的,即在溶蚀早期,强度与钙溶出率之间可以用线性关系表示,如图 4-21 所示,并且强度降低幅度有限。对于渗透溶蚀作用对混凝土各项性能的影响程度,本次试验与李金玉的研究成果具有相同的结论,即溶蚀作用对混凝土抗拉强度的影响更为显著,其次是抗压强度。对弹性模量的试验结果表明,溶蚀作用对混凝土弹性模量的影响没有劈裂抗拉强度明显,与抗压强度相当。

由拟合结果可知,$Ca(OH)_2$ 溶出 7.28%,混凝土抗压强度下降 14.8%(高径比 1:1)和 13.8%(高径比 2:1),劈裂抗拉强度和弹性模量分别下降 27.8% 和 15.7%。相比之下,劈裂抗拉强度下降最大,即混凝土劈裂抗拉强度对压力水渗透溶蚀作用最为敏感,这与掺粉煤灰混凝土的试验结果一致,如图 4-21 所示。

对比两种掺合料混凝土的渗透溶蚀过程和混凝土的性能变化规律,两者渗透溶蚀规律一致,溶蚀作用下混凝土性能均表现降低趋势,但掺粉煤灰混凝土性能衰减速率明显低于掺火山灰混凝土性能衰减速率,初步分析与粉煤灰后期水化活性较高、自愈能力更强有关,尤其是在饱水和有 $Ca(OH)_2$ 存在的环境中。

4.2.8　大坝混凝土渗透溶蚀特性

利用大比尺混凝土自动控制抗渗试验仪,通过预演试验,溶蚀系统设计,混凝土原材料优选及配合比设计,采用大尺寸试件试验模拟了大水胶比、低胶凝材料用量大坝混凝土渗透溶蚀作用,从渗水规律、渗透水 Ca^{2+} 浓度、pH、电导率变化、混凝土微观结构、宏观性能变化等几方面,研究掺粉煤灰和掺火山灰大坝混凝土在溶蚀作用下的损伤机制和性能衰减规律,总结可知大坝混凝土具有以下渗透溶蚀特性:

(1)振捣密实,养护充分的大坝混凝土具有很高的抗渗透溶蚀能力。溶蚀过程中混凝土渗透系数明显减小,表现出较强的自愈特性,掺粉煤灰混凝土的自愈能力明显强于掺火山灰混凝土。如掺粉煤灰混凝土水胶比 0.68,掺火山灰混凝土水胶比 0.64,分别经 80 d 和 335 d 的去离子水持续渗透溶蚀,最大水压力达 3.5~4.0 MPa,$Ca(OH)_2$ 累计溶出量仅分别为 5.13% 和 7.28%。

(2)从渗透水样 Ca^{2+} 浓度变化趋势看,浓度变化经历初期迅速增长、中期长时间稳定、后期逐渐降低三个阶段,Ca^{2+} 最大浓度并未达到石灰的极限浓度,初步推断,渗透水 Ca^{2+} 浓度与 $Ca(OH)_2$ 溶解-扩散过程、渗透水运动速度、渗径等因素有关。渗水早期,Ca^{2+} 累计溶出量受渗水量控制,二者具有很好的线性关系,掺粉煤灰、火山灰混凝土均出现以上规律。对掺火山灰混凝土的持续溶蚀试验表明,经 300 d 渗透作用后,Ca^{2+} 累计溶出量与累计渗水量间的线性关系逐渐变差,钙溶出过程受到 Ca^{2+} 经凝胶孔或微毛细孔扩散到渗透水流的限制,即扩散过程控制。对于大体积混凝土,渗径对渗透水样 Ca^{2+} 浓度及 Ca^{2+} 溶出量具有重要影响,渗径越长,渗透水样流经混凝土的时间越长,Ca^{2+} 的溶解—扩散作用越充分,从而渗透水样的 Ca^{2+} 浓度越高。

(3)大坝混凝土的渗透溶出物基本是稳定的,没有离子集中溶出现象,并且渗透溶蚀是一个缓慢的过程,对于实际工程中的溶蚀作用,溶蚀水中通常含有一定量的 Ca^{2+}、有机质等杂质,这将会进一步延缓溶蚀进程。如掺粉煤灰混凝土经 80 d 渗透溶蚀,渗透水的 pH 仍在 12.4 以上,并且在 12.5~12.7 范围内波动,电导率为 2.53~3.23 S/m。掺火山灰混凝土经 335 d 渗透溶蚀,渗透水 pH 仍在 12.0 以上,电导率为 2.61~3.37 S/m。

(4)对掺粉煤灰混凝土和掺火山灰混凝土微观结构试验结果表明,未经溶蚀混凝土浆体是一个水化产物相互胶结、紧密堆积的密实体,随着钙的溶出,浆体密实度逐渐变差,结构变得疏松。从孔结构参数看,溶蚀作用下大于 50 nm 的孔增多,孔径分布曲线中最可几孔径的峰值有所变化,但位置没有移动,初步推断,主要由于溶蚀试验中 Ca(OH)$_2$ 溶出率有限,并且胶凝材料水化持续在进行。混凝土表观密度试验结果表明,溶蚀作用下,混凝土饱和面干密度减小,吸水率和孔隙率增加。

(5)经渗透溶蚀作用,掺粉煤灰和火山灰混凝土的抗压强度、劈裂抗拉强度和弹性模量均有所降低,并且性能变化与 Ca(OH)$_2$ 溶出率可以进行线性拟合。对比两种掺合料混凝土在渗透溶蚀作用下宏观性能变化,掺粉煤灰混凝土性能衰减速率明显低于掺火山灰混凝土性能衰减速率,这与饱水和 Ca(OH)$_2$ 存在的环境中粉煤灰后期水化活性更高有关。根据拟合关系,掺粉煤灰混凝土 Ca(OH)$_2$ 溶出 5.13%,混凝土抗压强度下降 2.24%(高径比 1:1)和 5.45%(高径比 1:2),劈裂抗拉强度和弹性模量分别下降 7.95% 和 4.10%。掺火山灰混凝土 Ca(OH)$_2$ 溶出 7.28%,抗压强度下降 14.8%(高径比 1:1)和 13.8%(高径比 2:1),劈裂抗拉强度和弹性模量分别下降 27.8% 和 15.7%。

(6)混凝土在渗透溶蚀作用下的性能衰减规律可以用线性关系式 $P = AQ_{Ca(OH)_2} + 100$ 表示,式中 P 表示 Ca(OH)$_2$ 溶出率为 $Q_{Ca(OH)_2}$ 时混凝土的性能相对值,A 为性能衰减斜率。对比混凝土抗压强度、劈裂抗拉强度和弹性模量随 Ca(OH)$_2$ 溶出的衰减斜率,劈裂抗拉强度衰减最快,其次是抗压强度,弹性模量衰减速率与抗压强度相当。由此可见,受渗透溶蚀作用的混凝土,各性能之间的关系会发生改变,混凝土趋于变脆。需要注意的是,由于大坝混凝土的高抗渗透溶蚀能力与溶蚀进程极其缓慢的特性,试验最大 Ca(OH)$_2$ 溶出率只有 7.28%,以上衰减规律对于早期渗透溶蚀更适用。

4.3　接触溶蚀作用下大坝混凝土性能衰减规律

碾压混凝土筑坝是将土石方施工机械容量大、速度快、大面积作业的优点和混凝土强度高、耐久性好的特点融合到一起,达到快速施工且工程安全度高的一种筑坝技术。自 1982 年第一座碾压混凝土坝——柳溪坝(Willow Creek Dam)在美国建成,经过 30 多年的发展,目前已建在建碾压混凝土坝的数量超过 550 座,遍布全世界 50 多个国家。2012 年国际碾压混凝土大坝研讨会报道:从大坝数量、坝高、混凝土方量、建设质量、施工速度等方面统计,我国碾压混凝土筑坝技术已处于世界领先水平。

然而,由于层层碾压施工方法和筑坝材料的干硬性,碾压混凝土坝含有大量的层间结合面且层面很容易成为大坝混凝土的薄弱环节。实践表明,大坝在设计和施工过程中层面如果处理不当则层间结合强度下降,抗渗性能降低,甚至发生层间渗漏问题。例如,美国柳溪碾压混凝土重力坝(1982 年,56 m),材料设计问题导致层间结合不好,建成后渗漏严重;摩洛哥的巴布楼塔坝(1999 年,55 m),由于建设过程控制问题,层间渗漏严重;我国辽宁观音阁碾压混凝土重力坝(1995 年,82 m),由于温度控制问题,大坝混凝土出现水平裂缝,渗漏严重;福建溪柄碾压混凝土拱坝(1995 年,63.5 m),由于建设过程控制问题,层间渗漏严重。

溶蚀,也称溶出性侵蚀,是指当混凝土受到环境水的不断溶淋作用,特别是压力水的渗透作用时,水泥石中的 $Ca(OH)_2$ 随水陆续流失,当液相石灰浓度低于其极限浓度时,晶体 $Ca(OH)_2$ 将溶解并随水流失,溶液中的石灰浓度继续降低时,则水化硅酸钙、水化铝酸钙、水化铁铝酸钙中的钙也将相继溶解流失,最终导致混凝土中水泥石结构破坏。苏联学者 B. M. 莫斯克文引用 u. r. 金兹布尔格及其他学者的研究成果认为:就其质量而言,捣实的混凝土是不渗漏的,而混凝土主要是沿裂缝渗漏,如温度变化引起的裂缝、施工缝开裂、接缝质量低劣、沉降缝等。有研究表明,碾压混凝土层面如果处理不当,沿层面的渗透系数可能会提高几个数量级,甚至沿层面出现裂缝,在水压力作用下,渗漏水沿层面流动,并有水泥水化产物不断被带出,这种现象,称为层间渗漏溶蚀。

本节将开展碾压混凝土层间渗漏溶蚀机制及溶蚀作用下层间结合强度衰减规律研究,旨在明确碾压混凝土层间抗渗漏溶蚀能力及其影响因素,揭示层间渗漏溶蚀机制,并为层(缝)间出现渗漏溶蚀病害的碾压混凝土大坝的安全评价提供技术参考。

4.3.1　碾压混凝土层间渗漏溶蚀机制

4.3.1.1　层间抗渗能力

苏联学者 A. A. 贝科夫指出,溶出性侵蚀是波特兰水泥的本质特性,水泥混凝土刚与水接触溶蚀便会开始,由此可见,碾压混凝土层间发生溶蚀的必要条件是层间发生渗水。碾压混凝土层间结合良好,水压力作用下层间不发生渗水,溶蚀则不会发生;相反,层间结合质量较差,水压力作用下层间发生渗水,甚至层间出现裂缝,则层(缝)面混凝土必然会遭受溶蚀作用。

"八五"国家科技攻关期间进行的大量试验研究和工程实地调查结果表明,碾压混凝土坝的渗透性与常态混凝土坝相比具有以下两个显著特点:①沿层面的渗透性是碾压混凝土渗透性的控制因素;②同一层面内渗透性的极不均匀性。陈改新、方坤河等对碾压混凝土本体溶蚀和渗透特性进行的研究结果表明,振捣密实,养护充分的水工大坝混凝土具有很高的抗渗透溶蚀能力,可以达到长期耐久。姜福田等的研究表明,即使在试验条件下,层面仍存在缺陷而导致较大的渗透性,含层面碾压混凝土的渗透性比不含层面碾压混凝土的渗透性大 4 个数量级。杨华全等的研究表明,同一层面不同区域的渗透系数相差 1 个至数个数量级。"九五"国家科技攻关期间,林长农等的研究表明,碾压混凝土的胶凝材料用量越大,其层面极限抗剪强度越高,层面渗透系数越小;层间间歇 72 h,层面渗透系数比本体混凝土提高 1 个数量级。

根据龙滩水电站碾压混凝土筑坝技术经验,合理确定混凝土配合比,选取恰当的层间间歇时间及层面处理措施,依据现行规程规范,严格进行现场质量控制,碾压混凝土的层间结合质量可以满足设计要求,层间具有很好的抗渗性能,不会发生渗漏溶蚀。然而,国内外一些碾压混凝土坝在蓄水后出现层间渗水,有些还比较严重,分析原因主要有以下几点:①层间间歇时间超出直接铺筑允许时间且层面未进行很好的处理,水压力作用下层间发生渗水;②骨料分离等原因导致混凝土局部胶凝材料含量过低,形成大的渗水通道;③仓面上混凝土的 VC 值过大,碾压时底层混凝土翻浆不充分,导致层间结合不密实;④其他原因导致碾压混凝土层间出现裂缝。

4.3.1.2　层间渗漏溶蚀机制

如前文所述,振捣密实的碾压混凝土具有很好的抗渗性能,本体不会发生渗水,因此碾压混凝土坝只能沿着层面或缝隙渗水,或再沿着没有振实的孔洞渗漏。众所周知,水泥水化产物呈碱性且在水中有一定的溶解性,氢氧化钙的溶解度最大,约为 1.3 g/L;其次是水化硅酸钙和水化铝酸钙等其他水化产物,因此混凝土孔溶液的 Ca^{2+} 浓度较高,pH 在 12 以上。当渗漏水流经碾压混凝土层(缝)面时,如果渗漏水中 Ca^{2+} 浓度低于孔溶液的 Ca^{2+} 浓度,在浓度梯度作用下,Ca^{2+} 会从孔溶液中向渗漏水扩散并被带走。

取 $\phi 100$ mm×200 mm 圆柱体试件 1 块,顶面与底面涂刷环氧,然后放入盛有 6 L 去离子水(pH7.2)的容器中。容器中有一个微型水泵,用来保证水处于运动状态,模拟渗漏水流经混凝土层(缝)面。分别在 10 d、25 d 和 45 d 时换一次水,并定时测量水中 Ca^{2+} 含量,计算 Ca^{2+} 累计溶出量。Ca^{2+} 累计溶出量随时间的变化曲线如图 4-22 所示。由图 4-22 可知,随着时间的延长,Ca^{2+} 溶出量不断增加,但溶出速率逐渐减小。

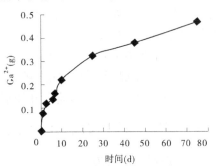

图 4-22　钙离子累计溶出量随时间变化曲线

假设碾压混凝土层(缝)面渗漏水中 Ca^{2+} 浓度为 C_0,未溶蚀区混凝土孔溶液中 Ca^{2+} 浓度为 C_p,遭受溶蚀区域孔溶液中 Ca^{2+} 浓度为 $C(x,t)$,则溶蚀过程可以用图 4-23 表示。随着溶蚀的进行,溶蚀前锋线(x)不断向混凝土内部延伸。

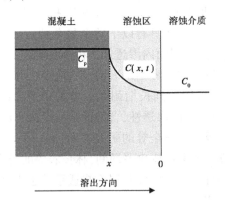

图 4-23　碾压混凝土层(缝)间钙离子溶出示意图

溶蚀过程遵循 Fick 第二扩散定律,则有:

$$\frac{\partial C(x,t)}{\partial t} = D \frac{\partial^2 C(x,t)}{\partial x^2} \tag{4-8}$$

边界条件为:$x=0,t>0,C=C_0$;$x=\infty\ t>0,C=C_P$。

式中:$C(x,t)$ 为溶蚀区 Ca^{2+} 浓度;D 为扩散系数,与混凝土密实度、孔隙率等性能有关;C_0 为渗漏水中 Ca^{2+} 浓度;C_p 为未溶蚀区混凝土孔溶液中 Ca^{2+} 浓度;根据半无限长棒的扩散

过程,解方程(4-8)可得:

$$C(x,t) = C_0 - (C_0 - C_p) \cdot \frac{2}{\sqrt{\pi}} \cdot \int_0^{\frac{X}{2\sqrt{Dt}}} e^{-\lambda^2} d\lambda \qquad \lambda = \frac{X}{2\sqrt{Dt}} \qquad (4-9)$$

定义 t 时间内 Ca^{2+} 累计通过混凝土层(缝)面 S 的量等于 Q,则有:

$$Q = S \int_0^t \frac{\partial C(x,t)}{\partial t}\bigg|_{x=0} dt \qquad (4-10)$$

将式(4-9)代入式(4-10),求解可得:

$$Q = (C_p - C_0)\sqrt{\frac{t}{D\pi}} \qquad (4-11)$$

由式(4-11)可知,Ca^{2+} 累计溶出量只与孔溶液中 Ca^{2+} 浓度 C_p、溶蚀介质中 Ca^{2+} 浓度 C_0、溶蚀时间 t 和混凝土基本特性参数 D 有关,并与 C_p-C_0 和 $\sqrt{t}$ 呈线性增长关系,与 $\sqrt{D\pi}$ 呈逆增长关系。根据前述试验结果,绘制混凝土 Ca^{2+} 累计溶出量与 $\sqrt{t}$ 的关系曲线,如图 4-24 所示,二者具有很好的线性关系。

根据以上试验结果及理论分析可得,碾压混凝土层(缝)面渗漏溶蚀的驱动力是水泥水化产物的溶解作用,Ca^{2+} 溶出过程遵循 Fick 第二扩散定律,溶蚀速率主要与混凝土密实

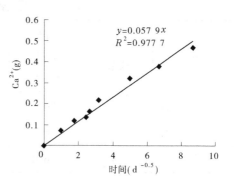

图 4-24　钙离子累计溶出量随 $\sqrt{t}$ 的变化曲线

度、溶蚀介质与混凝土孔溶液中的 Ca^{2+} 浓度梯度有关,溶蚀沿着层(缝)面法向方向不断向混凝土内部延伸。

4.3.2　原材料与配合比

4.3.2.1　水泥

试验用水泥为 P·O 42.5 普通硅酸盐水泥,满足《通用硅酸盐水泥》(GB 175—2007)中规定的技术要求,水泥品质检测结果列于表 4-15。28 d 抗压强度为 47.3 MPa。

表 4-15　水泥品质检验结果

项目	密度 (g/cm³)	细度 (%)	比表面积 (m²/kg)	标准稠度 (%)	安定性	凝结时间(h:min)	
						初凝	终凝
水泥	3.03	0.2	339	27.6	合格	02:10	03:05

项目	水化热(kJ/kg)		抗压强度(MPa)			抗折强度(MPa)		
	3 d	7 d	3 d	7 d	28 d	3 d	7 d	28 d
水泥	276	295	28.3	39.2	47.3	6.1	7.6	8.6

4.3.2.2　掺合料

试验所用的 F 类 II 级粉煤灰满足《用于水泥和混凝土中的粉煤灰》(GB/T 1596)的技

术要求,品质检验结果见表 4-16。

表 4-16　粉煤灰品质检验结果

检测项目	密度(g/cm³)	需水量比(%)	烧失量(%)	SO₃ 含量(%)	细度(%)
粉煤灰	2.29	105	3.65	0.79	14.9

4.3.2.3　砂石

试验用粗骨料为天然河卵石,包括两个级配,小石(粒径 5~20 mm)、中石(粒径 20~40 mm);细骨料为天然河砂。粗、细骨料物理性能检测结果列于表 4-17。

表 4-17　粗、细骨料物理性能检测结果

种类		细度模数	饱和面干密度(kg/m³)	饱和面干吸水率(%)	坚固性(%)	压碎指标(%)	硫酸盐含量(%)
粗骨料	小石	—	2 680	1.25	4.7	—	0.04
	中石	—	2 690	0.93	3.1	5.4	0.04
细骨料		3.08	2 640	1.49	5.4	—	0.03

4.3.2.4　外加剂

试验所用外加剂为萘系缓凝高效减水剂和松香类引气剂。

4.3.2.5　配合比

碾压混凝土及垫层材料配合比列于表 4-18。其中,碾压混凝土水胶比为 0.45,粉煤灰掺量 50%,胶凝材料用量为 218 kg/m³;垫层砂浆水胶比为 0.40,粉煤灰掺量 50%;垫层净浆水胶比为 0.35,粉煤灰掺量 50%。90 d 龄期,碾压混凝土、垫层砂浆和垫层净浆的抗压强度分别为 42.0 MPa、45.1 MPa 和 55.5 MPa。

表 4-18　碾压混凝土及垫层材料配合比

材料	级配	水胶比	FA掺量(%)	砂率(%)	外加剂(%)		1 m³ 材料用量(kg/m³)					流动性	抗压强度(MPa)	
					减水剂	引气剂	水	水泥	FA	砂	石		28 d	90 d
碾压混凝土	二	0.45	50	36	0.8	0.07	98	109	109	751	1 364	5.0 s VC 值	28.1	42.0
垫层砂浆	一	0.40	50	100	0.8	—	205	257	257	1573	—	6 mm 稠度	30.7	45.1
垫层净浆	一	0.35	50	—	0.6	—	477	682	682	—	—		38.1	55.5

4.3.3　试验设计

4.3.3.1　加速溶蚀方法

混凝土的溶蚀是极其缓慢的物理化学过程,为了在试验室模拟这一过程必须采用加速溶蚀的方法。目前,加速混凝土溶蚀的方法主要有两种:NH_4NO_3 溶液化学加速法和施加电压加速法。由于施加电压加速法须在试件两侧施加电压,而碾压混凝土层间渗漏溶蚀过程在密闭容器中进行,很难施加电压,因此此方法不予考虑。

NH_4NO_3 溶液化学加速法最早由法国学者 Christophe Carde 提出,是目前研究混凝土溶蚀问题最常用的加速方法,通常采用 6 mol 的 NH_4NO_3 溶液。F. H Heukamp 博士在其学位论文(麻省理工学院)中对 NH_4NO_3 溶液化学加速法的原理进行了详细论述,认为加速的驱动力是 NH_4NO_3 与 $Ca(OH)_2$ 发生化学反应,生成了溶解度很大的 $Ca(NO_3)_2$、H_2O 和 NH_3。化学反应方程式见式(4-12)。为了保证反应式稳定向右进行,溶液的 pH 值不应大于 9.25。

$$Ca(OH)_2 + 2NH_4NO_3 \rightleftharpoons Ca^{2+} + 2OH^- + 2H^+ + 2NH_3 + 2NO_3^- \rightleftharpoons$$
$$Ca(NO_3)_2 + 2NH_3 + 2H_2O \tag{4-12}$$

有研究认为,在去离子水中,$Ca(OH)_2$ 的溶解度为 22 mmol/L,Ca/Si 比为 1 的 C-S-H 凝胶的溶解度为 2.0 mmol/L,而在 6 mol 的 NH_4NO_3 溶液中,二者的溶解度分别为 2.7 mol/L 和 0.5 mol/L。F. H Heukamp 博士结合 F. Adenot 的研究成果认为,6 mol 的 NH_4NO_3 溶液对 Ca^{2+} 溶出的加速作用是 pH 值为 4.5 的去离子水的 300 倍,而 Christophe Carde 的研究认为,这一加速作用约为 100 倍。

为在有限的试验周期内完成碾压混凝土的层间渗漏溶蚀研究,最好采用 NH_4NO_3 溶液加速溶蚀进程,理想的过程是溶蚀介质从碾压混凝土层间或缝隙中流过,不应对试件的其他部位产生侵蚀。有一定的压力或自流,保证溶蚀介质的 pH 值小于 9.25。如果层间渗漏溶蚀过程需要在封闭的容器中可以保证一定的压力,但且无法调控 pH 值,也不利于 NH_3 排放。为此设计以下两项试验:

试验一,研究 NH_4NO_3 溶液浓度对溶蚀速度的影响。

试验利用碾压混凝土层间渗漏溶蚀试验仪,选择三个模套,分别注入 1 mol、3 mol 和 6 mol 的 NH_4NO_3 溶液,在每个模套内安放一块边长为 150 mm 立方体混凝土试件,保证试件 6 个面均与 NH_4NO_3 溶液接触,使溶蚀从表面向内部进行,密封模套。连接好加水管路,启动试验仪将水压加至 0.8 MPa 后稳压,分别在 3 d、7 d、14 d 和 28 d 时测试 NH_4NO_3 溶液中的 Ca^{2+} 浓度。溶蚀 28 d 后取出试件,沿中心面劈开,观察断面溶蚀情况。

由图 4-25 可知,随着溶蚀时间的增长,溶液中 Ca^{2+} 浓度逐渐增大;NH_4NO_3 溶液浓度越大,Ca^{2+} 溶出越多,但是,Ca^{2+} 累计溶出量与 NH_4NO_3 的浓度并不呈线性关系。

观察图 4-26 遭受溶蚀作用的混凝土试件断面,可以发现,遭溶蚀作用的混凝土颜色变深,NH_4NO_3 溶液浓度越高,试件的溶蚀边界线愈明显。

由上述试验结果可知,NH_4NO_3 溶液浓度对溶蚀速率有很大的影响,浓度越高,溶蚀速率越大,根据前述碾压混凝土层间溶蚀试验的要求,试验用 NH_4NO_3 溶液的浓度不应太大。

试验二:分析 1 mol 的 NH_4NO_3 溶液对混凝土溶蚀的加速效果。

取前述 ϕ 100 mm×200 mm 圆柱体试件 2 块,顶面与底面涂刷环氧,1 块放入 1 mol 的 NH_4NO_3 溶液中,1 块放入去离子水中,分别在浸泡 10 d、25 d 和 45 d 时更换一次溶液,定期观察混凝土遭溶蚀区域的变化,测试 Ca^{2+} 溶出量。

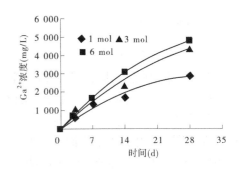

图 4-25　Ca^{2+} 浓度随溶蚀时间的变化曲线

由于水泥水化产物呈碱性,混凝土试件断面喷酚酞指示剂后会显示粉红色,如果混凝土遭溶蚀作用,水泥水化产物不断被溶解析出,混凝土碱性降低,断面喷酚酞指示剂后不变色。图 4-27 为 1 mol 的 NH_4NO_3 溶液中混凝土试件断面喷酚酞指示剂后的显色情况,可以看出,溶蚀从试件表面开始,不断向中心发展,存在明显的溶蚀前锋线,遭溶蚀区域呈环形分布。图 4-28 为去离子水中混凝土试件断面喷酚酞指示剂后的显色情况,整个断面基本都为粉红色。

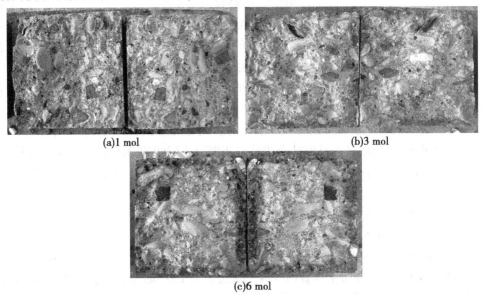

(a)1 mol　　　　　　　　　　(b)3 mol

(c)6 mol

图 4-26　遭受溶蚀作用的试件劈开后断面情况

图 4-29 为 1 mol 的 NH_4NO_3 溶液中 Ca^{2+} 含量随时间的变化曲线,可以看出,随着时间的增长,Ca^{2+} 累计溶出量逐渐增大,溶出速率逐渐减小,Ca^{2+} 累计溶出量与 $\sqrt{t}$ 具有很好的线性关系。由此可见,混凝土在 1 mol 的 NH_4NO_3 溶液中,Ca^{2+} 的溶出过程同样遵循 Fick 第二扩散定律,t 时间内 Ca^{2+} 通过试件表面 S 的溶出量 Q 满足式(4-11)。

令 $R = (C_p - C_0)\sqrt{\dfrac{1}{D\pi}}$,定义为 Ca^{2+} 溶出因子,主要由混凝土孔溶液中 Ca^{2+} 浓度、溶蚀介质中 Ca^{2+} 浓度,以及混凝土密实度、孔隙率等基本特性决定。

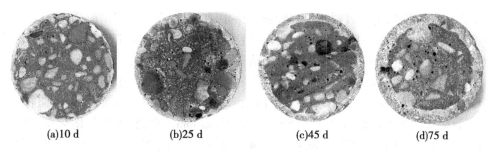

(a)10 d　　　　(b)25 d　　　　(c)45 d　　　　(d)75 d

图 4-27　试件断面遇酚酞指示剂后的显色情况(NH_4NO_3 溶液)

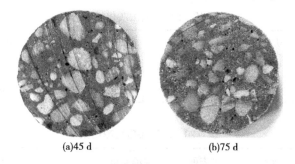

(a)45 d　　　　　　(b)75 d

图 4-28　试件断面遇酚酞指示剂后的显色情况(去离子水)

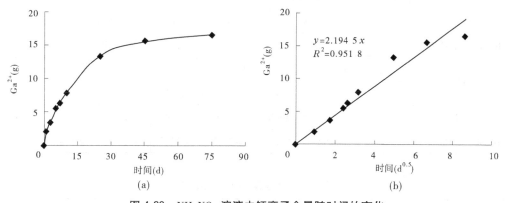

图 4-29　NH_4NO_3 溶液中钙离子含量随时间的变化

对于去离子水和 NH_4NO_3 溶液两种溶蚀介质,则有: $Q_{H_2O} = R_{H_2O}\sqrt{t}$ 和 $Q_{NH} = R_{NH}\sqrt{t}$。定义 NH_4NO_3 溶液加速溶蚀倍率为 α,则有:

$$\alpha = \left(\frac{Q_{NH}}{Q_{H_2O}}\right)^2 \tag{4-13}$$

由前述拟合试验结果图 4-24 和图 4-29(b)可知, $R_{H_2O} = 0.977\ 7$, $R_{NH} = 0.951\ 8$,按照式(4-13)计算可得,与 pH 值为 7.2 的去离子水相比,1 mol 的 NH_4NO_3 溶液加速溶蚀倍率为 1 436.5 倍。

4.3.3.2　溶蚀程度评价方法

由前述碾压混凝土层间渗漏溶蚀机制可知,渗水沿层(缝)面流动,在浓度梯度作用下,层(缝)面两侧混凝土孔溶液中的 Ca^{2+} 不断向水流扩散,被水带走,随着溶蚀的不断进行,

Ca^{2+}溶出前锋线将不断向层(缝)面两侧混凝土的内部延伸,在此将溶出前锋线至层(缝)面的距离定义为缝面溶蚀深度。利用电子探针沿层(缝)面法向方向进行线扫描,测试混凝土浆体中钙元素的相对含量,根据钙元素相对含量的变化,结合酚酞指示剂显色情况,可以确定Ca^{2+}溶出边界线,从而得到缝面溶蚀深度。为验证上述方法的可行性设计以下试验。

试验混凝土原材料采用42.5中热硅酸盐水泥、天然火山灰、石英砂、天然卵石、萘系缓凝高效减水剂和松香类引气剂。骨料最大粒径40 mm。水泥、火山灰化学成分测试结果列于表4-19,品质检测结果如表4-20、表4-21所示,检测结果表明,水泥、火山灰满足相应标准要求。

表4-19　水泥、火山灰化学成分　　　　　　　　　　　　(%)

化学成分	SiO_2	Al_2O_3	Fe_2O_3	CaO	MgO	K_2O	Na_2O	SO_3	烧失量
水泥	21.03	3.92	4.86	62.32	4.22	1.98	0.44	0.07	0.49
火山灰	56.12	16.45	7.26	5.12	5.53	2.36	3.66	0.21	3.13

表4-20　水泥品质检测结果

项目	密度 (g/cm³)	比表面积 (m²/kg)	标准稠度 (%)	安定性	凝结时间(h:min)	
					初凝	终凝
水泥	3.15	344	25.0	合格	03:05	03:47
GB 200—2003 要求	—	≥250	—	合格	≥01:00	≤12:00

项目	水化热(kJ/kg)		抗压强度(MPa)			抗折强度(MPa)		
	3 d	7 d	3 d	7 d	28 d	3 d	7 d	28 d
水泥	237	287	20.0	28.9	53.9	4.4	5.8	8.9
GB 200—2003 要求	≤251	≤293	≥12.0	≥22.0	≥42.5	≥3.0	≥4.5	≥6.5

表4-21　火山灰品质检测结果

检测项目	密度 (g/cm³)	需水量比 (%)	烧失量 (%)	抗压强度比(%)		细度(%)		火山灰性 15 d
				7 d	28 d	45 μm	80 μm	
火山灰	2.75	104	3.13	57.5	62.6	13.14	1.27	合格

混凝土配合比如表4-22所示,水胶比0.46,火山灰掺量50%。混凝土28 d龄期抗压强度为19.4 MPa,试件尺寸为150 mm立方体,最大骨料粒径30 mm。

表4-22　混凝土配合比

混凝土	水胶比	火山灰掺量 (%)	减水剂 (%)	引气剂 (%)	砂率 (%)	单方混凝土材料用量(kg/m³)					
						水	水泥	火山灰	砂	中石	小石
碾压	0.46	50	0.7	0.08	32	86	93.5	93.5	705	751	748

　　试验利用碾压混凝土层间渗漏溶蚀试验仪,在模套内放入 1 块 150 mm 立方体试件,注入 2 mol 的硝酸铵溶液,保证试件六个面均与硝酸铵溶液接触,使溶蚀从表面向内部进行,用上、下盖密封模套,连接好加水管路,启动试验仪将水压加至 0.8 MPa 后稳压,溶蚀 28 d 后取出试件切开,喷酚酞指示剂,如图 4-30 所示。由图 4-30 可知,试件中能够清楚地分辨出碱性变化边界线。

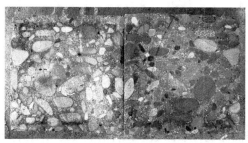

图 4-30　遭受溶蚀作用的混凝土试件断面情况

　　在混凝土试件中切取含有碱性变化边界线的砂浆试样,并标记测试方向(X 轴),如图 4-31 所示,X 轴的零点为砂浆试样的右边缘,也是混凝土试件的表面。利用电子探针测试砂浆试样中钙元素沿 X 轴的变化,测试结果如图 4-32、图 4-33 所示。在图 4-33 中沿着 X 轴方向,按照钙元素衍射峰的强弱可分为 3 个区域:低含量区(Ⅰ区,0 ～ 19.5 mm),过渡区(Ⅱ区,19.5 ～ 21.7 mm)和高含量区(Ⅲ区,21.7 ～ 26.0 mm)。由此可知,在 0.8 MPa 压力

图 4-31　砂浆试样及测试方向

作用下,混凝土试件经 2 mol 的硝酸铵溶液溶蚀 28 d,溶蚀深度为 21.7 mm。

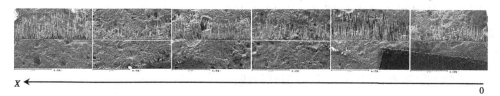

图 4-32　砂浆试样元素分布测试结果

　　由上述验证试验可知,溶蚀深度能够定量地反映混凝土遭受溶蚀的程度,而溶蚀深度可以利用电子探针线扫描技术+酚酞指示剂显色原理准确测定。

4.3.3.3　混凝土缝隙渗漏溶蚀模拟

　　采用表 4-18 所示混凝土配合比成型 150 mm 立方体试件 54 块,标准养护 90 d 后随机分为 6 组,每组中取 1 块试件用切割机沿中心面切开,作为参照样用来测试溶蚀程度,其余 8 块试件用混凝土直剪仪(见图 4-34)沿中心面剪断,重新扣合后用来模拟带有裂缝的混凝土。为使溶蚀从混凝土缝面(或切割面)开始并沿其法向方向进行,每块试件除缝

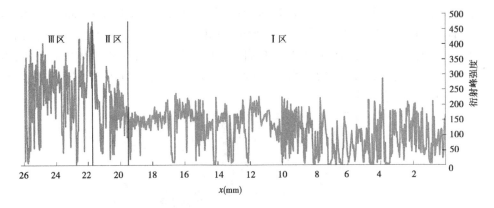

图 4-33 钙元素衍射峰强度

面(或切割面)外其他表面涂刷环氧涂层。试件养护 120 d 后开始溶蚀。每组试件浸泡在一个固定的盛有 50 L 1 mol/L 硝酸铵溶液的试验箱内,溶液中放置 1 台微型水泵,浸泡期间开启,保持硝酸铵溶液处于流动状态。浸泡时间每超过 2 个月更新一次硝酸铵溶液。图 4-35 是其中两组试件的试验情况。

图 4-34 混凝土直剪仪

图 4-35 缝面溶蚀试验情况

图 4-36 是混凝土试件分别经 0 d、18 d、105 d、216 d、386 d 和 461 d 加速溶蚀作用,Ca^{2+} 累计溶出量与 $\sqrt{t}$ 的关系。可以看出,Ca^{2+} 溶出量随着溶蚀时间的增加而增大,且与 $\sqrt{t}$ 具有很好的线性关系,符合 Fick 第二扩散定律。由此可见,混凝土缝隙发生渗漏,渗水沿缝面流动,在浓度梯度作用下缝隙两侧混凝土孔溶液中的 Ca^{2+} 不断向水流扩散,缝隙渗漏溶蚀属于接触溶蚀,溶蚀过程可以采用硝酸铵溶液浸泡法模拟。

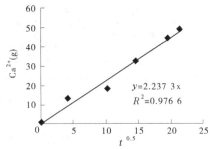

图 4-36 Ca^{2+} 累计溶出量与 $\sqrt{t}$ 的关系

有关水泥混凝土溶蚀程度的表征,试验室通常用钙溶出率、总盐溶出量、混凝土孔溶液 pH 变化、溶出液电导率、溶蚀深度等参数表征。服役期的水工混凝土建筑物发生渗漏溶蚀后,溶出钙大部分都随水流流失无法准确测定,因此溶蚀程度无法再用钙元素溶出率表征。混凝土缝隙渗漏溶蚀属于接触溶蚀,在溶蚀过程中缝隙两侧混凝土孔溶液中的

Ca^{2+}不断向水流扩散,被水带走,随着溶蚀的持续进行,Ca^{2+}溶出前锋线将不断向缝隙两侧混凝土的内部延伸,在此将溶出前锋线至缝面的距离定义为缝面溶蚀深度,用 d_L 表示,缝面溶蚀深度越大表明混凝土遭受溶蚀的程度越严重。

图 4-37 是 6 组试件分别经过不同时间的加速溶蚀作用后,参照垂直于切割面方向的断面喷酚酞指示剂后的显色情况。可以看出,遭受溶蚀作用的试件断面都包含不变色区和粉红色区两个区域,分界线非常明显,并且随着溶蚀时间的增长,不变色区域逐渐增大,粉红色区域逐渐减小。众所周知,波特兰水泥混凝土呈碱性(pH 值通常大于 12),断面遇酚酞指示剂后显示粉红色,混凝土遭受溶蚀作用,碱性降低,断面遇到酚酞指示剂后不再显色。因此,利用酚酞指示剂可以粗略确定 Ca^{2+} 溶出前锋线位置(分界线位置),但无法排除实际混凝土结构遭受碳化的影响。

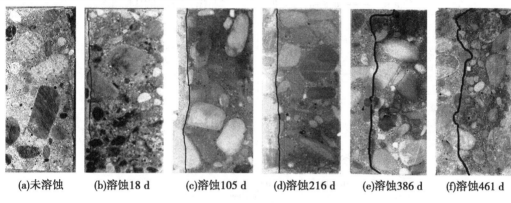

|(a)未溶蚀|(b)溶蚀18 d|(c)溶蚀105 d|(d)溶蚀216 d|(e)溶蚀386 d|(f)溶蚀461 d|

图 4-37　混凝土断面碱性分布情况

应用电子探针仪沿着试件切割面(缝面)的法向方向(溶蚀发展方向)从切割面开始进行元素线扫描,分析钙元素衍射峰强弱(反映钙的相对含量的高低)沿溶蚀发展方向的变化。可得 6 组试件的缝面溶蚀深度分别为 0 mm、4.2 mm、10.5 mm、14.0 mm、21.3 mm 和 25.3 mm。

4.3.4　混凝土微观结构变化

选取缝面溶蚀深度为 10.5 mm 的混凝土试件,沿溶蚀发展方向将试件分为三个区域,溶蚀区(0~5 mm)、过渡区(6~11 mm)和未溶蚀区(12~18 mm),测试三个区域内水泥砂浆的微观孔结构变化和形貌变化。

微观孔结构测试结果如表 4-23、图 4-38、图 4-39 所示。由测试结果可知,溶蚀区、过渡区和非溶蚀区水泥浆体的孔隙率分别为 24.25%、22.01% 和 19.37%,孔体积分别为0.098 9 ml/g、0.079 6 mL/g 和 0.057 2 mL/g,平均孔径分别为 27.1 nm、27.3 nm 和 28.6 nm;与非溶蚀区相比,溶蚀区和过渡区浆体的孔隙率、孔体积、各级孔隙的含量均明显增大,平均孔径略有减小。分析认为,在溶蚀过程中,水泥石中部分水化产物溶解并被带走,产生一些新的孔隙(微孔),随着溶蚀持续进行,小孔孔径逐渐增大成为大孔,因此溶蚀使水泥浆体孔隙率增大,各级孔隙的含量均明显增大,而平均孔径略有降低。

表 4-23　砂浆孔结构测试结果

区域	距缝面距离(nm)	孔隙率(%)	孔体积(mL/g)	平均孔径(nm)	各级孔体积(mL/g)			
					3~20 nm	20~50 nm	50~200 nm	200~10^5 nm
溶蚀区	0~5	24.25	0.098 9	27.1	0.030 6	0.015 7	0.027 6	0.025 0
过渡区	6~11	22.01	0.079 6	27.3	0.025 7	0.016 0	0.016 4	0.021 5
未溶蚀区	12~18	19.37	0.057 2	28.6	0.019 5	0.013 7	0.005 1	0.018 9

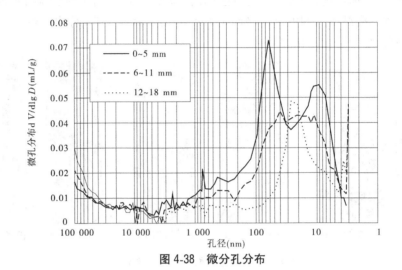

图 4-38　微分孔分布

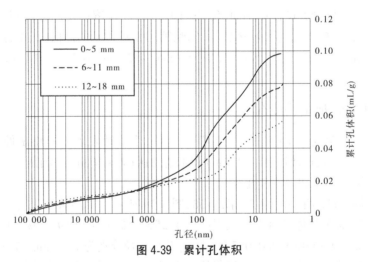

图 4-39　累计孔体积

　　水泥砂浆的断面形貌如图 4-40 所示。对比图 4-40(a)、(b)可知,遭受溶蚀作用,砂浆断面密实度降低;对比图 4-40(c)、(d)可知,遭受溶蚀作用,砂浆断面出现细小的 $Ca(OH)_2$ 晶体,分析认为,在 NH_4NO_3 溶蚀作用下,混凝土孔溶液中的 $Ca(OH)_2$ 处于过饱和状态,样品在低温烘干处理时,$Ca(OH)_2$ 重新结晶;对比图 4-40(e)、(f)可知,水泥石中连接成片的 C-S-H 凝胶的密实度降低,孔隙增多。

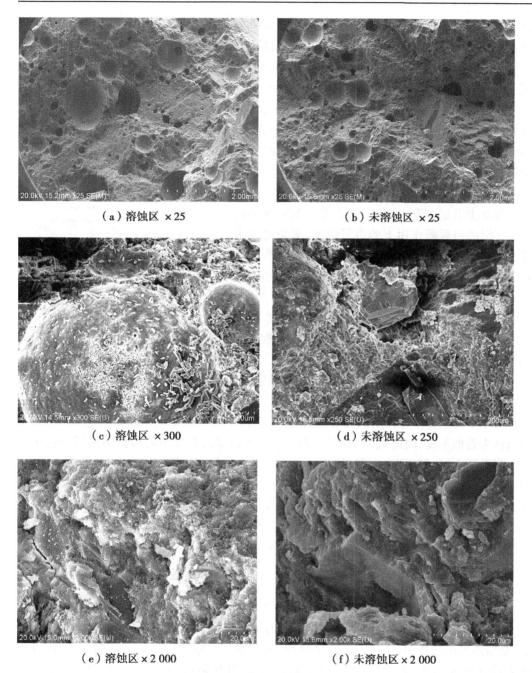

(a) 溶蚀区 ×25　　　　　　　　　　(b) 未溶蚀区 ×25

(c) 溶蚀区 ×300　　　　　　　　　　(d) 未溶蚀区 ×250

(e) 溶蚀区 ×2 000　　　　　　　　　(f) 未溶蚀区 ×2 000

图 4-40　溶蚀作用下砂浆形貌

4.3.5　混凝土抗剪强度衰减规律

针对溶蚀作用下混凝土性能衰减规律,国内外学者进行了一些研究。苏联学者 B.M.莫斯克文总结早期研究资料认为,混凝土中 CaO 溶出 10%后(按原始水泥用量计算),混凝土的强度迅速下降,而且水泥石在混凝土中的状态也不再稳定,因此允许从混凝土中带走的 CaO 不能大于 10%。法国的 Christophe Carde 等采用 NH_4NO_3 溶液加速溶蚀方法,研究了 $Ca(OH)_2$ 以及 C-S-H 的溶出特性,并建立了溶蚀作用下水泥砂浆强度损失和孔隙率增加的模型。李金玉等研究表明,混凝土中 CaO 溶出 6%、16% 和 25% 时,混凝土抗压强度分别下降 11.5%、25% 和 35.8%,并且抗拉强度的降低速度要比抗压强度大。陈改新等研究表明,遭溶蚀作用的混凝土,各性能之间的关系会发生变化,弹性模量降低,混凝土趋于变脆。杨虎等引用 Lebellego 的研究成果指出,溶蚀程度为 48%、59% 和 74% 的砂浆试件,其刚度损失分别为 25%、36% 和 53%。总结可见,以往研究均未涉及碾压混凝土层(缝)间渗漏溶蚀机制及层(缝)间抗剪强度衰减规律等内容。

4.3.5.1 衰减模型

混凝土沿层(缝)面抗剪强度属于不规则结构面在一定法向荷载作用下的抗剪强度,剪切过程中既有爬坡作用也有削齿作用,类似于岩石沿节理面的抗剪强度(见图 4-41)。根据 1977 年巴尔顿(N, Barton)提出的节理峰值抗剪强度 τ 的方程可知,节理面的抗剪强度主要取决于节理粗糙度系数(JRC)、节理壁的抗压强度(JCS)和基本内摩擦角 φ_b(相当于节理面的残余内摩察角)。由此可见,混凝土沿层(缝)面抗剪强度主要由层(缝)面粗糙度、基本内摩擦角和齿面的抗压强度决定。

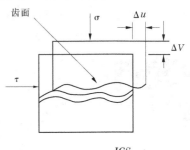

$$\tau = \delta_n \tan\left[JRC \lg \frac{JCS}{\delta_n} + \varphi_b \right]$$

图 4-41 岩石节理面抗剪

对于不断遭受溶蚀作用的混凝土层(缝)面,由于层(缝)面的粗糙度和基本内摩擦角可以认为近似不变,因此混凝土沿层(缝)面抗剪强度的差异主要由齿面抗压强度所决定。当混凝土层(缝)间发生渗漏溶蚀,层(缝)两侧混凝土的微观结构变差,孔隙率增大,齿面抗压强度下降,进而引起混凝土沿层(缝)抗剪强度下降。随着缝面溶蚀深度的增加,抗剪强度持续下降,当缝面溶蚀深度增大至超出剪切荷载作用的约束区后抗剪强度将不再随溶蚀深度的增加而变化。因此,层(缝)间渗漏溶蚀作用下混凝土沿层(缝)面抗剪强度的衰减规律应符合冷却定律,见式(4-14)、式(4-15)。

微分形式:
$$\frac{dT}{dt} = -K(T - \theta) \tag{4-14}$$

积分形式:
$$T(t) = \theta + (T_f - \theta)e^{-Kt} \tag{4-15}$$

为了研究混凝土沿层(缝)面抗剪强度的衰减程度,在此引入抗剪强度相对值的概念,是指遭受溶蚀作用后混凝土沿层(缝)面抗剪强度与溶蚀前抗剪强度的比值,用百分比表示,相对值越小,表明混凝土性能衰减越严重,具体包括:抗剪强度相对值、摩擦系数相对值和黏聚力相对值。混凝土沿层(缝)面摩擦特性参数衰减模型如式(4-16)所示。

$$P = A + (100 - A)e^{-kd_L} \tag{4-16}$$

式中:P 为抗剪强度相对值、摩擦系数相对值、黏聚力相对值(%);d_L 为缝面溶蚀深度,mm;A、k 为常数。

4.3.5.2 验证试验

针对 4.3.3.3 节所述层面遭受溶蚀的混凝土试件,利用混凝土直剪仪测试混凝土试件沿缝面的抗剪强度,每组包括 8 块试件,分四个法向应力,分别是 1.5 MPa、3.0 MPa、4.5 MPa 和 6.0 MPa。图 4-42 是遭受不同溶蚀程度的混凝土试件在各级法向荷载作用下的沿缝面抗剪强度 $\tau_{摩}$。由图 4-42 可知,混凝土沿缝面抗剪强度 $\tau_{摩}$ 随着法向应力 σ 的提高而增大,摩擦特性符合库仑方程,$\tau = f\sigma + c$。

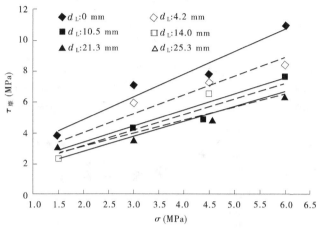

图 4-42 抗剪强度与法向应力的关系

根据库仑方程拟合混凝土沿缝面的摩擦系数 f'_m、黏聚力 c'_m 和抗剪强度 τ_m($\sigma = 6.0$ MPa),结果列于表 4-24。由表 4-24 可知,混凝土沿缝面的摩擦特性参数(f'_m、c'_m、τ_m)随着缝面溶蚀深度 d_L 的增加均在下降,当 $d_L > 14.0$ mm 后,抗剪强度基本趋于稳定。

表 4-24 混凝土剪切试验结果

序号	缝面溶蚀深度 d_L(mm)	拟合库仑方程	R^2	摩擦系数 f'_m	黏聚力 c'_m(MPa)	抗剪强度 τ_m(MPa)
1	0	$\tau_m = 1.465\sigma + 1.92$	0.950 8	1.465	1.92	10.71
2	4.2	$\tau_m = 1.203\sigma + 1.61$	0.929 2	1.203	1.61	8.83
3	10.5	$\tau_m = 1.012\sigma + 1.42$	0.990 1	1.012	1.42	7.49
4	14.0	$\tau_m = 0.992\sigma + 1.23$	0.903 1	0.992	1.23	7.18
5	21.3	$\tau_m = 0.823\sigma + 1.58$	0.938 9	0.823	1.58	6.52
6	25.3	$\tau_m = 0.978\sigma + 1.21$	0.962 9	0.978	1.21	7.08

注:计算抗剪强度 $\tau_{摩}$ 时,法向应力 $\sigma = 6.0$ MPa。

根据表 4-24 所列试验数据,计算混凝土沿层(缝)面的摩擦系数相对值、黏聚力相对值和抗剪强度相对值(σ 取值从 1.0 MPa 至 6.0 MPa),对式(4-16)所示衰减模型进行验证,结果如图 4-43、式(4-17)~式(4-19)所示。

$$P_f(d_L) = 60.97 + (100 - 60.97)\,e^{-0.147\,3d_L} \qquad R^2 = 0.926\,8 \qquad (4\text{-}17)$$

$$P_c(d_L) = 69.63 + (100 - 69.63)\,e^{-0.204\,9d_L} \qquad R^2 = 0.675\,3 \qquad (4\text{-}18)$$

$$P_\tau(d_L) = 64.39 + (100 - 64.39)\,e^{-0.165\,0d_L} \qquad R^2 = 0.917\,1 \qquad (4\text{-}19)$$

验证结果表明,混凝土沿层(缝)面摩擦特性参数与缝面溶蚀深度具有较好的相关

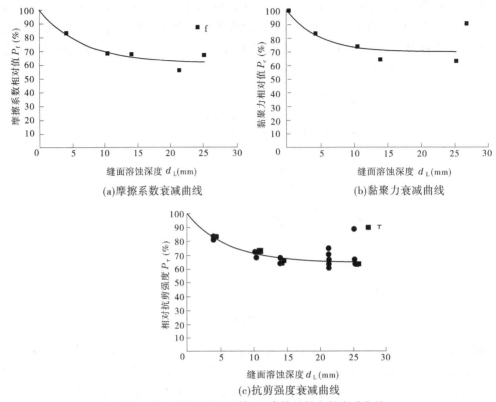

图 4-43　混凝土沿层(缝)面摩擦特性参数衰减曲线

性,拟合方程的 R^2 为 0.675 3~0.926 8,衰减模型能够反映溶蚀作用下混凝土沿层(缝)面摩擦特性的变化规律。因此认为,溶蚀作用下混凝土沿层(缝)面的摩擦系数、黏聚力、抗剪强度衰减过程符合牛顿冷却定律,随着缝面溶蚀深度的增加摩擦特性参数不断下降,下降速率逐渐降低,最终趋于某一稳定值。对于试验混凝土,沿层(缝)面摩擦系数最终衰减至初始值的 61%,抗剪强度衰减至初始值的 64%。

4.3.6　大坝混凝土层面(缝)渗漏溶蚀特性

总结目前国内外碾压混凝土层面结合质量的控制技术,混凝土溶蚀的研究成果,大坝混凝土层面(缝隙)渗漏溶蚀具有以下特性:

(1)根据国内碾压混凝土筑坝技术经验,合理确定混凝土配合比,选取恰当的层间间歇时间及层面处理措施,依据现行规程规范,严格进行现场质量控制,碾压混凝土的层间结合质量可以满足设计要求,层间具有很好的抗渗性能,不会发生渗漏溶蚀。

(2)国内外一些碾压混凝土坝在蓄水后出现层间渗水,有些还比较严重,分析原因主要有以下几点:①层间间歇时间超出直接铺筑允许时间且层面未进行很好的处理,水压力作用下层间发生渗水;②骨料分离等原因导致混凝土局部胶凝材料含量过低形成大的渗水通道;③仓面上混凝土的 VC 值过大,碾压时底层混凝土翻浆不充分导致层间结合不密实;④其他原因导致碾压混凝土层间出现裂缝。

（3）大坝混凝土层（缝）面发生渗漏，渗水沿缝面流动，在浓度梯度作用下缝面两侧混凝土孔溶液中的 Ca^{2+} 不断向水流扩散，被水带走，随着溶蚀的持续进行，Ca^{2+} 溶出前锋线不断向缝面两侧混凝土的内部延伸，因此缝隙渗漏溶蚀属于接触溶蚀。

（4）混凝土层（缝）面渗漏溶蚀的驱动力是波特兰水泥水化产物的溶解作用，Ca^{2+} 溶出过程遵循 Fick 第二扩散定律，溶蚀速率与混凝土密实度、溶蚀介质与混凝土孔溶液中 Ca^{2+} 的浓度梯度有关。

（5）NH_4NH_3 溶液浸泡法能够有效加速并模拟混凝土缝隙渗漏溶蚀过程，溶蚀程度可以用缝面溶蚀深度直观定量表征，用酚酞指示剂+电子探针线扫描技术准确测定。

（6）大坝混凝土层（缝）间发生渗漏溶蚀，层（缝）两侧浆体微观结构变差，孔隙率增大，混凝土沿层（缝）面的摩擦系数、黏聚力、抗剪强度下降，抗剪强度衰减规律符合牛顿冷却定律，衰减速率随着缝面溶蚀深度的增加逐渐降低。

参考文献

［1］李金玉,曹建国. 水工混凝土耐久性的研究和应用［M］. 北京:中国电力出版社,2004.

［2］邢林生,聂广明. 混凝土坝坝体溶蚀病害及治理［J］. 水力发电,2003(11):60-63.

［3］в.м.莫斯克文,等.混凝土和钢筋混凝土的腐蚀及其防护方法［M］.倪继淼,等译. 北京:化学工业出版社,1988.

［4］方坤河,阮燕,吴玲,等. 混凝土的渗透溶蚀特性研究［J］.水力发电学报,2001(1):31-39 .

［5］阮燕,方坤河,曾力,等. 水工混凝土表面接触溶蚀特性的试验研究［J］. 建筑材料学报,2007,10(5):528-533 .

［6］孔祥芝,纪国晋,刘艳霞,等. 水工混凝土渗透溶蚀试验研究［J］. 中国水利水电科学研究院学报,2012,10(1):63-68 .

［7］Hiroshi Saito, Akira Deguchi. Leaching Tests on Different Mortars Using Accelerated Electrochemical Method［J］. Cement and Concrete Research, 2000, 30(11): 1815-1825.

［8］一种电化学加速混凝土溶蚀试验方法和装置. CN 101393194A［P］. 2009(3).

［9］C Carde, G Escadeillas, et al. Use of ammonium nitrate solution to simulate and accelerate the leaching of cement pastes due to deionized water［J］. Magazine of Concrete Research, 1997, 49(181): 295-301.

［10］Keshu Wan,Lin Li,Wei Sun. Solid-liquid equilibrium curve of calcium in 6 mol/L ammonium nitrate solution ［J］. Cement and concrete research,2013,53(11):44-50.

［11］Christophe Carde, Raoul Franeois. Modeling the loss of strength and porosity increase due to the leaching of cement pastes［J］. Cement and Concrete Composites, 1999, 21(3): 181-188.

［12］F H Heukamp, F.-J. Ulm, et al. Mechanical Properties of Calcium−Leached Cement Pastes Triaxial Stress States and the Influence of the Pore Pressures ［J］. Cement and Concrete Research, 2001, 31(5): 767-774.

［13］Yoon Suk Choi,Eun Ik Yang. Effect of calcium leaching on the pore structure, strength, and chloride penetration resistance in concrete specimens ［J］. Nuclear Engineering and Design. June 2013(6), 259: 126-136

［14］F Adenot, M Buil. Modelling of the corrosion of the cement by deionized water ［J］. Cement and Concrete Research, 1992, 22 (4): 451-457.

[15] 孔祥芝,陈改新. 大坝混凝土渗透溶蚀试验研究[J]. 混凝土,2013(10).

[16] 方坤河,等. 混凝土允许渗透坡降的研究[J]. 水利发电学报,2000(2):8-16.

[17] 方永浩,等. 含裂缝水泥基材料的渗透溶蚀及其自愈[J]. 硅酸盐学报,2008(4):451-456.

[18] 能源部水利部,碾压混凝土筑坝推广领导小组. 碾压混凝土筑坝——设计与施工[M]. 北京:电子工业出版社,1990.

[19] 中国水利水电科学研究院结构材料研究所. 混凝土抗溶蚀技术措施的研究及在三峡大坝工程中的初步应用[A]. 北京,1998 12.

[20] Kazuko Haga, Shunkichi Sutou,et al. Effects of porosity on leaching of Ca from hardened ordinary Portland cement paste[J]. Cement Concrete Research, 2005(35):1764-1775.

[21] 姜福田. 碾压混凝土[M]. 北京:中国铁道出版社, 1991.

[22] De Cea, J. C., Ibáñez de Aldecoa, et al. 30 Years Constructing RCC Dams in Spain. 6th International Symposium on Roller-Compacted Concrete (RCC) Dams Zaragoza, 23-25 October 2012.

[23] Dr Malcolm, R. H. Dunstan. New Developments in RCC Dams. 6th International Symposium on Roller-Compacted Concrete (RCC) Dams Zaragoza, 23-25 October 2012.

[24] Ahmed F. Chraibi. Recent Development in RCC Dams Technology in Morocco. 6th International Symposium on Roller-Compacted Concrete (RCC) Dams Zaragoza, 23-25 October 2012.

[25] 水利水电科学研究院结构材料研究所. 大体积混凝土[M]. 北京:水利电力出版社,1990.

[26] 姜福田. 碾压混凝土坝现场层间允许间隔时间测定方法的研究[J]. 水力发电,2008,34(2):74-77.

[27] 杨华全,任旭华. 碾压混凝土层面结合与渗流[M]. 北京:中国水利水电出版社,2000.

[28] 南京水利科学研究院. 碾压混凝土高坝筑坝技术研究——碾压混凝土材料性能和耐久性研究专题研究报告. "九五"国家重点科技攻关项目(专题编号:96-550-01-03). 2000.

[29] 林长农,金双全,涂传林. 龙滩有层面碾压混凝土的试验研究[J]. 水力发电学报,2001(3):117-129.

[30] 广西龙滩水电站七局八局葛洲坝联营体龙滩水电站碾压混凝土重力坝施工与管理[M]. 北京:中国水利水电出版社,2007.

[31] 中国大坝协会丛书. 中国大坝建设 60 年[M]. 北京:中国水利水电出版社,2013.

[32] Christophe Carde, Raoul Francois, Jean Michel Torrenti. Leaching of both calcium hydroxide and C-S-H from cement paste:Modeling the mechanical behavior [J]. Cement Concrete Research, 1996(8):1257-1268.

[33] Hiroshi Saito, Akira Deguchi, Leaching Tests on Different Mortars Using Accelerated Electrochemical Method[J]. Cement and Concrete Research, 2000(11):1815-1825.

[34] F. H. Heukamp, F. -J. Ulm, el at. Mechanical Properties of Calcium-Leached Cement Pastes Triaxial Stress States and the Influence of the Pore Pressures. Cement and Concrete Research 31 (2001) 767-774.

[35] franz h/ heukamp. Chemo mechanics of Calcium Leaching of Cement-Based Materials at Different Scales:the Role of CH-Dissolution and C-S-H Degradation on Strength and Durability Performance of Materials and Structures. Massachusetts Institute of Technology. Massachusetts Cambridge. Feb. 2003.

[36] F. Adenot, M. Buil. Modelling of the corrosion of the cement by deionized water[J]. Cem. Concr. Res. 1992,22(4):451-457.

[37] Christophe Carde, Raoul Francois. Effect of the leaching of calcium hydroxide from cement paste on mechanical and physical properties[J]. Cement Concrete Research, 1997(4):539-550.

［38］杨虎,蒋林华.基于溶蚀过程的混凝土化学损伤研究综述[J].水利水电科技进展,2008,31(1):83-89.

［39］刘佑荣,唐辉明.岩体力学[M].武汉:中国地质大学出版社,1999.

［40］Frank R. Giordano,等.数学建模[M].叶其孝,姜启源,等译.北京:机械工业出版社,2005.

［41］汪培铭,许乾慰.材料研究方法[M].北京:科学出版社,2006.

第 5 章　大坝混凝土抗冻耐久性研究

5.1　概　述

冻融破坏是混凝土耐久性问题的重要方面,也是混凝土大坝运行过程中产生的主要老化病害之一。在我国,不但东北、华北和西北地区的水工混凝土建筑物绝大多数存在冻融破坏问题,而且在气候比较温和的华东、华中地区及西南地区也普遍存在。混凝土的冻融破坏不仅降低了水利水电工程的经济效益,还会直接威胁到大江大河的防洪安全。

近几年我国针对老混凝土坝开展了安全评估和除险加固工作。常用的混凝土检测和评估地方法多为无损检测,如超声波检测和回弹检测等。但在对检测结果进行分析时发现,检测结果可以表征检测当时混凝土的强度等力学特征,但却无法揭示检测时混凝土的耐久性状态,也无法根据检测结果预测今后混凝土的老化进程和使用寿命等。而这些问题对于水库大坝安全评估的合理性至关重要。因此,我们有必要通过试验研究,探索解决上述问题的方法和途径。

已有的资料表明,冻融循环对混凝土强度的影响较大,尤其是抗折强度受冻融循环的影响要比相对动弹性模量或质量损失大。中国水利水电科学研究院的研究表明,随着冻融循环次数的增加,混凝土内部结构损伤增加,混凝土的强度特性呈下降趋势,其中抗拉强度和抗折强度下降幅度最大,而抗压强度下降趋势较缓。例如,当相对动弹性模量下降至 60% 时,普通混凝土的抗拉强度只余 51.6%,抗折强度余 30.9%,而抗压强度为84.8%。引气混凝土的相对动弹性模量下降至 60% 时,抗拉强度只余 28.6%,抗折强度余35.8%,抗压强度余 49.5%。邹英超等采用含气量为 5.6% 的引气混凝土,测试了冻融循环次数增加过程中混凝土抗压强度和劈裂抗拉强度的变化,从结构角度建立了冻融循环过程中混凝土的应力—应变方程和相对动弹性模量损失率与劈裂抗拉性能之间的关系,但并未测定混凝土的其他力学性能随相对动弹性模量的变化。

国外一些学者也对冻融循环过程中混凝土力学性能的变化做过相应的研究。例如,Zhifu Zhang 研究了冻融作用对混凝土微结构和力学性能的影响。结果表明,冻融主要引起混凝土中砂浆的开裂和砂浆-骨料界面的开裂,当混凝土的相对动弹性模量低 70% 时,冻融会引起砂浆中形成互相连接的裂缝网。B. B. Sabir 对掺加硅粉、含气量为 3.5% ~6.5% 的混凝土进行冻融试验,结果表明,经 210 次冻融循环后混凝土的抗压强度和劈裂抗拉强度下降 10%~20%。日本 Hokkaido 大学 UEDA Tamon 的研究表明,随着冻融循环次数的增加,混凝土会产生残余的拉伸应变。

分析上述研究成果可以看出,这些研究只给出了相对动弹性模量下降至某一点时,混凝土某一或某些力学性能的测试结果,并未给出相对动弹性模量由 100% 下降至 60% 过程中混凝土力学性能的衰减规律,且力学性能的测试也不全面。根据这些研究结果,无法对混凝土结构的老化状态和耐久使用年限给出评价。因此,有待进一步的研究和分析。

本章通过大坝混凝土抗冻耐久性专项研究,旨在得出高频振捣对混凝土的含气量、气泡参数和抗冻性的影响;揭示冻融循环作用下混凝土抗压、劈拉、抗弯和轴拉强度在不同损伤点的力学性能及其衰减规律;基于损伤力学理论建立冻融循环作用下损伤量与混凝土力学性能相对值之间的关系;最终确立引气和非引气大坝混凝土在冻融作用下的性能衰减模型。

5.2　高频振捣对大坝混凝土抗冻性能的影响

目前大坝混凝土在进行抗冻耐久性设计和施工质量控制时均采用湿筛混凝土,以湿筛混凝土标准试件的抗冻等级表示全级配混凝土的抗冻性。但某些引气混凝土在试验阶段是满足抗冻性要求的,在取芯时却发现不能达到设计的抗冻等级。引起这一差异的原因是多方面的。原因之一是现场混凝土浇筑采用高频振捣,而试验室混凝土成型采用低频率的振动台振捣。为了分析高频振捣对混凝土抗冻性的影响,更好地理解混凝土冻融破坏机制,本节研究高频振捣对混凝土含气量、气泡参数和抗冻性能的影响。

5.2.1　原材料与配合比

试验选用 42.5 中热硅酸盐水泥、Ⅱ级粉煤灰、萘系高效减水剂和 1#、2#、3# 和 4# 共四种引气剂,分别配制水胶比为 0.40、0.45 和 0.55 的二级配混凝土进行试验,配合比如表 5-1 所示。水胶比不同,不同引气剂的掺量也不同,根据要求的含量调整引气剂掺量,将出机含气量控制在 4.5%~6.0%。采用频率为 12 000 次/min、电动棒直径为 50 mm、振幅为 1.1 mm 的插入式高频振捣棒进行高频振捣,高频振捣时间采用 15 s、30 s、45 s、60 s 和 90 s 共 6 个不同的值。基准混凝土为未经高频振捣的混凝土,该组混凝土采用振动台振动成型,其高频振捣时间记为 0 s。

表 5-1　混凝土配合比

水胶比	砂率(%)	粉煤灰掺量(%)	减水剂掺量(%)	引气剂掺量(1/万)	材料用量(kg/m³)						
					水	水泥	粉煤灰	砂	小石	中石	减水剂
0.40	34	30	0.70	1.3~1.8	113	197.8	84.8	691.0	670.7	670.7	1.978
0.45	35	30	0.60	1.0~1.6	113	175.8	75.3	721.3	669.8	669.8	1.507
0.55	37	30	0.55	0.8~1.5	114	145.1	62.2	776.2	660.8	660.8	1.140

5.2.2　高频振捣对混凝土含气量的影响

水胶比为 0.40、0.45 和 0.55 时,分别采用 1#~4# 引气剂、2#~3# 引气剂、1#~3# 引气剂进行高频振捣后的含气量损失试验,结果如表 5-2 所示。

表 5-2　高频振捣前后混凝土的含气量　　　　　　　（%）

高频振捣时间(s)	W/C=0.40 引气剂混凝土含气量				W/C=0.45 引气剂混凝土含气量		W/C=0.55 引气剂混凝土含气量		
	1#	2#	3#	4#	2#	3#	1#	2#	3#
0	4.2/—	4.7/—	4.9/—	5.2/—	5.7/—	4.6/—	4.7/—	4.8/—	4.5/—
15	5.6/3.6	5.2/3.1	4.9/4.1	5.2/3.4	4.8/2.8	4.6/3.5	5.5/3.6	5.5/3.0	5.7/3.6
30	5.2/2.8	5.2/3.0	4.9/3.9	5.6/3.2	5.2/2.9	6.0/3.5	5.5/3.4	4.9/2.9	5.7/3.3
45	5.6/3.0	4.5/2.8	5.3/2.9	5.4/2.9	5.3/3.6	5.8/3.5	5.0/2.9	5.9/2.9	5.4/3.4
60	4.8/3.0	5.4/3.1	4.9/2.8	5.4/2.8	4.8/2.6	5.7/3.4	6.0/3.5	4.9/2.6	6.0/3.3
90	5.6/2.7	5.5/2.6	4.6/2.8	4.8/2.6	6.1/2.6	5.7/2.9	6.0/2.9	5.9/2.5	6.0/2.7

高频振捣时间(s)	W/C=0.40 引气剂混凝土含气量损失率				W/C=0.45 引气剂混凝土含气量损失率		W/C=0.55 引气剂混凝土含气量损失率		
	1#	2#	3#	4#	2#	3#	1#	2#	3#
0	4.2/—	4.7/—	4.9/—	5.2/—	5.7/—	4.6/—	4.7/—	4.8/—	4.5/—
15	35.7	40.4	16.3	34.6	41.7	23.9	34.5	45.5	36.8
30	46.2	42.3	20.4	42.9	44.2	41.7	38.2	40.8	42.1
45	46.4	37.8	45.3	46.3	32.1	39.7	42.0	50.8	37.0
60	37.5	42.6	42.9	48.1	45.8	40.4	41.7	46.9	45.0
90	51.8	52.7	39.1	45.8	57.4	49.1	51.7	57.6	55.0

注：表中斜线两侧数据分别表示混凝土按标准方法测得的含气量和经高频振捣器振捣相应时间后测得的含气量。

由表 5-2 可以看出，对于初始含气量基本相同的混凝土，其含气量损失率总体上随着高频振捣时间的延长而增加。同时，表 5-2 中数据表明，水胶比不同时，对于初始含气量基本相同的引气剂混凝土，其含气量损失率总体上随着水胶比的增加而增加。水胶比为0.55 时，三种引气剂混凝土在经历 90 s 高频振捣后的含气量损失率都达到了 50%~60%。这是由于水胶比增加，混凝土的黏性下降，使得气泡在振捣时更易从混凝土内部逸出。

5.2.3　高频振捣对硬化混凝土气泡参数的影响

采用 3# 引气剂配制的混凝土，研究高频振捣对水胶比分别为 0.40、0.45 和 0.55 的混凝土气泡参数的影响。气泡参数测试结果如图 5-1~图 5-3 所示。

由图 5-1 和图 5-2 可以看出，引气剂混凝土的气泡间距系数和气泡平均半径均随着高频振捣时间的延长而增大；高频振捣时间相同时，水胶比越大，气泡间距系数和气泡平均半径越大。相反地，由图 5-3 可以看出，1 cm³ 混凝土中所含的气泡个数随高频振捣时间延长和水胶比的增加而下降。

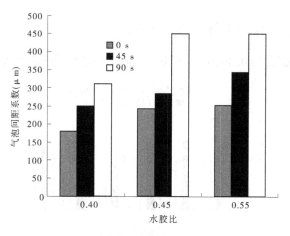

图 5-1　高频振捣时间对混凝土气泡间距系数的影响

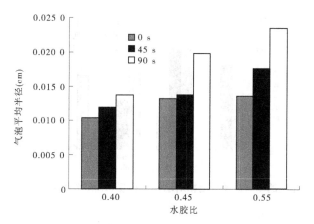

图 5-2　高频振捣对混凝土气泡平均半径的影响

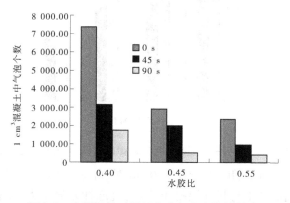

图 5-3　高频振捣对混凝土中气泡个数的影响

5.2.4　高频振捣对混凝土抗冻性的影响

高频振捣对水胶比为 0.40、0.45 和 0.55 混凝土抗冻性的影响如图 5-4~图 5-7 所示。

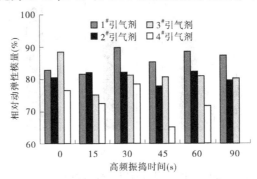

图 5-4　经高频振捣的 1#~4# 引水剂混凝土相对动弹性模量(水胶比 0.40,经 300 次冻融循环)

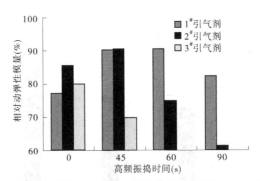

图 5-5　经高频振捣的 1#~3# 混凝土相对动弹性模量(水胶比 0.45,经 300 次冻融循环)

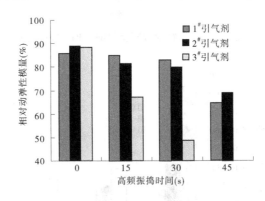

图 5-6　经高频振捣的 1#~3# 引气剂混凝土相对动弹性模量(水胶比 0.55,经 150 次冻融循环)

由图 5-4~图 5-7 可以看出,水胶比为 0.40 时,除了 4# 引气剂混凝土外,经高频振捣的 1#、2# 和 3# 引气剂混凝土与基准混凝土相比,抗冻性差异不大,变化规律也不明显;水胶比 0.45 时,高频振捣时间达 60 s 和 90 s 时混凝土的抗冻性明显下降;与水胶比 0.40 和 0.45 的混凝土相比,水胶比 0.55 的混凝土的抗冻性受高频振捣的影响更大、更明显,且在高频振捣时间大于 30 s 时,抗冻性表现出显著下降的趋势。

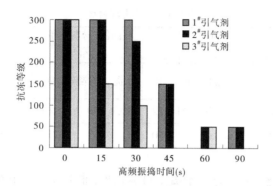

图 5-7　掺加 1#~3# 引气剂混凝土经高频振捣后的抗冻等级(水胶比 0.55)

研究表明,在水胶比大于 0.45、振捣时间大于 45 s 时,高频振捣对混凝土的抗冻性有明显的不利影响。高频振捣会引起混凝土含气量的下降和气泡间距系数的增加,从而引起混凝土抗冻性能下降。因此,在大坝混凝土浇筑施工时应严格控制高频振捣时间,避免过振。

5.3　冻融作用下大坝混凝土性能衰减规律

5.3.1　原材料与配合比

水泥:42.5 中热硅酸盐水泥,密度为 3.23 g/cm³,化学成分如表 5-3 所示。

表 5-3　水泥和粉煤灰的化学成分　　　　　　　　　　(%)

化学成分	SiO_2	Al_2O_3	Fe_2O_3	CaO	MgO	K_2O	Na_2O	SO_3	烧失量
水泥	21.42	3.51	5.32	60.55	4.76	0.39	0.10	2.28	0.64
粉煤灰	59.06	23.47	9.17	2.82	1.42	0.90	0.13	0.10	1.49

粉煤灰:Ⅰ级粉煤灰,密度为 2.39 g/cm³,化学成分如表 5-3 所示。

细骨料:采用天然砂,密度为 2.634 g/cm³,细度模数为 2.97,饱和面干吸水率为 1.4%。

粗骨料:二级配人工碎石骨料,骨料粒径为小石 5~20 mm、中石 20~40 mm,密度分别为 2.938 g/cm³ 和 2.947 g/cm³,饱和面干吸水率分别为 0.37% 和 0.22%。

外加剂:萘系高效减水剂和松香类引气剂。

引气剂混凝土配合比如表 5-4 所示。

非引气混凝土细骨料采用人工砂,密度 2.60 g/cm³,细度模数为 2.77,饱和面干吸水率为 1.0%,石粉含量 13.9%。粗骨料为二级配人工碎石骨料,骨料粒径为小石 5~20 mm、中石 20~40 mm,密度分别为 2.61 g/cm³ 和 2.62 g/cm³,饱和面干吸水率分别为 0.65% 和 0.40%。

表 5-4　混凝土配合比

混凝土类型	水胶比	粉煤灰掺量（%）	砂率（%）	外加剂掺量（%）		混凝土材料用量（kg/m³）					备注
				减水剂	引气剂	水	水泥	粉煤灰	砂	石	
引气	0.45	15	36	0.60	0.010	122	230.4	40.7	745	1 322	含气量(5.0±0.5)%
非引气	0.45	0	36	0.60		140	311.1		719	1 275	

为避免粉煤灰水化作用引起的混凝土自愈现象,非引气混凝土在配制时未掺加粉煤灰,配合比如表 5-4 所示。

5.3.2　试验设计

首先成型含气量为(5.0±0.5)%的混凝土进行冻融试验。图 5-8、图 5-9 为水胶比0.45、含气量(5.0±0.5)%混凝土冻融前进行包覆处理、装入锡箔纸袋后加水以保证试件饱水以及放入冻融试验机进行冻融试验的照片。

图 5-8　包覆处理、装入锡箔纸袋的混凝土试件

图 5-9　正在进行中的混凝土冻融试验

本研究采用共振法测试混凝土的动弹性模量。试验方法参照《水工混凝土试验规程》(SL 352)进行。

在混凝土冻融试验过程中发现,含气量为 5.0%和 3.5%左右的混凝土均具有良好的抗冻性能,在经 400 次冻融循环后相对动弹性模量均显著大于 60%。为了得到相对动弹性模量由 100%降至 50%过程中混凝土力学性能的变化规律,同时成型非引气混凝土进行冻融试验。

5.3.3　混凝土宏观性能变化

冻融循环过程中,根据相对动弹性模量的下降程度,将达到一定的冻融循环次数的试件从冻融机中取出,同时将同龄期、标准养护的相应试件取出,进行力学性能测试。引气剂混凝土分别在 0 次、200 次、250 次、300 次、350 次和 450 次冻融循环时进行力学性能测试,测试结果如表 5-5 所示;非引气混凝土在冻融循环次数为 0 次、33 次、56 次、80 次、90次和 98 次时的相对动弹性模量分别为 100%、89.7%、76.4%、64.0%、56.1%和 44.4%,在以上 6 个冻融损伤程度进行力学性能测试,测试结果如表 5-6 所示。

表 5-5　冻融循环过程中含气量(5.0±0.5)%混凝土的力学性能

混凝土性能	冻融次数	0	200	250	300	350	450
抗压强度 (MPa)	未受冻	42.6	47.8	48.2	49.9	50.2	50.9
	冻后	42.6	42.1	40.2	41.4	39.0	38.8
劈裂抗拉强度 (MPa)	未受冻	2.93	3.26	3.40	3.53	3.54	3.48
	冻后	2.93	2.65	2.71	2.55	2.49	2.45
抗弯强度 (MPa)	未受冻	5.63	5.51	5.52	5.61	5.75	5.72
	冻后	5.63	4.72	4.12	4.02	4.04	3.93
轴拉强度 (MPa)	未受冻	2.82	2.82	2.88	2.88	2.94	3.02
	冻后	2.82	2.47	2.22	2.11	2.09	2.09
压缩弹性模量 (GPa)	未受冻	39.9	43.9	43.9	43.1	44.5	43.2
	冻后	39.9	39.4	37.7	37.3	36.6	35.0

表 5-6　冻融循环过程中非引气混凝土的力学性能

混凝土性能	循环次数	0	33	56	80	90	98
抗压强度 (MPa)	未受冻	62.6	65.8	67.8	68.6	68.6	71.3
	冻后	62.6	60.2	57.8	55.8	48.9	45.7
劈裂抗拉强度 (MPa)	未受冻	3.53	3.68	3.73	3.77	3.74	3.81
	冻后	3.53	3.17	2.80	1.68	1.60	1.26
抗弯强度 (MPa)	未受冻	5.87	5.91	5.94	6.00	6.02	6.02
	冻后	5.87	4.52	4.03	2.91	2.05	1.63
轴拉强度 (MPa)	未受冻	3.06	3.15	3.29	3.38	3.48	3.51
	冻后	3.06	2.75	2.45	1.39	1.13	1.06
压缩弹性模量 (GPa)	未受冻	29.5	30.4	31.6	32.4	32.6	33.8
	冻后	29.5	28.3	23.1	20.9	18.1	16.5

5.3.3.1　动弹性模量

混凝土的动弹性模量是一个重要的材料常数,是材料本身固有的性质。动弹性模量的变化可以表征混凝土在各种因素作用下内部结构的变化和损伤。

冻融循环过程中引气剂混凝土的动弹性模量值和相对动弹性模量随冻融循环次数的变化如图 5-10 所示。由图 5-10 可以看出,引气混凝土的初始动弹性模量为 48.0 GPa。随着冻融循环次数的增加,混凝土的动弹性模量和相对动弹性模量逐渐下降。冻融循环次数小于 200 次时,混凝土的相对动弹性模量均在 98%以上,下降缓慢。混凝土经 375 次冻融循环后,其动弹性模量为 44.1 GPa,相对动弹性模量仍达 90% 以上,具有良好的抗冻性。

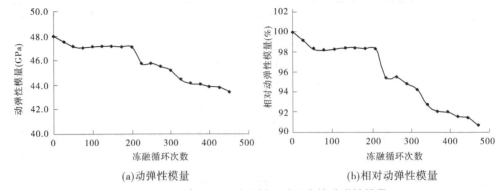

(a)动弹性模量　　　　　　　　　　　　(b)相对动弹性模量

图 5-10　引气混凝土冻融循环过程中的动弹性模量

冻融循环过程中非引气混凝土的动弹性模量和相对动弹性模量随冻融循环次数的变化如图 5-11 所示。因未掺加引气剂,混凝土相对动弹性模量下降较快,因此测试频率增加,每隔 3~5 个冻融循环测试一次动弹性模量。

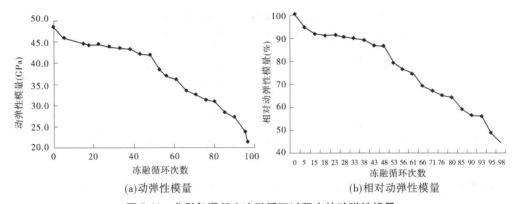

(a)动弹性模量　　　　　　　　　　　　(b)相对动弹性模量

图 5-11　非引气混凝土冻融循环过程中的动弹性模量

由图 5-11 可以看出,非引气混凝土的动弹性模量和相对动弹性模量在前 40 次冻融循环内缓慢下降。当冻融循环次数大于 40 次时,开始迅速下降。经 98 次冻融循环后,动弹性模量由最初的 48.4 GPa 下降至 21.5 GPa,相对动弹性模量下降至 44.4%。与引气混凝土的动弹性模量试验对比可以看出,非引气时混凝土的抗冻性远远低于引气混凝土的抗冻性。

5.3.3.2　超声波波速

为了全面、有效地分析冻融循环过程中混凝土性能的变化,研究中除了测试受冻混凝土的动弹性模量、力学性能和变形性能等外,还采用超声法,通过检测超声波在混凝土中传播速度的变化,来评价混凝土受冻损伤程度,以期与其他测试方法互相验证和评价。

试验采用的检测设备为 CTS-25 型非金属超声波检测仪和附加示波单元,另以数字存储示波器来显示波形和测量声时。在尺寸为 100 mm×100 mm×400 mm 的试件侧面上,每隔 10 mm 设置一个测试点,共设置 3 个测试点。另外,在棱柱体试件的两个端面,设置两个对测点。冻融试验后的试件表面剥落凹凸不平,则涂抹黄油作耦合剂后进行试验。

　　在相对动弹性模量由 100% 下降至 90% 过程中,测试不同冻融循环次数后受冻引气混凝土的超声波波速。测试在试件从冻融试验机中取出后即进行,因此测试时试件为潮湿、饱水状态。结果如图 5-12 所示。

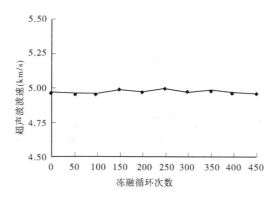

图 5-12　通过受冻引气混凝土的超声波波速变化

　　由图 5-12 可以看出,通过受冻引气剂混凝土的超声波波速在冻融循环过程中没有明显的变化规律。这可能与测试时试件的饱水状态和含水量有关:超声波传播速度随孔隙水被填满而逐渐增高,混凝土的含水率增高 4%,传播速度相应增大 6%。相对动弹性模量由 100% 下降至 90% 过程中,随着冻融循环次数的增加,混凝土的饱水程度和含水量也不断增加,混凝土内部冻融损伤引起的波速下降被混凝土饱水程度和含水量增加引起的波速增加所掩盖。

　　随着冻融循环次数的增加,混凝土中缺陷和微裂缝增多,因此混凝土的含水率也不断增加。为了消除水分对超声波波速的影响,非引气混凝土试件的试验是在试件放置一定时间待其微裂缝中的水分干燥后进行,其他试验条件均与引起混凝土试件的试验条件相同。不同冻融循环次数后通过混凝土的超声波波速的变化如图 5-13 所示。

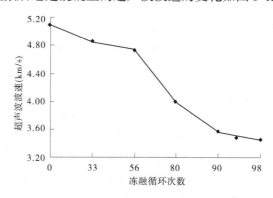

图 5-13　受冻非引气混凝土的超声波波速变化

　　由图 5-13 可以看出,受冻非引气混凝土的超声波波速在相对动弹性模量由 100% 降至 44.4% 的过程中快速下降,由 5.09 km/s 左右下降至 3.46 km/s 左右,为混凝土初始波速的 68.0%。这说明随着冻融循环次数的增加,混凝土中的微裂缝等缺陷越来越多,受冻损伤程度越来越严重。

固体材料的动弹性模量 E 与其纵波速度 v 之间的关系可由式(5-1)表示:

$$v = \sqrt{\frac{E}{\rho}\frac{1-\gamma}{(1+\gamma)(1-2\gamma)}} \tag{5-1}$$

式中:ρ 为固体材料的密度;γ 为固体材料的泊松比。

因此,根据超声波波速,其相对动弹性模量可按下式计算:

$$P = \frac{v_n^2}{v_0^2} \times 100\% \tag{5-2}$$

根据式(5-1)和式(5-2),可以通过超声波波速的变化得出:受冻混凝土经 98 次冻融循环后,相对动弹性模量约为 46.2%。这与 98 次冻融循环时实测的相对动弹性模量值 44.4%非常接近。

5.3.3.3 抗压强度

将经过冻融循环的混凝土试件的抗压强度分别与试件入箱前测试的抗压强度、同龄期标准养护试件的抗压强度进行比较,引气混凝土结果如图 5-14 所示,非引气混凝土结果如图 5-15 所示。

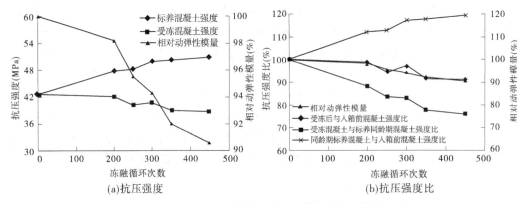

图 5-14　引气混凝土在冻融循环与标准养护统计下的抗压强度

由图 5-14 可以看出,随着冻融循环次数的增加,受冻引气混凝土的相对动弹性模量逐渐下降,表明混凝土内部的损伤逐渐增加。在此过程中,同龄期标养混凝土的抗压强度不断增加,由受冻混凝土入箱检测时(冻融循环次数为 0 时,标准养护龄期 90 d)的 42.6 MPa 增加到 50.9 MPa(标准养护龄期 300 d),增长幅度约 19.5%。而受冻混凝土的抗压强度随着冻融循环次数的增加缓慢下降,由冻融循环次数为 0 时的 42.6 MPa 下降至 450 次冻融循环时的 38.8 MPa,与冻融循环为 0 次时的抗压强度和 450 次冻融循环时标养混凝土的抗压强度相比,下降幅度分别为 8.9%和 23.8%。

由图 5-15 可以看出,随着冻融循环次数的增加,受冻非引气混凝土的相对动弹性模量下降,表明混凝土内部的损伤不断增加。在此过程中,同龄期标养混凝土的抗压强度不断增加,由受冻混凝土入箱检测时(冻融循环次数为 0 时,标准养护龄期 28 d)的 62.6

MPa 增加到 71.3 MPa(标准养护龄期 96 d),增长幅度约 13.9%。而受冻混凝土的抗压强度随着冻融循环次数的增加下降,由冻融循环次数为 0 时的 62.6 MPa 下降至 98 次冻融循环时的 45.7 MPa,与冻融循环为 0 次时的抗压强度和 98 次冻融循环时标养混凝土的抗压强度相比,下降幅度分别为 27.0% 和 35.9%。

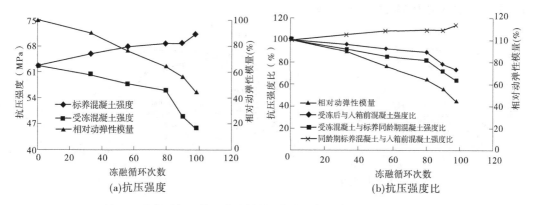

图 5-15　非引气混凝土在冻融循环与标准养护情况下的抗压强度

5.3.3.4　抗拉强度

将经过冻融循环的混凝土试件的抗拉强度(劈裂抗拉强度、轴向抗拉强度)、抗弯强度分别与试件入箱前测试结果、同龄期标准养护试件的测试结果进行比较,结果如图 5-16~图 5-21 所示。

1. 劈裂抗拉强度

由图 5-16 可以看出,随着冻融循环次数的增加和相对动弹性模量的下降,受冻引气混凝土的劈裂抗拉强度由冻融循环次数为 0 时的 2.93 MPa 下降至 450 次冻融循环时的 2.45 MPa;同龄期标养护混凝土的劈裂抗拉强度由入箱检测时的 2.93 MPa 增加至 3.48 MPa(300 d),增长幅度约 18.8%。受冻混凝土的劈裂抗拉强度与冻融循环 0 次和同龄期标养混凝土的劈裂抗拉强度相比,下降幅度分别为 16.4% 和 29.6%。

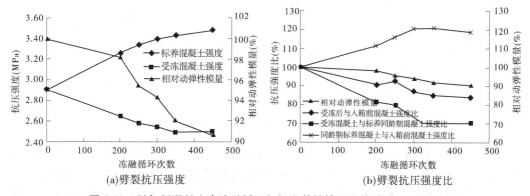

图 5-16　引气剂混凝土在冻融循环与标准养护情况下的劈裂抗拉强度

由图 5-17 可以看出,随着冻融循环次数的不断增加和相对动弹性模量的下降,受冻非引气混凝土的劈裂抗拉强度由入箱检测冻融循环次数为 0 时的 3.53 MPa 下降至 98 次冻融循环时的 1.26 MPa;同龄期标养非引气混凝土的劈裂抗拉强度由入箱检测时的 3.53 MPa(28 d)增长至 98 次冻融循环时的 3.81 MPa(96 d),增长幅度约 7.9%。而受冻非引气混凝土的劈裂抗拉强度由冻融循环次数为 0 时的 3.53 MPa 下降至 98 次冻融循环时的 1.26 MPa,与冻融循环为 0 次时的劈裂抗拉强度和同龄期标养混凝土的劈裂抗拉强度相比,下降幅度分别为 64.3% 和 66.9%。

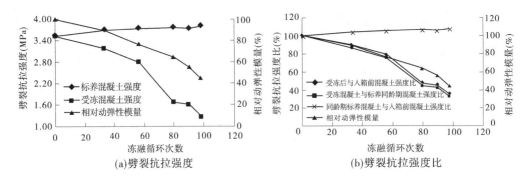

图 5-17　非引气混凝土在冻融循环与标准养护情况下的劈裂抗拉强度

2. 轴向抗拉强度

由图 5-18 可以看出,随着冻融循环次数的增加和相对动弹性模量的下降,受冻引气混凝土的轴向抗拉强度由冻融循环次数为 0 时的 2.82 MPa 下降至 450 次冻融循环时的 2.09 MPa,同龄期标准养护混凝土的轴向抗拉强度逐渐增加,由入箱检测时的 2.82 MPa(90 d)增长至 3.02 MPa(300 d),增长幅度约 7.1%。受冻引气混凝土与冻融循环为 0 次和 450 次时同龄期标养混凝土的轴拉强度相比,下降幅度分别为 25.9% 和 30.8%。

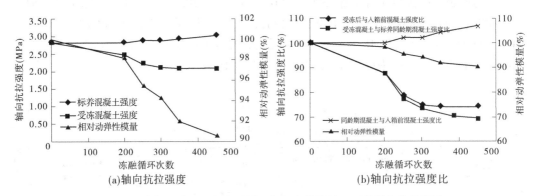

图 5-18　引气剂混凝土在冻融循环与标准养护情况下的轴向抗拉强度

由图 5-19 可以看出,随着冻融循环次数的增加,受冻非引气混凝土相对动弹性模量不断下降,同龄期标养非引气混凝土的轴拉强度逐渐增加,由入箱检测时的 3.06 MPa(28 d)增长至 3.51 MPa(96 d),增长幅度约 14.7%。而受冻非引气混凝土的轴向抗拉强度由冻融循环次数为 0 时的 3.06 MPa 下降至 98 次冻融循环时的 1.06 MPa,与冻融循环为 0 次和 98 次时同龄期标养混凝土的轴拉强度相比,下降幅度分别为 65.4% 和 69.8%。

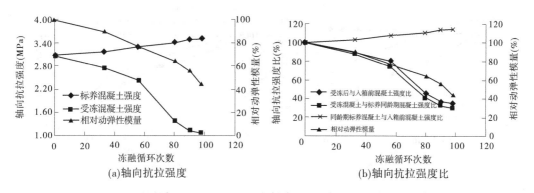

图 5-19　非引气混凝土在冻融循环与标准养护情况下的轴向抗拉强度

3. 抗弯强度

由图 5-20 可以看出,在冻融循环次数不断增加、受冻引气混凝土相对动弹性模量逐渐下降过程中,同龄期标养混凝土的抗弯强度变化不大,基本上在 5.51 MPa 至 5.75 MPa范围内波动。而受冻混凝土的抗弯强度随着相对动弹性模量的下降而下降,由冻融循环次数为 0 时的 5.63 MPa 下降至 450 次冻融循环时的 3.93 MPa,与同龄期标养混凝土的抗弯强度相比,下降幅度约 30%。

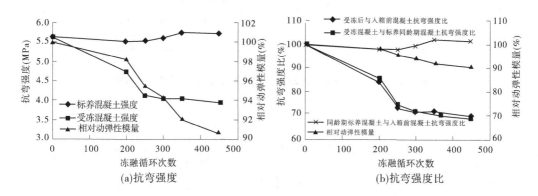

图 5-20　引气混凝土在冻融循环与标准养护情况下的抗弯强度

由图 5-21 可以看出,在冻融循环次数不断增加、受冻非引气混凝土相对动弹性模量逐渐下降的过程中,同龄期标养混凝土的抗弯强度略有增长,由最初的 5.87 MPa(28 d)增长至 6.02 MPa(96 d)。而受冻混凝土的抗弯强度随着相对动弹性模量的下降而不断下降,由冻融循环次数为 0 时的 5.87 MPa 下降至 98 次冻融循环时的 1.63 MPa,与同龄期标养混凝土的抗弯强度相比,下降幅度高达 73%左右。

5.3.3.5　弹性模量

将经过冻融循环的混凝土试件的弹性模量分别与试件入箱前测试的弹性模量、同龄期标准养护试件的弹性模量进行比较,引气混凝土如图 5-22 所示,非引气混凝土如图 5-23 所示。

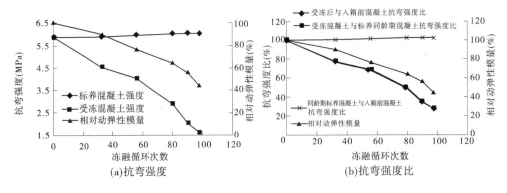

图 5-21　非引气混凝土在冻融循环与标准养护情况下的抗弯强度

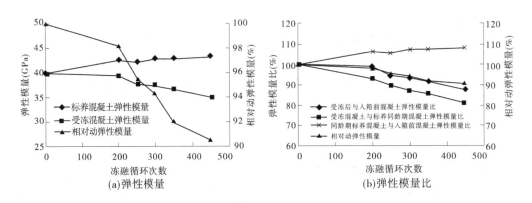

图 5-22　引气混凝土在冻融循环与标准养护情况下的弹性模量

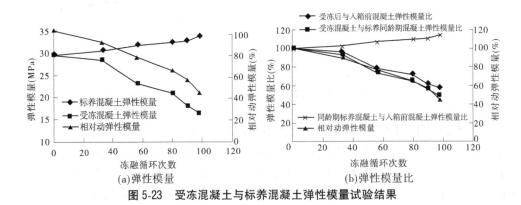

图 5-23　受冻混凝土与标养混凝土弹性模量试验结果

由图 5-22 可以看出,随着冻融循环次数的增加,受冻引气混凝土相对动弹性模量逐渐下降,同龄期标养混凝土的弹性模量随龄期延长逐渐增长,由入箱检测时的 39.9 GPa (90 d)逐渐增长至 44.0 GPa(300 d)左右。而受冻混凝土的弹性模量在冻融循环过程中基本上随冻融循环次数的增加而逐渐下降。在 450 次冻融循环时,受冻混凝土的弹性模量为 35.0 GPa,与冻融循环为 0 次和同龄期标养混凝土的弹性模量相比,下降幅度分别为 12.3% 和 19.0%。

由图 5-23 可以看出，随着冻融循环次数的增加，受冻非引气混凝土相对动弹性模量不断下降，同龄期标养混凝土的弹性模量基本上随龄期延长逐渐增加，由入箱检测时的 29.5 MPa(28 d) 逐渐增长至 33.8 MPa(96 d)。而受冻混凝土的弹性模量在冻融循环过程中基本上随冻融循环次数的增加而下降。在 98 次冻融循环时，受冻混凝土的弹性模量为 21.5 MPa，与冻融循环为 0 次和 98 次时同龄期标养混凝土的弹性模量相比，下降幅度分别为 35% 和 37%。

为了便于比较混凝土不同性能在冻融循环过程中的衰减规律，将混凝土各项性能的变化作图进行比较，引气混凝土结果如图 5-24 和图 5-25 所示，非引气混凝土结果如图 5-26 和图 5-27 所示。

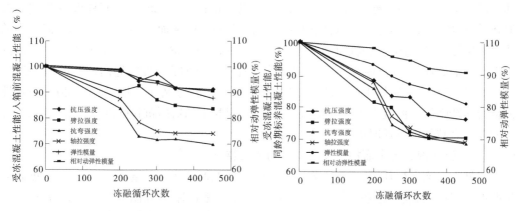

图 5-24　受冻引气混凝土性能　　　　　　图 5-25　受冻引气混凝土性能
与入箱前的性能比　　　　　　　　　与同龄期标养混凝土的性能比

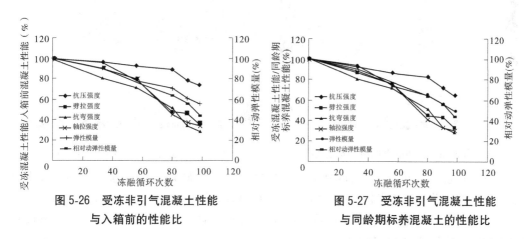

图 5-26　受冻非引气混凝土性能　　　　　　图 5-27　受冻非引气混凝土性能
与入箱前的性能比　　　　　　　　　与同龄期标养混凝土的性能比

由图 5-24~图 5-27 可以看出，无论与入箱时检测的性能相比还是与同龄期标养混凝土性能相比，引气和非引气混凝土经冻融循环后的各项性能均随着冻融循环次数的增加和相对动弹性模量的降低而逐渐衰减。其中，劈拉强度、抗弯强度和轴拉强度衰减幅度相对较大,而抗压强度和弹性模量衰减幅度相对较小。这表明,无论是引气混凝土还是未引气混凝土,其劈拉强度、抗弯强度和轴拉强度均对冻融损伤比较敏感。同时,非引气混凝土的试验结果表明,当相对动弹性模量下降至80%以下时,混凝土的各项力学性能衰减速率较相对动弹性模量在80%以上时更大,当相对动弹性模量下降至60%以下时,混凝土各项力学性能的衰减规律显著增加。

根据混凝土断裂力学中的Griffith理论,混凝土内部存在着气孔、微裂缝和空隙等大量的微观缺陷。这些缺陷引起材料在荷载作用下的高度应力集中,以致在试件中极小的体积之内达到非常高的应力而形成微观破损。混凝土在受拉时,开裂一经引发,立即导致混凝土的完全破坏。但混凝土在受压时,当压力小于30%极限应力前,混凝土中的裂缝处于稳定状态,几乎没有扩展的倾向。除了已存在的裂缝外,在拉应变高度集中的微小局部区域内也可能引发一些附加裂缝,它们此时也保持稳定。此时应力只能改变微裂缝的形状,使局部应力重新分配,并得到较为稳定的裂缝式样,从而破坏延迟。因此,混凝土的劈裂抗拉强度、抗弯强度和轴拉强度等受混凝土内部微裂缝等缺陷的影响更大。根据混凝土的冻融破坏机制,冻融循环会引起硬化水泥浆体和水泥-骨料界面原有的微裂缝进一步发展,且在水泥浆体中产生新的微裂缝。因此,在冻融循环过程中,随着相对动弹性模量的逐渐降低和混凝土内部损伤的不断积累,混凝土的劈裂抗拉强度、抗弯强度和轴拉强度等的衰减较抗压强度更快。

5.3.3.6　受冻混凝土表面损伤及破型后的断面特点

混凝土经冻融循环后,表面砂浆剥落。随着冻融循环次数的增加,砂浆剥落程度越来越严重,混凝土的表面越来越粗糙,粗骨料裸露甚至发生剥落,如图5-28~图5-30所示。

图 5-28　经 300 次冻融循环后外观　　　　　图 5-29　经 350 次冻融循环后外观

与引气混凝土相同,非引气混凝土经冻融循环后,表面砂浆剥落,且随着冻融循环次数的增加,砂浆剥落程度越来越严重,混凝土的表面越来越粗糙,如图5-31和图5-32所示。

引气混凝土经破型试验后的断面如图5-33与图5-34所示,非引气混凝土经破型试验后的断面如图5-35~图5-40所示。

将图5-33及图5-34中受冻引气混凝土和标准养护引气混凝土的断面进行对比、图5-35~图5-40中受冻非引气混凝土和标准养护非引气混凝土的断面进行对比,可以得出:受冻混凝土中心的湿度远大于标准养护试件,说明随着冻融循环次数的增加,受冻混

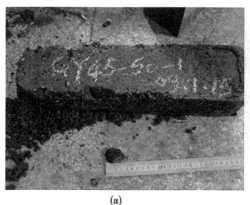

(a)　　　　　　　　　　　　　(b)

图 5-30　引气混凝土经 450 次冻融循环后外观

凝土的渗透性增加,试件饱水程度和含水量不断增加。同时,标准养护试件的劈拉断面、抗弯断面和轴拉断面比较平整,试件出现砂浆和骨料界面破坏的情况较少,多为砂浆基体和骨料本身发生破坏。而受冻混凝土的破坏断面凹凸不平,即受冻混凝土的劈拉破坏、弯曲破坏和轴拉破坏多发生在界面,且随着相对动弹性模量下降,骨料-砂浆界面破坏所占的比例越来越大,即混凝土内砂浆-骨料界面所受的损伤越来越大。

图 5-31　相对动弹性模量 76.4%时的外观图　　　图 5-32　相对动弹性模量 44.4%时的外观图

(a)　　　　　　　　　　　　　(b)

图 5-33　引气混凝土经 300 次冻融循环试件(a)与标准养护试件(b)的劈裂断面

图 5-34   引气混凝土经 350 次冻融循环试件与标准养护试件劈裂断面对比

(a)　　　　　　　　　　　　　　　(b)

图 5-35   非引气混凝土相对动弹性模量 89.7% 时同龄期标准养护试件(a) 与受冻试件(b)的劈裂断面

(a)　　　　　　　　　　　　　　　(b)

图 5-36   非引气混凝土相对动弹性模量 76.4% 时受冻试件的劈裂断面

图 5-37　相对动弹性模量为 56.1% 时受冻试件的弯拉断面

图 5-38　相对动弹性模量为 56.1% 时受冻试件断面(a)与同龄期标准养护试件劈裂断面(b)对比

图 5-39　相对动弹性模量 44.4% 时同龄期标准养护试件(a)与受冻试件(b)的弯拉断面

5.3.4　混凝土微结构变化

对冻融劣化的混凝土试件切片采用真空环氧浸渍染色方法染色,然后用 QASCC 系统进行微裂纹的观察和分析。对各切片所得的微裂纹图像的个数进行了统计(见表 5-7),得到试件内部微裂纹条数。可以看出,标准条件养护的未受冻融损伤的混凝土试件(试验编号 D0)内部的微裂纹很少;而经受一定冻融循环次数的混凝土试件内部微裂纹逐渐增多,损伤逐渐增大。

图 5-40　相对动弹性模量 44.4% 时同龄期标准养护试件(a)与受冻试件(b)的轴拉断面

表 5-7　各试件内部微裂纹图像个数统计

试件编号	D0	D1	D2	D3	D4	D5	D6
裂纹图像个数	4	97	153	170	202	193	220

表 5-8 列出了非引气混凝土冻融试件中的微裂纹结构特征统计结果。

表 5-8　非引气混凝土冻融试件微裂纹结构特征统计结果

试件编号	D0	D1	D2	D3	D4	D5	D6
损伤量	0	0.083	0.161	0.329	0.398	0.441	0.596
观察面积(×100 mm²)	40.1	40.8	47.9	35.4	43.4	38.5	34.9
裂纹长度(mm)	5.56	186	257	328	407	446	552
裂纹长度密度(mm/mm²)	0.001	0.046	0.054	0.093	0.094	0.116	0.175
裂纹面积(mm²)	0.102	3.308	4.029	5.696	7.374	6.893	10.096
裂纹面积密度(%)	0.003	0.081	0.084	0.161	0.170	0.179	0.295
裂纹平均宽度(μm)	18.40	17.71	15.90	17.52	18.1	15.54	18.30
裂纹最大宽度(μm)	19.40	25.83	21.50	25.72	31.53	25.12	30.45

注:1. 裂纹长度——所有图像中裂纹骨架长度的总和;

　　2. 裂纹长度密度——裂纹长度/试件观察面积;

　　3. 裂纹面积——所有图像中裂纹的面积总和;

　　4. 裂纹面积密度——裂纹面积与观察面积的比值;

　　5. 裂纹平均宽度——所有裂纹图像裂纹宽度(裂纹面积/裂纹长度)的平均值;

　　6. 裂纹最大宽度——所有裂纹图像裂纹平均宽度的最大值。

图 5-41 为冻融劣化试件的典型微裂纹图像(后文中所列微裂纹图像除非特别说明放大倍数均为 40×,在此放大倍数下图中 1 个像素代表实际长度 3 μm)

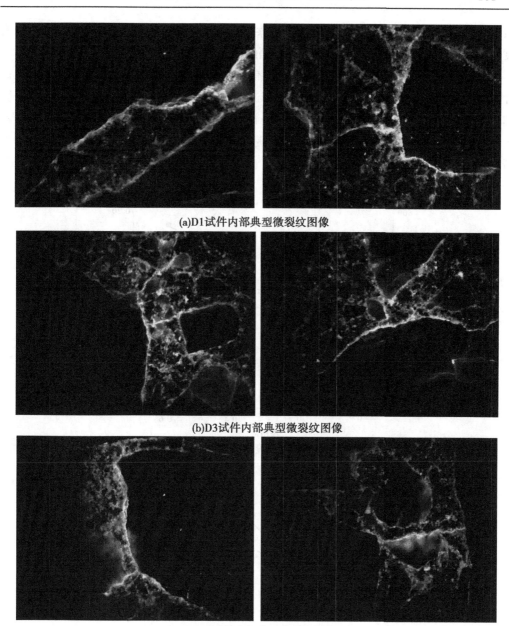

(a)D1试件内部典型微裂纹图像

(b)D3试件内部典型微裂纹图像

(c)D6试件内部典型微裂纹图像

图 5-41 冻融试件内部典型微裂纹图像

图 5-42～图 5-44 显示了微裂纹结构特征参数与损伤量的关系。可以看出：

（1）与经受冻融的混凝土试件相比，未经受冻融的混凝土试件（D0）内部的微裂纹特征参数（面积/面积密度/长度/长度密度）均处于较低的水平。表明标准条件下养护的混凝土，可能由于水泥水化过程中造成的水泥砂浆的收缩，内部分布有微量的初始微裂纹。

（2）冻融劣化混凝土内部微裂纹的长度、长度密度、面积、面积密度等结构特征参数随着混凝土损伤的增大而增大，具有很好的规律性。图 5-43 中，在损伤量为 0.441 时裂纹面积略有降低,其原因是切片 D5 的观察面积比 D4 要小;由此也可看出采用面积密度(裂纹面积/观察面积)这一统计参数可以消除观察面积对结果的影响。

(3)随着损伤量的增大,裂纹最大宽度有增大的趋势;而平均宽度则不具有该规律性,在 18 μm 左右波动。推测其原因是随着冻融劣化程度的增加,混凝土内部的部分微细裂纹逐渐扩展变宽,但同时也萌生了一些新的微细裂纹,导致试件的平均宽度变化不大。由以上分析可看出,混凝土的冻融破坏是混凝土在冻融循环作用下内部微裂纹的不断出现和不断扩展的过程。

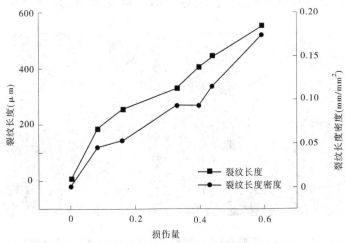

图 5-42　裂纹长度/长度密度与损伤量关系曲线

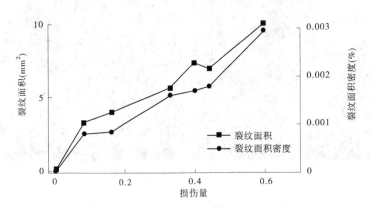

图 5-43　裂纹面积/面积密度与损伤量关系曲线

冻融过程中混凝土的相对抗弯强度、相对轴拉强度和损伤量与裂纹长度密度、面积密度之间的关系和拟合曲线分别见图 5-45～图 5-50。

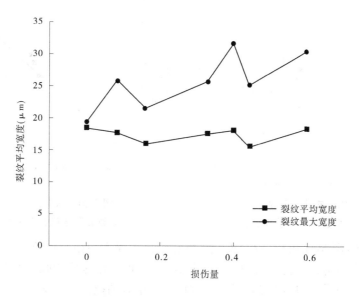

图 5-44　裂纹平均宽度/最大宽度与损伤量关系曲线

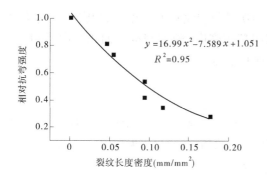

图 5-45　冻融试件相对抗弯强度与裂纹
长度密度关系及拟合曲线

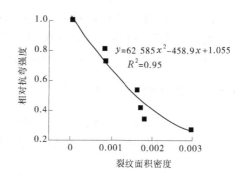

图 5-46　冻融试件相对抗弯强度与裂纹
面积密度关系及拟合曲线

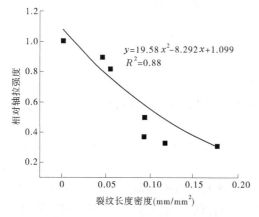

图 5-47　冻融试件相对轴拉强度与
裂纹长度密度关系及拟合曲线

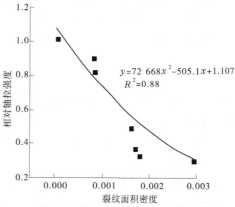

图 5-48　冻融试件相对轴拉强度与
裂纹面积密度关系及拟合曲线

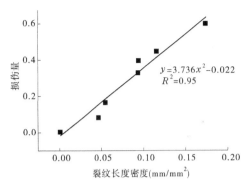

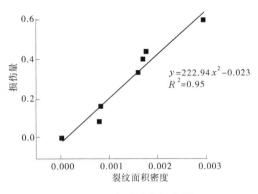

图 5-49　冻融试件损伤量
与裂纹长度密度关系及拟合曲线　　　图 5-50　冻融试件损伤量
与裂纹面积密度关系及拟合曲线

由图 5-45~图 5-47 可以看出,冻融试件相对抗弯强度和相对轴拉强度与裂纹长度密度、面积密度之间均具有良好的相关性,用二次方程拟合相对抗弯强度与裂纹长度密度、面积密度,其相关系数均为 0.95;用二次方程拟合相对轴拉强度与裂纹长度密度、面积密度,其相关系数均为 0.88。

由图 5-49 和图 5-50 可以看出,冻融试件损伤量与裂纹长度密度、面积密度之间均存在较好的线性关系(相关系数均为 0.95),表明裂纹密度(长度密度和面积密度)可作为评判混凝土试件老化损伤状态的一个诊断和评判指标。

5.3.5　混凝土性能衰减规律

如前所述,混凝土的动弹性模量是由其基本振动频率决定的,是混凝土本身固有的特性之一。根据损伤力学理论,将混凝土经冻融循环后的损伤变量(简称损伤量)定义如下:

$$D = 1 - \frac{E_i}{E_0} \tag{5-3}$$

式中:D 为混凝土损伤量;E_0、E_i 分别为混凝土初始动弹性模量和剩余动弹性模量。

即混凝土损伤量 D 由其相对动弹性模量来表征。混凝土冻融循环后相对动弹性模量愈低,意味着损伤程度越大,即损伤量愈大。

将受冻混凝土的力学性能相对值定义为

$$R = \frac{f_i}{f_0} \tag{5-4}$$

式中:R 为混凝土力学性能相对值;f_i 为经 i 次冻融循环后混凝土的性能;f_0 为入箱冻融前测试的混凝土性能。

根据上述定义,冻融循环引起的混凝土损伤量和受冻混凝土的力学性能相对值如表 5-9 所示。

受冻混凝土力学性能相对值 R 与由动弹性模量表征的损伤量 D 之间的关系可以通过数据拟合得出。采用线性、指数、乘幂和对数等多种函数关系进行拟合后发现,除弹性模量外,受冻混凝土的其他力学性能相对值和损伤量之间的关系均可由式(5-5)的幂函数进行拟合,且拟合方程具有良好的相关性。拟合时,损伤量为横坐标 x,混凝土力学性能

相对值为纵坐标 y,拟合结果如表 5-10 所示,拟合曲线如图 5-51~图 5-54 所示。

表 5-9　冻融循环过程中引气混凝土损伤量和力学性能相对值

冻融次数	0 次	200 次	250 次	300 次	350 次	450 次
损伤量	0	0.018	0.045	0.057	0.080	0.094
相对抗压强度	1	0.988	0.944	0.972	0.915	0.911
相对劈裂抗拉强度	1	0.904	0.925	0.870	0.850	0.836
相对抗弯强度	1	0.838	0.732	0.714	0.718	0.698
相对轴向抗拉强度	1	0.876	0.787	0.748	0.741	0.741
相对弹性模量	1	0.987	0.945	0.935	0.917	0.877

$$y = \frac{1}{a + bx^c} \tag{5-5}$$

式中:a、b、c 为拟合方程参数。

表 5-10　引气混凝土力学性能相对值与损伤量拟合方程参数

项目	拟合方程参数			回归相关性	
	a	b	c	标准差 S	相关系数 r
抗压强度	1.000	1.902	1.248	0.018	0.966
劈裂抗拉强度	1.000	0.609	0.511 9	0.026	0.971
抗弯强度	1.000	1.284	0.439	0.022	0.994
轴向抗拉强度	1.000	1.304	0.518	0.020	0.994

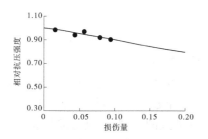

图 5-51　混凝土相对抗压强度与
损伤量之间的关系曲线

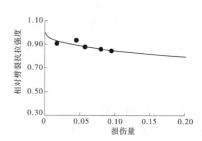

图 5-52　混凝土相对劈裂抗拉强度与
损伤量之间的关系曲线

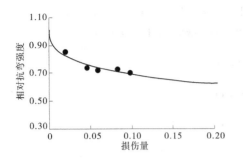

图 5-53　混凝土相对抗弯强度与
损伤量之间的关系曲线

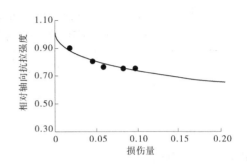

图 5-54　混凝土相对轴向抗拉强度与
损伤量之间的关系曲线

由表 5-10 和图 5-51~图 5-54 可以看出,引气混凝土相对动弹性模量由 100%下降至 90%过程中,受冻混凝土的相对抗压、劈裂抗拉、抗弯和轴向抗拉强度与损伤量之间均可采用式(5-5)所示的幂函数进行拟合,拟合方程的相关系数均在 0.96 以上,标准差均在 0.03 以内,相关性良好。但引气混凝土的相对动弹性模量由 90%进一步下降时,力学性能相对值与损伤量之间的相关关系有待于进一步的分析。

混凝土的抗压弹性模量和动弹性模量均为材料本身固有的性质,二者之间存在固定的线性关系,因此相对抗压弹性模量和以动弹性模量表征的损伤量之间更适合用线性关系进行拟合,拟合关系曲线如图 5-55 所示。由图 5-55 可以看出,相对弹性模量与损伤量之间有良好的线性关系。

根据受冻混凝土性能的衰减规律,以及冻融作用下混凝土损伤量与受冻混凝土力学性能相对值之间的拟合关系,可初步得出,引气混凝土的相对动弹性模量由 100%下降至 90%过程中,基于损伤力学的受冻混凝土抗压强度、劈裂抗拉强度、抗弯强度和轴向抗拉强度衰减模型,如式(5-6)所示。

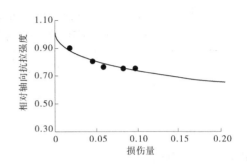

图 5-55　混凝土相对弹性模量与损伤量之间
的关系曲线

$$R = \frac{1}{1 + bD^c} \qquad (5-6)$$

式中:R 为混凝土力学性能相对值;D 为混凝土损伤量,可表示为动弹性模量损失或时间的函数;b、c 为拟合方程参数不同力学性能对应的不同参数值。

根据式(5-6)所示的受冻混凝土力学性能衰减模型,可以测算引气混凝土损伤量在 0~0.1 范围内时的性能衰减程度;相反地,对实体混凝土建筑物,根据检测当时混凝土的力学性能和建筑物施工时的混凝土力学性能数据,在此式的基础上,也可推断混凝土的耐久性状态,从而为合理地检测和评估混凝土的耐久性状态和老化程度提供依据。

同样,根据上述定义列出冻融循环过程中非引气混凝土的损伤量和力学性能相对值,如表 5-11 所示。

表 5-11　冻融循环过程中非引气混凝土的损伤量和力学性能相对值

冻融次数（次）		0	33	56	80	90	98
损伤量	D	0	0.103	0.236	0.36	0.439	0.556
相对抗压强度	R	1.000	0.962	0.923	0.891	0.781	0.730
相对劈裂抗拉强度	R	1.000	0.898	0.793	0.476	0.453	0.357
相对抗弯强度	R	1.000	0.770	0.687	0.496	0.349	0.278
相对轴向抗拉强度	R	1.000	0.899	0.801	0.454	0.369	0.346
相对弹性模量	R	1.000	0.959	0.783	0.708	0.614	0.559

　　与引气混凝土相同,受冻非引气混凝土力学性能相对值 R 与由动弹性模量表征的损伤量 D 之间的关系可以通过数据拟合得出。当相对动弹性模量低至 60% 以下时,混凝土的力学性能衰减速率明显增大,因此在拟合时舍弃冻融循环次数为 98 次、相对动弹性模量为 44.4%（损伤量为 0.556）时的数据点。采用不同的函数进行拟合,结果表明非引气混凝土受冻后的相对抗压、劈裂抗拉、抗弯和轴向抗拉强度相对值和损伤量之间的关系均可由式(5-5) 所示的幂函数进行拟合,且拟合方程具有良好的相关性。拟合结果如表 5-12 所示,拟合曲线如图 5-56~图 5-59 所示。

表 5-12　非引气混凝土力学性能相对值与损伤量拟合结果

项目	拟合方程参数			回归相关性	
	a	b	c	标准差 S	相关系数 r
抗压强度	1.000	2.711	2.948	0.030	0.983
劈裂抗拉强度	1.000	9.159	2.326	0.065	0.991
抗弯强度	1.000	4.578	1.405	0.079	0.987
轴向抗拉强度	1.000	24.381	3.131	0.057	0.995

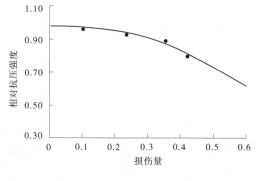

图 5-56　混凝土相对抗压强度与
损伤量之间的关系曲线

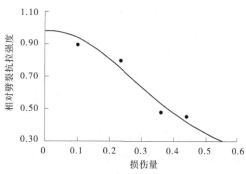

图 5-57　混凝土相对劈裂抗拉强度与
损伤量之间的关系曲线

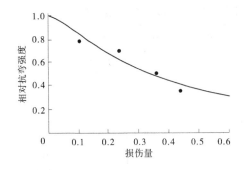

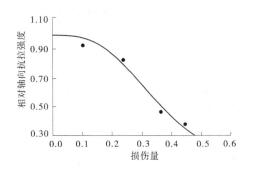

图 5-58　混凝土相对抗弯强度与
损伤量之间的关系曲线

图 5-59　混凝土相对轴向抗拉强度
与损伤量之间的关系曲线

　　由表 5-12 和图 5-56~图 5-59 可以看出,非引气混凝土相对动弹性模量由 100% 下降至 56.1% 过程中,其损伤量由 0 增加至 0.439。在该过程中,受冻混凝土的相对抗压、劈裂抗拉、抗弯和轴向抗拉强度相对值与损伤量之间均可采用 Harris 模型进行拟合,拟合方程的相关系数均在 0.96 以上,标准差均在 0.082 以内,相关性良好。

　　非引气混凝土的相对弹性模量与损伤量之间的关系采用线性方程进行拟合,拟合曲线如图 5-60 所示。由图可以看出,拟合方程的 R^2 为 0.969 9,二者之间存在良好的线性关系。

　　根据受冻非引气混凝土性能衰减规律,以及冻融作用下混凝土损伤量与受冻混凝土力学性能相对值之间的关系,可初步得出,非引气混凝土的相对动弹性模量由 100% 下降至 60% 过程中,基于损伤力学的受冻混凝土性能衰减模型,如式(5-6)。

　　根据式(5-6)所示的受冻混凝土性能衰减模型,可以推算非引气混凝土损伤量在 0~0.439 范围内时的性能衰减程度;相反地,对实体混凝土建筑物,根据检测当时混凝土的

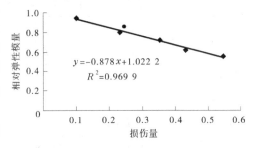

图 5-60　混凝土相对弹性模量
与损伤量之间的关系曲线

力学性能和建筑物施工时的混凝土力学性能数据,在此式的基础上,也可推断混凝土的耐久性状态,从而为合理地检测和评估混凝土的耐久性状态和老化程度提供依据。

5.4　本章小结

　　混凝土在冻融作用下的老化损伤机制和性能衰减规律研究是混凝土耐久性研究的重要组成部分。但国内外在该方面的研究尚少。本章首先研究工程施工常采用的高频振捣方式对混凝土含气量、抗冻性能和气泡参数的影响,揭示了大坝实体混凝土冻融破坏特点。其次通过室内快速冻融试验,在不同的老化损伤点测试混凝土的力学性能,并采用损伤力学方法,以混凝土的动弹性模量损失定义损伤量,建立损伤量和混凝土力学性能衰减之间的相关关系,得出混凝土力学性能的衰减规律和损伤模型,并建立了基于数字图像处

理技术的混凝土冻融损伤评价方法,最终揭示了冻融循环作用下大坝混凝土老化损伤的特点。

(1)高频振捣对混凝土的含气量、气泡参数和抗冻性有负面影响,它会引起混凝土含气量的损失,从而引起混凝土气泡参数的变化和抗冻性的下降。高频振捣时间越长、混凝土水胶比越大,则含气量损失越大,气泡间距系数也越大,抗冻性下降程度越大。引气剂不同,混凝土抗冻性受高频振捣影响的程度不同。该结果对于工程混凝土选择合适的引气剂及更好地控制高频振捣时间具有积极的指导作用。

(2)含气量为 5.0% 左右的混凝土经 450 次冻融循环后,相对动弹性模量为 90.6%,质量损失率 1.3% 左右;而非引气混凝土经 98 次冻融循环后,相对动弹性模量下降至 44.4%。进一步验证引气可以大大提高混凝土的抗冻性能。

(3)冻融循环对混凝土内部的饱水状态、含水量和受冻混凝土的劈拉、抗弯和轴拉破坏面有很大影响。无论是引气混凝土或是非引气混凝土,受冻后其中心的饱水程度均远高于同龄期标准养护试件;随着冻融循环次数的增加和冻融损伤程度的增加,受冻混凝土的劈拉、抗弯和轴拉破坏面均变得凹凸不平,破坏多发生在砂浆–骨料界面,而标准养护试件的破坏面较平整,多为骨料破坏,极少发生界面破坏。

(4)受冻混凝土的力学性能均随着冻融循环次数和冻融损伤程度的增加而衰减。引气和非引气混凝土受冻时,均表现为劈拉、抗弯和轴拉强度下降幅度较大,抗压和弹性模量下降幅度较小。该现象可由断裂力学的 Griffith 理论解释。

(5)通过受冻混凝土的超声波的传播速度受混凝土饱水状态的影响较大。在测试引气混凝土的超声波波速时,因混凝土处于饱和含水状态,且相对动弹性模量仅由 100% 降至 90.6%,降幅较小,因此其超声波波速并无明显变化。而对非引气混凝土,波速测试时混凝土为干燥状态,其波速随相对动弹性模量降低而逐渐减小,超声波波速与相对动弹性模量之间有较好的对应关系。

(6)采用损伤力学方法,以动弹性模量损失来表征受冻混凝土的损伤量,损伤量与引气和非引气混凝土的力学性能相对值之间的关系均可通过幂函数进行拟合,且拟合方程相关性良好。

(7)基于损伤力学理论,建立了引气混凝土和非引气在冻融作用下性能衰减模型。利用该模型,可预测受冻融损伤混凝土的力学性能衰减程度,同时也可根据该模型推断混凝土的耐久性状态,从而为水工建筑物混凝土的检测和评估提供参考和依据。

(8)探明了微裂纹结构特征参数与损伤量之间的关系,建立了基于数字图像处理技术的混凝土冻融损伤评价方法,探明了混凝土的冻融破坏是混凝土在冻融循环作用下内部微裂纹不断出现和扩展的过程。

参考文献

[1] 李金玉,曹建国. 水工混凝土耐久性的研究和应用[M]. 北京:中国电力出版社,2004.

[2] 程红强,等. 冻融对混凝土强度的影响[J]. 河南科学,2003(21):214-216.

[3] 李金玉,等. 混凝土冻融破坏机理的研究[J]. 水利学报,1999(1):41-49.

[4] 邹英超,赵娟,梁锋,等.冻融作用后混凝土力学性能的衰减规律[J].建筑结构学报,2008,29(1):117-123.

[5] Zhifu Zhang. Assesing Cumulative Damge in Concrete and Quantifying It Influence on Life Cycle Performance Modeling [D]. 2004, 8.

[6] B. B. Sabir. Mechanical Properties and Frost Resistance of Silica Fume Concrete [J]. Cement and Concrete Composites, 1997(19):285-294.

[7] 新编混凝土无损检测技术编写组.新编混凝土无损检测技术[M].北京:中国环境科学出版社,2002.

[8] 中国水利水电科学研究院.恶劣环境与运行条件下大坝混凝土的耐久性研究及应对措施研究[R].北京:中国水利水电科学研究院,2011.6.

[9] A. M.内维尔[英].混凝土的性能[M].李国泮,马贞勇,译.北京:中国建筑工业出版社,1983.

[10] 于骁中.岩石和混凝土断裂力学[M].长沙:中南大学出版社,1991.

第 6 章 抑制大坝混凝土老化的技术对策与措施

6.1 概　述

　　水是当今社会最重要的自然资源,是生命之源、生产之要、生态之基。为满足人居生活、工农业生产、防洪减灾、生态环境保护以及开发水电清洁可再生能源的需求,具有水资源调控功能的水库大坝已成为我国可持续发展最重要的基础设施。根据统计资料,到2010 年中国 30 m 以上的已建、在建大坝共有 5 561 座,其中 100 m 以上大坝 182 座,混凝土拱坝有 870 座(含 47 座碾压混凝土拱坝),混凝土重力坝 679 座(含 103 座碾压混凝土重力坝)。"西部大开发战略"的实施启动了我国大规模建设水库大坝的序幕,按照国民经济和社会发展第十二个、第十三个五年规划纲要,大坝建设高潮期还将持续一段时间。另外,我国早期建设的大坝已运行 40~60 年,许多大坝已经发生老化,其运行的耐久性和安全性也逐渐成为关注热点。

　　混凝土坝是我国高坝的主力坝型,作为大坝主体材料的混凝土,其耐久性和老化行为直接决定着混凝土坝的合理使用年限和运行安全。和土石坝的主体筑坝材料——土石料不同,混凝土是人造材料,从拌和制备、浇筑成型、养护到投入服役使用为抗力发育成长期,在成长期内混凝土的各项性能应达到设计指标。在随后服役期内混凝土在环境因素作用(如冻融、冻胀、温度和湿度变化、水流冲磨等)、化学介质作用(如溶蚀、碱骨料反应等)和交变荷载(周期性荷载等)作用下,性能会逐渐发生变化,抗力亦随时间变化,而后衰减,直到不能满足承载力和安全运行要求。因此,开展恶劣环境与运行条件下大坝混凝土的耐久性研究,并在此基础上提出抑制大坝混凝土老化的技术对策和措施,无论是对于保证新建大坝混凝土的高耐久性,还是对于已投入运行大坝混凝土的老化状态诊断、评价和处理均具有重要的实际意义。

　　本章是根据对大坝混凝土耐久性和老化行为的文献调研分析,以及长期从事大坝混凝土耐久性研究和检测评估修补处理的工程经验,认为影响大坝混凝土的耐久性和老化行为的最主要因素有碱骨料反应、渗漏溶蚀和冻融。在大坝混凝土力学性能的长期变化规律、大坝混凝土在冻融作用下的损伤和性能衰减规律、大坝混凝土的碱骨料反应膨胀预测和性能衰减规律、大坝混凝土在溶蚀作用下的损伤和性能衰减规律等专项研究取得的成果基础上,总结分析贯穿于混凝土坝设计、施工和运行等阶段中实现大坝混凝土耐久性的技术对策,提出抑制大坝混凝土老化的关键在于大坝混凝土耐久性的全过程精细控制。

6.2 大坝混凝土的耐久性技术要求

　　大坝一般地处偏远的山地峡谷中,服役运行环境恶劣。大坝混凝土表面一般无保护层或装饰层,直接与水、大气和岩体接触。大坝混凝土在长期承受各种静、动荷载的同时,还要遭受剧烈的温度周期变化、冻融循环、压力水溶蚀、干湿循环等多种环境因素的联合作用。水是配制混凝土的重要组分之一,也是服役期内促发混凝土劣化的主要介质和载体。大坝混凝土长期与水接触,或吸水饱和,或承受水压力,或遭受干湿循环,决定了大坝混凝土更易于老化破坏。

鉴于大坝安全的极端重要性,我国水工行业自中华人民共和国成立初期兴建治淮工程时就对大坝混凝土提出了明确的耐久性要求。1962年由中国水利水电科学研究院牵头制定,原水电部颁发的《水工混凝土试验规程》中就列入了碱活性骨料鉴定方法,抗冻、抗渗等耐久性试验方法。现行的混凝土重力坝和拱坝设计规范均要求"大坝混凝土应根据不同部位和不同环境条件分区(见图6-1)",并规定"大坝混凝土除应满足设计上对强度的要求外,还应根据大坝的工作条件(分区)、地区气候等具体情况,分别满足抗渗、抗冻、抗冲耐磨和抗腐蚀等耐久性以及低热性的要求(见表6-1)";根据大坝混凝土使用部位和承受的水力坡降规定了大坝混凝土抗渗等级的最小允许值(见表6-2);根据大坝所在地域气候分区、冻融循环次数、混凝土表面局部小气候条件、混凝土水分饱和程度、结构构件的重要性和检修难易程度等因素规定了抗冻等级要求(见表6-3),以及不同分区混凝土的最大水胶比限制(见表6-4)。

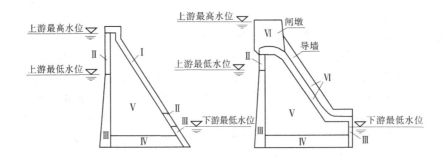

Ⅰ区—上、下游水位以上坝体外部表层混凝土;Ⅱ区—上、下游
水位变化区坝体外部表层混凝土;Ⅲ区—上、下游最低水位以下坝体外部表层混凝土;
Ⅳ区—坝体基础混凝土;Ⅴ区—坝体内部混凝土;Ⅵ区—抗冲刷部位的混凝土

图6-1　重力坝典型分区

表6-1　大坝混凝土分区性能要求

分区	强度	抗渗	抗冻	抗冲刷	抗侵蚀	低热	最大水胶比	选择分区的主要因素
Ⅰ水上外部	+	−	++	−	+	+	+	抗冻
Ⅱ水变区外	+	+	++	−	+	+	+	抗冻、抗裂
Ⅲ水下外	++	++	+	−	+	+	+	抗渗、抗裂
Ⅳ基础	++	+	+	−	+	++	+	抗裂
Ⅴ内部	++		+		+	++	+	
Ⅵ抗冲磨	++	−	++	++	++	+	+	抗冲磨

注:表中有"++"的项目为选择各区混凝土等级的主要控制因素,有"+"的项目为需要提出要求的,有"−"的项目为不需提出要求的。

表 6-2　大坝混凝土抗渗等级的最小允许值

项次	部位	水力坡降	抗渗等级
1	坝体内部		W2
2	坝体其他部位按 水力坡降考虑时	$i<10$	W4
		$10\leqslant i<30$	W6
		$30\leqslant i<50$	W8
		$i\geqslant 50$	W10

注:1. 表中 i 为水力坡降;

　2. 承受腐蚀性水作用的建筑物,其抗渗等级应进行专门的试验研究,但不得低于 W4;

　3. 混凝土的抗渗等级应按《水工混凝土试验规程》(SL 532)规定的试验方法确定,根据坝体承受水压力作用的时间也可采用 90 d 龄期的试件测定抗渗等级。

表 6-3　大坝混凝土抗冻等级

气候分区	严寒		寒冷		温和
年冻融循环次数(次)	$\geqslant 100$	<100	$\geqslant 100$	<100	—
1. 受冻严重且难以检修部位:流速大于 25 m/s、过冰、多沙或多推移质过坝的溢流坝、深孔或其他输水部位的过水面及二期混凝土	F300	F300	F300	F200	F100
2. 受冻严重但有检修条件部位:混凝土重力坝上游面冬季水位变化区;流速小于 25 m/s 的溢流坝、泄水孔过水面	F300	F200	F200	F150	F50
3. 受冻较重部位:混凝土重力坝外露阴面部位	F200	F200	F150	F150	F50
4. 受冻较轻部位:混凝土重力坝外露阳面部位	F200	F150	F100	F100	F50
5. 混凝土重力坝水下部位或内部混凝土	F50	F50	F50	F30	F50

注:1. 混凝土的抗冻等级应按《水工混凝土试验规程》规定的快冻试验方法确定,也可采用 90 d 龄期的试件测定;

　2. 气候分区按最冷月平均气温作如下划分:严寒——最冷月份平均气温<-10 ℃; 寒冷——最冷月份平均气温≥-10℃,但≤-3 ℃;温和——最冷月份平均气温>-3 ℃;

　3. 年冻融循环次数分别按一年内气温从+3 ℃以上降至-3 ℃以下,然后回升至+3 ℃以上的交替次数,或一年中日平均气温低于-3 ℃期间设计预定水位的涨落次数统计,并取其中的大值;

　4. 冬季水位变化区指运行期内可能遇到的冬季最低水位以下 0.5~1.0 m(阳面)、冬季最高水位以上 1.0 m(阳面)、2.0 m(阴面)、4.0 m(水电站尾水区);

　5. 阳面指冬季大多为晴天,平均每天有 4 h 以上阳光照射,不受山体或建筑物遮挡的表面,否则均按阴面考虑;

　6. 最冷月份平均气温低于-25 ℃地区的混凝土抗冻等级宜根据具体情况研究确定;

　7. 抗冻混凝土必须掺加引气剂,其水泥、掺合料、外加剂的品种和数量,水胶比、配合比及含气量应通过试验确定。

表 6-4 不同分区大坝混凝土的最大水胶比

气候分区	大坝混凝土分区					
	I	II	III	IV	V	VI
严寒和寒冷地区	0.55	0.45	0.50	0.50	0.65	0.45
温和地区	0.60	0.50	0.55	0.55	0.65	0.45

上述混凝土耐久性技术要求看似具体,但即使满足了这些要求,也不能想当然地认为坝体混凝土的耐久性就有保障,可以高枕无忧。原因如下:

(1)坝体混凝土是在现场生产和浇筑成型的,其各项性能容易受到现场环境因素和人为因素的影响而发生变异,偏离设计要求。例如,现行施工规范规定,用机口取样成型混凝土试件的测试结果控制混凝土质量,并作为验收的依据,但不涵盖混凝土的运输、浇筑和养护的全过程。

(2)现行规范采用的耐久性控制指标仅能反映在试验室特定单因素条件下混凝土的耐久性满足要求,不能涵盖实际使用环境中混凝土可能遭受的多因素叠加作用。

(3)使用环境对混凝土的老化行为有显著影响,相同气候分区中的局部小环境的差异会导致耐久性等级相同的混凝土的老化进程呈现出明显差别。

(4)现行规范采用的耐久性控制指标,如抗冻等级和抗渗等级,不包含混凝土在其使用环境中老化而发生物理性能变化和力学性能衰减规律和程度的信息,不能定量确定大坝混凝土的健康状态和合理使用年限。

(5)使用功能和环境条件变化会改变混凝土的环境作用。

正是这些不确定性,导致许多工程混凝土大坝尽管按照相关规范设计和建设,在投入运行后也发生了过早老化的现象。

6.3 大坝混凝土的老化现象和模式

6.3.1 大坝混凝土的老化现象

老化和耐久是两个相对立的概念。老化是自然界的不可逆过程,任何耐久的材料也会随时间推移发生老化。大坝混凝土的老化是指在正常运行(使用)条件下受环境(包括荷载)因素作用,大坝混凝土性能和功能随时间逐渐衰减的过程。大坝混凝土的老化在表观上表现为裂缝、渗漏和剥蚀等。

裂缝是大坝混凝土最普遍、最常见的老化现象之一,不发生裂缝的混凝土是极少数的,而且混凝土裂缝往往是多种因素联合作用的结果,其中因温度应力导致的裂缝占很大比例。裂缝对水工混凝土建筑物的危害程度不一,严重的裂缝不仅危害建筑物的整体性和稳定性,而且还会产生大量的渗漏水,使水工建筑物的安全运行受到威胁。

混凝土坝的主要任务是挡水,作用水头很高,承受的水压力大。而水又无孔不入,特别是压力水。因此,渗漏在混凝土大坝工程中也极为常见。渗漏除了会引发混凝土溶蚀、加速环境水侵蚀、冻融及钢筋锈蚀等病害外,还会在坝体内部产生较大的扬压力,危及混凝土坝的稳定性。

剥蚀是从外观破坏形态着眼对大坝表面区混凝土发生麻面、露石、起皮松软和剥落等老化现象的统称。究其原因是环境因素(包括水、气、温度及可溶和不溶介质)与混凝土表面及其内部的水泥水化产物、砂石骨料、掺合料、外加剂、钢筋之间产生一系列机械的、物理的、化学的复杂作用而形成大于混凝土的抵抗能力(强度)的破坏应力所致。根据不同的破坏机制可将剥蚀分为冻融剥蚀、碱骨料反应、冲磨和空蚀、水质侵蚀、钢筋锈蚀等。

1985~1987 年原水利电力部组织中国水利水电科学研究院等 9 个单位,对全国已建的 32 座大坝和 40 余座水闸进行的调查总结表明,我国水工混凝土建筑物耐久性状态总体欠佳,大部分大坝或水闸在运行 20~30 年后,甚至更短的时间,就出现了明显的耐久性不良、混凝土劣化现象,如裂缝、渗漏、冻融、冲磨空蚀、水质侵蚀、钢筋锈蚀等(见表 6-5),甚至影响到工程安全运行。调查总结认为,产生以上耐久性不良而造成过早老化的原因主要有:①混凝土设计指标偏低;②一些工程施工质量欠佳,达不到设计要求;③管理水平不高。

表 6-5　混凝土工程老化现象分类统计　　　　　　　　　　　(%)

老化现象分类	裂缝	渗漏	冻融	冲磨空蚀	碳化钢筋锈蚀	侵蚀	其他
占大型工程的百分比	100	100	19	69	40	31	5
占水闸等工程的百分比	64	28	26	24	48	3	3

该次调查中没有发现由于碱骨料反应引起工程破坏的实例。分析原因主要在于我国对大坝混凝土的碱活性骨料反应问题重视较早。从 20 世纪 50 年代初期吴中伟在治淮工程(梅山、佛子岭水库大坝)中,就引进了美国 Packer 坝碱骨料反应破坏实例的教训,也引进了当时美国 ASTM 对碱活性骨料的鉴定方法(化学法和砂浆棒长度法),在 1962 年原水电部颁发的"水工混凝土试验规程"中就列入了化学法和砂浆棒长度法两种碱活性骨料的鉴定方法,后来补充了岩相法、碳酸盐骨料碱活性鉴定方法、抑制骨料碱活性效应试验方法,砂浆棒长度快速鉴定法(80 ℃法)和混凝土棱柱体法。因此,碱骨料反应问题在混凝土大坝工程中一直得到重视,并开展了许多试验研究工作,对每个高坝工程,尤其是国家级重点工程,从地质勘探、料场选择时就要求进行骨料的碱活性检验,尽量避免采用碱活性骨料。

同时大坝工程属大体积混凝土,如何降低坝体混凝土的发热量,尽量避免或减少由于温度应力而产生的混凝土裂缝,一直是大坝混凝土最重要的研究课题之一,为此从 20 世纪 50 年代开始,在大坝混凝土工程中就采取了掺活性混合材,如粉煤灰等的技术措施。粉煤灰在大坝混凝土中的推广应用,也对我国大坝混凝土工程中防止碱骨料反应破坏起到了良好作用。但是毕竟我国修建了众多混凝土高坝,其中一些工程采用的天然骨料中,就含有一定的活性骨料,而早期的化学法和砂浆棒长度法在鉴定骨料碱活性上又存在着一定的局限性,不能安全识别潜伏期 30~50 年的缓慢型碱活性骨料。1998 年在对华北地区某混凝土大坝溢流面的检测和评估中发现了混凝土的碱骨料反应,并认定大坝溢流面混凝土的大面积剥蚀破坏是由碱骨料反应、冻融、冻胀等因素联合作用的结果。

6.3.2　大坝混凝土的老化模式

大坝混凝土服役运行环境恶劣,表面一般无保护层或装饰层,直接与水、大气和岩体接触,长期处于饱水或干湿循环环境下,在承受各种静、动荷载的同时,还要遭受剧烈温度周期性变化、冻融、压力水溶蚀、干湿循环等多种环境因素的联合作用。和薄壁混凝土结构相比,混凝土大坝的体积和断面尺寸庞大,外部环境因素作用的影响仅限于大坝混凝土表层。因此,根据环境作用影响的尺度与大坝的断面尺寸对比关系,可以将环境作用引起的大坝混凝土老化模式分为外因主导驱动型和内因主导驱动型。

外因主导驱动型老化,从大坝表面混凝土开始"由表及里"随时间逐渐发展,作用范围限于大坝混凝土表层,如温度周期性变化作用、冻融循环作用、干湿循环作用和水质侵蚀等,其造成的老化破坏相当于混凝土大坝的"皮肤病",除非作用于薄拱坝,一般不会对混凝土大坝造成"伤筋动骨"的损害。丰满混凝土重力坝上下游面和坝顶混凝土的冻融破坏即是典型的外因主导驱动型老化。丰满混凝土重力坝始建于 1937 年,1942 年水库蓄水,1953 年全部建成。大坝位于第二松花江上游吉林市东南部,属严寒地区,历史最高气温 39.3 ℃,最低气温-34.3 ℃,多年平均气温 5.3 ℃,多年最冷月平均气温-19.7 ℃。大坝上游面为向阳面,下游面为背阳面,1985～1986 年实测上游坝面正负温循环次数 132次,下游面 21 次,坝顶百叶箱内为 44 次,混凝土冻深约为 4 m,温度和冻融循环作用强烈。1950 年大坝上游面 246 m 高程以上冻融破坏面积为 460 m²;1963 年上游面 238 m 高程以上冻融破坏面积达 8 838 m²,下游面破坏面积 6 600 m²;1986 年大坝下游面冻融破坏面积增至 13 000 m²。大坝坝顶三面临空受冻,冻深最大达 7 m,根据坝顶竖向变位观测资料,每年冬季坝顶升高,次年春后下降,但总有残留变形不能恢复,坝顶混凝土受到的冻融损伤相当严重。

内因主导驱动型老化,作用于大坝的整个坝体,会使大坝混凝土的整体性能发生衰减,对混凝土大坝造成"伤筋动骨"的损害。常见的内因主导驱动型老化包括压力水渗漏(透)溶蚀、混凝土的有害膨胀。压力水通过混凝土毛细孔的渗透及通过裂缝和欠振混凝土空隙渗漏会溶解并带走混凝土中水泥水化产物 Ca(OH)$_2$ 和 C-S-H 凝胶中的 CaO,俗称"钙流失",造成混凝土孔隙率增大、水泥石结构疏松以及混凝土强度降低;如果库水是软水、酸性水或含硫酸根离子水,则溶蚀或/和腐蚀速度会加快,程度更严重。我国早期修建的混凝土坝,由于当时混凝土水胶比大且混凝土施工水平不高,投入运行后都存在不同程度的渗漏溶蚀,如丰满、佛子岭、新安江、响洪甸、磨子潭、梅山、古田溪一至三级、陈村、云峰、罗湾、安砂等大坝,其中一些轻型坝溶蚀尤为严重;20 世纪 80 年代以后兴建的混凝土坝,坝龄虽短,但也逐渐显露出溶蚀的征兆,有的已相当严重,如南告和水东大坝等。混凝土的有害膨胀是指大坝混凝土骨料中含有的不稳定矿物和混凝土中的其他物质发生化学反应形成持续的异常膨胀;大坝混凝土具备饱水或干湿循环条件,有害膨胀一旦发生,很难制止,因此混凝土的有害膨胀被视为大坝混凝土的"癌症"。已发现的有害膨胀有碱骨料反应膨胀和内含性硫酸盐膨胀,其中绝大多数为碱骨料反应膨胀。据不完全统计,全世界范围内有超过 100 座混凝土坝发生了严重的碱骨料反应,其中美国(26 座)、加拿大

（23 座）、南非（12 座）是发现最多的 3 个国家。美国 99.1 m 高的 Parker 拱坝 1938 年建成，1939 年即发现有碱骨料反应（ASR），3 年以后大坝表面发生裂缝，混凝土抗压强度由 32 MPa 降至 24.2 MPa，弹性模量由 26.4 GPa 降至 15.3 GPa，是发生碱骨料反应最快的大坝；英国 35 m 高的 Meantwrog 重力拱坝使用硬砂岩（graywacke）骨料，1926 年建成，1986 年发现碱骨料反应（ASR），是碱骨料反应潜伏期最长的大坝。碱骨料反应现象在广义上可以理解为岩石在碱性体系中的不稳定行为，反应机制复杂，潜伏期长，一旦发生，无法治愈，难以处理。因此，世界各国都采取了"预防为主，从严控制"的策略。

综上所述，大坝混凝土的老化模式可分为外因主导驱动型和内因主导驱动型两种，其中外因主导驱动型老化是必然要发生的自然过程，而内因主导驱动型老化不是一定要发生的过程；内因主导驱动型老化对大坝混凝土的损坏是整体性的和致命的，还会促进外因主导驱动型老化的发生发展，加速大坝混凝土老化进程。因此，消除导致内因主导驱动型老化的内在因素，杜绝内因主导驱动型老化出现，是抑制大坝混凝土老化、保持大坝混凝土的长期耐久性和大坝运行安全的关键。

6.4 大坝混凝土耐久性的全过程控制

混凝土坝是在野外工地用混凝土浇筑而成的特大型结构，混凝土坝的耐久性虽然受到大坝细部构造的影响，但在更大程度上取决于大坝混凝土在使用环境中的耐久性。混凝土是在现场生产和浇筑成型的，其各项性能容易受到原材料因素、现场环境因素和人为因素的显著影响而发生变异。按照现行施工规范，用机口取样成型混凝土试件的测试结果控制混凝土质量，并作为验收的依据，不一定能保证预期的混凝土质量和耐久性能在坝体真正实现。在大坝投入运行后，实际服役环境中多因素的叠加作用和环境条件变化也可能使大坝混凝土的老化进程偏离预期。可以说，各种因素会在大坝全生命周期内的不同时点或时段出现并作用于混凝土，影响大坝混凝土耐久性，改变大坝混凝土的老化进程。因此，要抑制大坝混凝土的老化，必须对大坝混凝土的耐久性进行全过程控制，包括大坝混凝土耐久性设计、施工期的耐久性控制和运行期的耐久性控制。

6.4.1 大坝混凝土耐久性设计

大坝混凝土耐久性设计包括以下主要环节：确定混凝土大坝的合理使用年限；根据大坝构造和环境作用等级确定大坝各分区混凝土的耐久性技术要求，对于严酷环境还要考虑优化细部构造和增设辅助性防护措施；进行大坝混凝土料源调研和配合比试验，提出满足要求的大坝混凝土配合比参数和性能测试结果；进行大坝混凝土防裂设计，防止发生危害性裂缝而使混凝土的耐久性受到损害。其中，最重要的环节是优选大坝混凝土骨料料源，在源头消除潜在危害性骨料可能引发的内因主导驱动型老化隐患。

大坝混凝土的骨料含量占到混凝土总体积的 70%以上，是最主要的原材料，对大坝混凝土的力学性能和耐久性有着决定性影响。坚固、密实、无潜在危害性反应活性的骨料是配制高抗冻耐久性和体积稳定性的大坝混凝土的前提条件。修建一座混凝土坝需要的骨料方量巨大，近坝址选择骨料料源是混凝土坝施工的原则，但区域地质构造、易采性、储量等使得修建混凝土坝的骨料料源选择面临挑战。雅砻江锦屏Ⅰ级高拱坝在可行性研究设计阶段重点勘探规划的 2 个骨料料场——三滩右岸大理岩料场和大奔流沟砂岩料场遇到的难题在目前大坝建设中具有典型代表性。三滩右岸大理岩骨料母岩饱和抗压强度 60 MPa 左右,强度偏低,压碎指标超过相关规范要求。用大奔流沟砂岩加工的人工骨料各项指标均能满足相关规范要求,但碱活性检验显示其具有潜在的碱硅酸反应活性。通过系统深入的骨料碱活性及抑制措施研究,最终确定采用大奔流沟砂岩作为锦屏Ⅰ级大坝粗骨料料源,三滩大理岩体为大坝细骨料料源,并规定大坝混凝土的总碱量(四级配)不超过 1.5 kg/m³,粉煤灰掺量应大于 30%。对于软水、碳酸水和硫酸盐侵蚀环境,除了优选混凝土胶凝材料体系,优化混凝土配合比参数外,增设辅助性的防护隔离措施是非常必要的。对于寒冷地区的混凝土坝,在设计阶段就要注意优化防渗排水设计,防止天然降水、坝体渗漏和绕坝渗漏水积存,使原定不具有饱水条件的混凝土遭受冻融破坏。

6.4.2　施工期的耐久性控制

施工期大坝混凝土的耐久性控制包括以下主要环节:原材料质量控制,混凝土生产、浇筑、防裂措施、混凝土养护和施工缺陷处理。其中,加强对混凝土浇筑环节,特别是振捣质量和防裂措施的监督和控制,是实现坝体混凝土耐久性的关键。

现行《水工混凝土施工规范》(SL 677—2014)对上述各主要环节均有条文规定,其中对原材料质量控制、混凝土生产、养护和施工缺陷处理等环节的技术要求,比较容易落实、检查和控制。而混凝土浇筑的质量,特别是振捣质量,最容易受到现场环境和人为因素的影响而发生偏离和变异,而且不易检查和控制。图 6-2、图 6-3 分别是试验室模拟的高频振捣时间对混凝土抗冻性能影响的试验结果,混凝土水胶比 0.40、0.45、0.55,粉煤灰掺量 30%,坍落度 3~5 cm,含气量 4.5%~5.5%。可以看出,高频振捣对较大水胶比混凝土的抗冻性有显著影响。当水胶比为 0.40 时,高频振捣 90 s 的混凝土仍满足 F300;当水胶比为 0.45 时,高频振捣 45 s 以下的混凝土能满足 F300,但 300 次冻融循环后的相对弹性模量随高频振捣时间延长而降低(见图 6-2);当水胶比为 0.55 时,高频振捣会引起混凝土抗冻等级的迅速降低,振捣时间超过 60 s,混凝土基本丧失抗冻能力。其原因是高频振捣会引起混凝土含气量的下降和气泡间距系数的增加,从而引起混凝土抗冻性能下降。

表 6-6 是室内渗透溶蚀试验得出的混凝土渗透系数随渗透时间变化的结果。试验采用的混凝土水胶比为 0.64,火山灰掺量 30%,90 d 龄期后开始渗透溶蚀试验。初始水压力 0.5 MPa,第 31 天后出现渗透水,持续加压 335 d,最大水压力增至 3.5 MPa,混凝土累计渗水量 90.7 L,渗水流量由最初的 1.22 L/d 降至 0.24 L/d,相应的渗透系数由初期的 3.47×10^{-10} m/s 降至 0.15×10^{-10} m/s。该试验结果表明,即使水胶比为 0.64、火山灰掺量 30% 的混凝土在渗透溶蚀过程中也表现出较强的自愈特性,说明振捣密实、养护充分的大坝混凝土具有很高的抗渗透溶蚀能力。工程调查结果也表明,实际运行中混凝土坝的渗漏基本上是都是通过裂缝、不密实混凝土(欠振、漏振)、施工缝和伸缩缝的渗漏,通过混凝土毛细孔的渗透溶蚀很少发生。

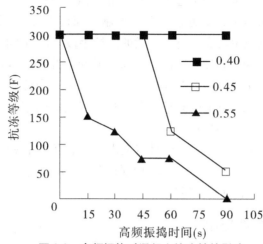

图 6-2　高频振捣对混凝土抗冻性的影响

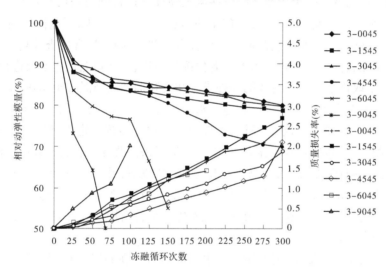

图 6-3　高频振捣对抗冻性的影响（水胶比 0.45）

表 6-6　渗透溶蚀混凝土的渗透系数试验结果

水压力 （MPa）	0.5	0.8	1.2	1.6	2.0	2.2	2.4	3.0	3.5
渗水时段 （d）	31.2~ 44.9	45.9~ 62.9	63.9~ 79.9	95.9~ 100.9	101.9~ 130.9	131.1~ 157.9	160.0~ 175.0	193.9~ 263.9	301.9~ 334.9
渗透系数 （×10⁻¹⁰m/s）	3.47	1.14	0.78	0.51	0.36	0.21	0.15	0.09	0.15

　　浇筑过程中的过度振捣会导致混凝土分层和含气量损失,造成混凝土不均匀和抗冻性下降;欠振和漏振会在混凝土中留下连通空隙,成为有压水的渗漏通道,降低混凝土的

水密性。当前,随着我国大坝混凝土施工水平的提高,对原材料、混凝土生产、运输入仓、防裂措施、混凝土养护和施工缺陷处理的监督控制已深入人心,并能得到很好的贯彻执行,而对振捣质量则仍然缺少可靠且行之有效的监控手段。现行《水工混凝土施工规范》(SL 677—2014)对混凝土振捣时间的规定为"振捣时间以混凝土粗骨料不再显著下沉并开始泛浆为准,应避免欠振或过振",科学性和可操作性值得商榷。建议每个工程根据混凝土配合比的工作性和采用的振捣器具功率通过现场试验确定合理的允许振捣时间范围,并在混凝土浇筑过程中严格执行。

综上所述,设计提出的混凝土耐久性技术要求是否能真正在坝体上实现,施工期的混凝土耐久性控制是关键。混凝土浇筑质量,特别是振捣质量和防裂措施的监督和控制,是施工期的混凝土耐久性控制的关键环节。

6.4.3 运行期的耐久性控制

运行期大坝混凝土的耐久性控制贯穿从大坝投入运行到退役的全过程,其主要内容包括:根据耐久性设计预期要求、实际施工质量(耐久性)及实际环境作用因素等的相互符合性和差异,确定运行期重点监控的典型代表性部位,制订日常检查计划,定期检查、识别大坝混凝土在服役环境因素作用下的老化迹象和状态,预测老化的发展进程,评估其危害性,并及时采取科学、合理、有效的处理措施减缓和抑制大坝混凝土老化。

就我国当前混凝土大坝的设计和施工水平而言,一方面,设计预期的大坝服役环境不一定能完全符合运行期实际暴露环境,工程调查发现许多按原定设计运行工况不具备饱水条件的混凝土结构或部位在实际运行中由于运行条件改变,或被天然降水、渗漏水饱和而遭受严重冻融破坏,如大坝的下游面、溢流面反弧段等;另一方面,施工往往不能实现坝体混凝土无质量缺陷及耐久性完全符合设计要求。因此,在大坝投入运行初期,对大坝混凝土的耐久性进行后评估,确定最可能率先发生老化的结构部位,作为典型的代表性部位重点监控是非常必要的。

鉴于大坝安全的极端重要性,国家和水利部门对大坝的安全管理和保养维护等都制定有系统、完善的法规条例和技术标准,如《水库大坝安全管理条例》(国务院第77号令,1991)、《水库大坝安全鉴定办法》(水建管〔2003〕271号)、《水库大坝安全评价导则》(SL 258—2017)、《混凝土坝安全监测技术标准》(GB/T 51416—2020)、《混凝土坝安全监测技术规范》(DL/T 5178—2016,SL 601—2013)、《混凝土坝养护修理规程》(SL 230—2015)等,但这些条例和标准没有突出运行期对大坝混凝土耐久性控制的要求。大坝混凝土的老化是一个缓慢发生、发展的过程,在大多数情况下,当目测检查发现时,混凝土的老化损伤已经发展到比较严重的程度。如丰满大坝1986年8月开闸泄水时13#、12#坝段溢流面混凝土被冲毁,冲坑宽22 m、高19 m、深2.0~3.0 m,冲坑面积1 091 m²,冲走混凝土1 917 m³;加固处理时检测发现,溢流面表层以下的混凝土已经发生了严重的冻融破坏。因此,建议将运行期大坝混凝土的耐久性控制纳入混凝土坝监控和定期检查内容。欧洲已经开发出用于检测混凝土耐久性状态的内埋式传感器,开始在一些重要工程上使用。

6.5　修补加固对策和措施

如前所述,大坝老化的本质是在服役环境中受到各种因素的作用,混凝土内部空隙率增大,结构逐渐疏松,力学性能降低。宏观上表现为大坝混凝土裂缝、渗漏和剥蚀,以及坝体异常变形。2015 年水利部颁布实施的《混凝土坝养护修理规程》(SL 230—2015)按总则、检查、养护、裂缝修补、渗漏处理、剥蚀修补及处理、水下修补等 7 个章节对运行期混凝土坝的检查、保养和维护处理做出了具体规定。在大坝运行期,一旦发现大坝有老化迹象,就应及时展开调查,经过成因分析和危害性评估,做出处理对策和方案设计,选择合适的时机,进行修补处理,抑制大坝混凝土的老化进程。6.8 节列出了一些国内外混凝土坝的补救对策和处理措施。可以看出,对于外因主导驱动型的局部老化现象,成因清晰,往往比较容易制定修补加固对策和处理措施。但在许多情况下,大坝的老化属于内因主导驱动而导致的多症并发,需要采取综合性的修补加固对策和处理措施;而且,由于混凝土坝体积庞大,影响因素复杂,水库不具备放空条件,大大增加了处理的技术难度,不仅耗时费力,还要投入巨资。因此,从混凝土坝的设计和施工阶段就严格大坝混凝土的耐久性控制,消除导致内因主导驱动型老化的内在因素,才是抑制大坝混凝土老化最根本和有效的对策。

西方发达国家的大坝建设比我国早 50 年左右,其于 20 世纪初建造的混凝土坝大多数进入老化期,开始了全面修复处理,开发了许多行之有效的修复工艺和技术,其中有两项技术值得我们学习和借鉴。第一项是混凝土坝上游面铺设土工膜整体防渗技术,第二项是遭受碱骨料反应混凝土坝的治理技术。

混凝土坝土工膜防渗技术由瑞士 CARPI 公司开发,并申请专利。据统计,该技术已在全世界 67 个混凝土坝的上游面防渗工程中应用,其中 37 个坝为老坝防渗、32 个坝为新建碾压混凝土坝防渗,最早使用土工膜防渗技术的大坝已运行 45 年,防渗效果良好。和其他的上游面防渗技术相比,CARPI 土工膜防渗技术的优势在于,对上游坝面混凝土质量和平整度要求低,安装施工速度快、工期短,耐久性好,可以水下作业、不需要放空水库等。美国 Lost Creek 坝是水下安装 CARPI 土工膜防渗系统的第一个工程。Lost Creek 为混凝土拱坝,位于北加利福尼亚州,1924 年竣工,坝高 36 m,坝顶长 134 m。到 1985 年,发现大坝下游侧渗水和冻融作用导致混凝土剥落厚度达到 30 cm。1985~1994 年,通过检测分析确定了大坝混凝土状况和强度,以及大坝的稳定性,表明大坝在现有运行和地震条件下结构稳定。为了抑制大坝的进一步老化,通过对三种方案的比选,最终确定采用 CARPI 土工膜防渗系统。高程 1 288~1 277 m 为水上安装,高程 1 277~1 254 m 为水下安装。1998 年,当库水位到达溢洪道堰顶高程时,渗漏量稳定在 0.063 L/s。2002 年测得的渗流量为 0.038 L/s,大坝下游面干燥,未发现渗漏水,有效抑制了下游面混凝土的冻融破坏。

碱骨料反应对混凝土坝的危害是致命的,全世界范围内有超过 100 座混凝土坝发生了严重的碱骨料反应。从目前对碱骨料反应大坝的评估和处理对策来看,初期膨胀不会明显降低大坝的强度和承载力,但会导致大坝发生大的裂缝和变形,危害坝身泄流闸门和坝后厂房的正常运行。有效释放膨胀变形的方法就是在坝体上切缝。切缝使用的是一种专用的绳锯,如图6-4所示。美国的Fontana混凝土坝(见图6-5)、加拿大的Mactaquac水电站(见图6-6)、法国的Chambon坝(见图6-7)是采用切缝治理混凝土坝碱骨料反应危害的典型代表工程。切缝不能制止碱骨料反应的发生,仅能消除或减小因膨胀积存在大坝内部的异常应力。因此,对于残余膨胀比较大的混凝土坝,随着膨胀的持续发展,需要多次切缝释放应力。

图6-4　用绳锯在坝体上切缝

图6-5　遭受碱骨料反应危害的美国Fontana混凝土坝

法国Chambon坝为重力拱坝,坝高100 m,坝轴线长300 m,1935年工程蓄水投入运行。1964 年大坝发生异常裂缝,右岸坝体向下游侧倾斜,坝顶上台,导致坝体弧线部分向上游膨胀,对左岸坝肩形成较大的压力。经 15 年研究,发现坝体膨胀是由混凝土碱骨料反应膨胀引起的,并采取了如下的补救处理措施:在大坝左岸山体内修建 2 条泄洪洞,取代原有的左岸开敞式溢洪道;对下游坝面的上部裂缝作灌浆处理;在坝体上部沿上下游方向锯开 7 条窄缝释放坝体应力;在坝体上游面铺设 CARPI 土工膜防渗(见图 6-8)。

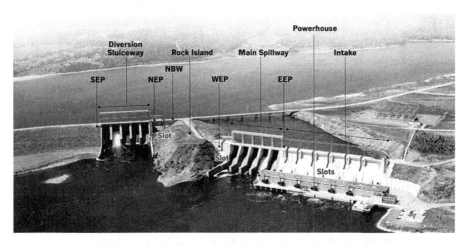

图 6-6　遭受碱骨料反应危害的加拿大 Mactaquac 水电站

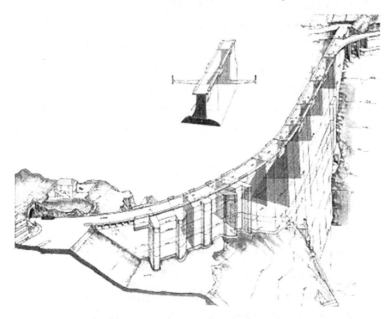

图 6-7　遭受碱骨料反应危害的法国 Chambon 坝的切缝位置

图 6-8　处理后蓄水的法国 Chambon 坝

6.6　国内外混凝土坝的修补加固对策和处理措施案例

一、瑞典大芬瀑布坝(Stor finnforsen)

基本资料:工程位于瑞典中部地区法克斯(Faxalven)河上,混凝土支墩坝,1954 年竣工,坝高 40 m,坝长 640 m,总库容 4 亿 m³,仅供发电。

老化状况:冻融破坏,水泥水化热高,大坝的挡水面板出现了大量裂缝。

修补措施:①修复大坝上游面正常水位以下 10~12 m 破坏区。施工采用特制活动钢围堰,用高压喷射水清除劣质混凝土,喷混凝土修补。②挡水面板下游设置脚手架,对大面积裂缝、渗漏和钙质材料损失区进行修补。③在坝下游侧修建了一道保温墙,改善裂缝自密条件,进一步防止施工缝周围的冻融破坏,减小接缝的温度变形。保温墙由复合了聚苯乙烯隔热层的薄钢板构成,挡水面板与保温墙之间的空间用受控的地下电站暖气流加热。

资料来源:大坝安全评价与改造——第十八届国际大坝会议 Q68 专题文集,1994。

二、德国布兰德巴哈坝

基本资料:工程位于黑林山南部的布劳恩林根市,坝高 16 m、长 130 m,是平面呈弧形的混凝土心墙重力坝,于 1922 年建成。大坝具有旅游观光、水力发电、防洪和休闲娱乐等综合效益。1955 年加高,上游面用混凝土衬砌加固。

老化状况:①大坝的混凝土心墙出现空隙,防渗功能不可靠,通过混凝土衬砌实现防渗。②混凝土衬砌部分渗漏,主要原因是施工缝中缺少止水、伸缩缝止水有空隙以及混凝土结构出现裂缝。③坝工排水系统堵塞失效,这可能是 1942 年工程修复时灌浆所致。④基础排水仅部分有效,需要修复或更新。⑤进水建筑物出现故障,必须彻底重建。

修补措施:利用 Carpi 技术铺设土工膜,2000 年 7 月开始施工。

修补效果:2001 年 1 月,水库开始试蓄水。结果显示,将土工膜用于大坝防渗在技术上获得了成功。在排水管道只测到少量的渗漏(总共 0.03 L/s),可能是绕渗。

资料来源:德国首座使用土工膜维修的布兰德巴哈坝,水利水电快报,2003 年第 24 卷第 10 期。

三、美国 Gem Lake 坝

基本资料:拱坝,高 24.4 m,坝顶长 210 m,拱顶厚度为 0.3 m,底部厚度为 1.1 m,支墩顶部厚度为 0.56 m,底部厚度为 1.3 m。建于 1915~1916 年,海拔 2 733.6 m。

老化状况:由于气候恶劣,运行后不久,拱面混凝土即开始剥蚀,至 1924 年时,损坏已比较严重,尤其是冬季水位变动区。为此,在每个拱后都浇筑了重力块作为支撑。另外,将坝面的损坏混凝土清除,用喷混凝土修补,并在喷混凝土表面涂刷聚硫橡胶保护层。

修补措施:①1932~1942 年,对约 10% 的上游面损坏混凝土进行了修补;1945 年将上游坝面上部 10 m 的表层损坏混凝土凿除,补喷了一层少配筋混凝土。②1958 年,第十二拱上部 10 m 处发生漏水,喷混凝土与老混凝土结合面破坏,老混凝土吸水饱和并冻坏。因此,清除该拱上部 10 m 所有损坏的混凝土,用喷混凝土修补,修补后拱的厚度增加了 58 mm。③1966 年,将整个坝面的损坏混凝土全部清除,喷混凝土修补,喷混凝土厚度 76 mm,喷混凝土表面涂刷聚硫橡胶保护层。

修补效果:修补很成功。

资料来源:坝的老化与补救措施,第 17 届国际大坝会议论文译文集。

四、美国 Florence Lake 坝

基本资料:建于 1925~1926 年,由 58 个拱组成,坝全长 947 m,最大坝高 43 m,拱顶厚度 0.46 m,坝址海拔 2 233.8 m。

老化状况:该坝投入运行不久,混凝土即开始出现较严重的损坏。分析认为,温度作用和混凝土收缩引起的混凝土裂缝及张开的结构缝提供了雨水渗入通道。坝址高程高,冬季寒冷,混凝土易遭受冻融损害。从库区所取水呈酸性也是混凝土遭受损坏的原因之一。

修补措施:①先后采取的修补措施有:在上游面涂刷煤焦油防水层,涂刷沥青乳液防水层,涂刷 1:1 水泥沥青乳液灰浆,用金属板护面,用沥青加油毡护面,刷铝漆,涂刷粗亚麻子油等。但所有的修补效果都不理想,都是几年后就又剥落损坏。②1970 年按照 Gem lake 坝和 Agnew Lake 坝的处理方案对坝面进行了修补。

修补效果:很成功。

修补方法的不足:聚硫橡胶保护层受到水中漂浮物的擦损,因此每 3~5 年需修补一次,而且聚硫橡胶价格较贵,且不易购得。

资料来源:坝的老化与补救措施,第 17 届国际大坝会议论文译文集。

五、中国桓仁大坝

基本资料:工程位于辽宁省东部桓仁满族自治县境内,是浑江流域梯级开发的第一座

以发电为主、兼有防洪等综合效益的大型水电站。电站始建于 1958 年 8 月,大坝为混凝土单支墩大头坝,坝长 593.3 m,坝高 78.5 m,桓仁水库总库容为 34.6 亿 m³。

老化状况:桓仁大坝处于严寒地带,冬季施工常遇寒潮,混凝土浇筑后保温措施不到位,引起较大的温度应力,产生较多裂缝。检查发现裂缝 2 084 条,其中劈头裂缝 23 条,长度大于 15 m、宽度大于 0.5 mm 的裂缝有 190 多条。裂缝产生渗漏,溶蚀混凝土。

修补措施:上游面增设沥青混凝土防渗层,细部构造包括 10 cm 厚沥青混凝土层;沥青混凝土外侧设预制混凝土面板,面板尺寸为 203 cm×63 cm×6 cm,内侧埋有吊环;φ16 锚筋,锚固深度 50 cm,锚筋间距和面板吊环相对应,垂直间距为 60 cm,水平间距为 100 cm,锚筋内灌注高强砂浆;坝面骑缝设有黄油粘贴的宽 15~20 cm 橡胶板或油毡纸"隔层"。

备注:桓仁大坝其他部位的修补措施:①坝顶沥青席防渗层:凿除坝顶破损混凝土,浇撒沥青冷底油,然后铺沥青席防渗层,其上浇筑钢筋混凝土覆盖层,总面积为 3 500 m²。②下游面封腔盖板补强加固:在原封腔板的外面铺设 15 cm 厚的沥青膨胀珍珠岩保温层,其上铺沥青席防水,用 3.0 cm 钢丝网水泥砂浆保护。

资料来源:水工混凝土建筑物检测与修补——第七届全国水工混凝土建筑物修补加固技术交流会论文集,北京科海电子出版社,2003。

六、奥地利 Vermunt 重力坝

基本资料:建于 1929~1930 年,重力坝,高 53 m,坝顶长 588 m,下游坡度 1:0.8,上游坡度 1:0.05。

老化状况:随着服役年限的增加,渗漏量逐渐增大,在廊道及下游坝趾的渗水中发现红色沉淀物。1962 年、1982 年钻芯检查和压水试验时发现,坝体混凝土为非均质多孔体,渗透多集中在某些特殊的不密实区域,渗漏水的侵蚀加大了混凝土的渗透性。坝顶抬高是坝体下部局部混凝土风化的结果,混凝土膨胀不是由碱骨料反应引起的。

修补措施:用喷混凝土在上游面增设 60 cm 的混凝土面板,面板分块尺寸为 13 m×3 m(宽×高),缝内设止水。坝体及坝基增设减压排水孔。

修补效果:修补后,满库运行 8 个月,仅有少量渗漏水(0.18 L/min),且大部分来自坝基排水孔。

资料来源:坝的老化与补救措施,第 17 届国际大坝会议论文译文集。

七、美国 Bowman 南部拱坝

基本资料:Bowman 坝在加利福尼亚州尤巴和 bear 河支流的上游,是内华达灌区的供水和水电项目的一部分。1927 年被改造成混凝土面板堆石坝,其溢洪道附近修建了一座 53 m 高的拱坝,称为 Bowman 南部拱坝。

老化状况:大坝修建在海拔 1 600 m,遭受冻融破坏。

修补措施:下游设置坝面排水系统,钢丝网喷混凝土护面。首先,将大量已经冻坏的混凝土清除,然后将土工网板条锚固在坝面,这些板条垂直向连续,水平向断开,目的是将渗漏水排到下游面坝趾。金属锚杆固定在坝面预钻的孔中,钢丝网连接在锚杆上,喷射混

凝土护面。修复工作于 1995 年完成。

修补效果:效果较好,只有部分区域比较潮湿。

资料来源:冻融破坏引起混凝土坝老化的修复以及减轻损失的措施,21 届大坝会议,2003。

八、西班牙 La Cuerda del pozo 大坝

基本资料:建于 1929~1941 年,混凝土曲面重力坝,半径为 300 m,基础以上高度 40.25 m,河床以上高度 36 m,坝内设 1 m×2 m 的廊道 2 个;泄水道位于大坝左岸,与坝体连接。

老化状况:水平施工缝、混凝土不密实引发渗漏。当水位接近最高水位时,渗漏量达 117 L/s。1940~1967 年多次灌浆,无法彻底根除。渗漏水从下游坝面逸出,导致坝面混凝土冻融破坏,局部冻融深度达 1 m。

修补措施:①用聚合物砂浆修补上游面上部高 15 m 范围内的施工缝,减少渗漏。②从坝顶钻孔,对廊道与上游坝面之间的坝体混凝土灌浆。③下游面浇筑 0.6 m 厚混凝土护面,并加设排水。

修补效果:渗漏水量由 117 L/s 降到 4 L/s,下游坝面湿斑消失。

资料来源:坝的老化与补救措施,第 17 届国际大坝会议论文译文集。

九、中国丹江口大坝

基本资料:丹江口水利枢纽于 1958 年 9 月开工,1973 年 12 月建成初期规模。初期最大坝高 97 m,坝顶高程 162 m,正常蓄水位 157 m,死水位 139 m,正常蓄水位 157 m 时库容 174.5 亿 m³。挡水建筑物由河床混凝土重力坝和两岸土石坝组成,全长 2.5 km。工程具有防洪、发电、灌溉、航运、养殖等综合效益。

老化状况:坝体混凝土浇筑至 113 m 高程左右曾长时间停仓,超过混凝土允许间歇时间,仓面混凝土凝结,无法继续浇筑上升,于此处增设施工缝 1 条。由于该缝处理不当,加之厂房坝段结构复杂,水库蓄水后坝体在温度应力作用下施工缝面被逐渐拉开,成为季节性裂缝,冬季张开,夏季闭合,库水位愈高,渗漏量愈大。113 m 高程水平裂缝的存在不仅破坏了坝体的整体性,而且对坝体稳定产生不利影响。由于裂缝处于水库死水位以下,处理难度很大。从 20 世纪 70 年代发现裂缝至 90 年代中期,没有成熟的技术和方法,故一直没有处理。

修补措施:首先采用水下录像、孔内电视、潜水员水下录像监视,准确确定裂缝高程、缝长、缝宽及走向。然后将铁驳船固定于施工坝段,形成水下活动作业平台。采用高压水枪、风动气刷彻底清除裂缝上下 400 mm 范围内一切附着物,露出新鲜混凝土表面。然后进行水下钻孔、冲孔、埋管、嵌缝、洗缝、水下灌浆、封孔,最后检查灌浆效果,并在表面粘贴橡板密封。

修补效果:113 m 高程水平裂缝多年实测最大渗漏量为 48 L/min,处理后渗漏量显著下降。2000 年初气温最低时段,渗漏量最大为 90 mL/min,远远小于处理前的渗漏量。113 m 高程水平裂缝处理后减小了缝面的渗透压力,改善了坝体受力条件,提高了坝体的

稳定性和耐久性,消除了影响大坝安全运行的一大隐患。

资料来源:水工混凝土建筑物检测与修补——第七届全国水工混凝土建筑物修补加固技术交流会论文集,北京科海电子出版社,2003。

十、美国 Lost Creek 大坝

基本资料:Lost Creek 坝是加利福尼亚的 Feather 河南岔及其支流的 Woodleaf 电站的蓄水库,建于 1923~1924 年。混凝土拱坝高 36 m,坝顶高程 1 001 m,坝顶长度 134 m。坝身冠状悬臂结构顶部厚 1.22 m,基础厚 7.2 m。

老化状况:坝体混凝土在一定程度上存在缺陷和蜂窝,渗水引起下游面混凝土冻融破坏。表层 30 cm 甚至更深部位的混凝土强度非常低,用手镐就能轻易剥除。

修补措施三陵:在不放空水库的前提下,采用 CARPI 技术在上游安装土工膜防渗。

修补效果:工程 1997 年 8 月开始动工,到 11 月 25 日完成。1998 年,当库水位到达溢洪道堰顶高程时,渗流量稳定在 0.063 L/s。2002 年测得的渗流量为 0.038 L/s,大坝下游面干燥,未发现渗流水,有效抑制了下游面混凝土的冻融破坏。

资料来源:冻融破坏引起混凝土坝老化的修复以及减轻损失的措施,21 届大坝会议。

十一、中国云峰大坝

基本资料:云峰水电站位于吉林省集安市境内,建于 1960~1966 年,是一座以发电为主,兼具综合效益的混合式开发电站。大坝为混凝土宽缝重力坝,由挡水坝段和溢流坝段两部分组成。最大坝高 113.75 m,坝顶长 828 m,上游坝坡 1:0.20,下游坝坡 1:0.63,坝顶高程 321.75 m。大坝所在地属大陆性气候,年内气温变化较大,冬季极端气温 −42.0 ℃,夏季极端最高气温 39.5 ℃,年平均气温 6.3 ℃,坝面混凝土所处环境一年内日照频次多,正负温度交替频繁。

老化状况:大坝在运行以后发现,经过溢流或未曾溢流的坝面普遍出现混凝土层状剥蚀、脱落和局部钢筋裸露等破坏,破坏面积 11 000 m²,占溢流面的 33.6%,其中破坏深度小于 10 cm 的占 90%。根据现场钻孔取样试验,坝面表部 0.2 m 左右的混凝土强度为 11.0~13.0 MPa,再往深部混凝土的强度超过 20.0 MPa。大面积开挖后测试,混凝土的强度都超过 23.0 MPa。对完好的下曲线段取样试验,平均强度为 30.0 MPa。经分析,破坏原因是冻融。

修补措施:首先将冻融破坏的混凝土挖除。溢流面挖除深度 0.3 m,反弧段挖除深度 0.4 m。施工时采用无声破碎剂,膨胀破碎后用手风钻人工清除旧混凝土。新浇筑混凝土厚 0.5 m,铺设钢筋网,水平钢筋 φ20,间距 0.3 m,锚固深度 0.7 m;垂直钢筋为 φ22,间距横向为 0.3 m,锚固深度为 1.5 m。浇筑新混凝土时采用真空作业,混凝土设计指标 R28300D300,指定使用 525# 硅酸盐大坝水泥,水胶比不大于 0.40,骨料为三级配,并掺入加气剂。

资料来源:宋恩来,东北几座混凝土坝老化与加固效果分析,大坝与安全,2006 年第 1 期。

十二、中国二龙山水库大坝

基本资料:坝址以上控制流域面积 3 799 km², 多年平均流量 15.2 m³/s。水库总库容 17.92 亿 m³, 兴利库容 6.95 亿 m³, 电站总装机容量 8 360 kW。挡水土坝最大坝高 32.0 m, 混凝土溢流坝最大坝高 27.8 m。工程等别为 I 等, 主要建筑物(挡水土坝、溢流坝)为 1 级建筑物, 次要建筑物为 3 级。挡水土坝、溢流坝设计洪水标准为 1 000 年一遇, 校核洪水标准为 10 000 年一遇。

老化状况:大坝坝顶超高不足, 溢流坝坝基下游部位扬压力偏高, 溢流坝堰面、闸墩表面混凝土大面积冻融破坏, 影响溢洪道正常泄洪, 防浪墙混凝土老化严重, 挡水土坝副坝坝基存在渗漏通道。

修补措施:为每个坝段设 300 t 级预应力锚索, 加固时堰顶高程及堰面曲线保持不变。将表面已冻坏的混凝土全部挖除, 挖除最小厚度控制为 50 cm, 然后浇筑一层新混凝土, 恢复原堰面形状。新浇混凝土标号为 C30F300。为保证新老混凝土的良好结合, 新老混凝土之间设置锚筋, 锚筋下部锚入老混凝土 1.5 m, 上部与新浇混凝土中的钢筋网焊接。

资料来源:胡志刚、李桂芳、徐铁成、刘丽, 二龙山水库大坝加固设计, 东北水利水电, 2003 年第 21 卷总 232 期。

十三、日本 Sasanagare 坝

基本资料:原 Sasanagare 坝是钢筋混凝土平板支墩坝, 坝高 25.3 m, 坝顶长度 199.4 m, 始建于 1921 年, 1923 年完工, 是日本第一座支墩坝。大坝基岩为凝灰质砂岩, 具有较好的抗渗性。大坝共设 23 个支墩, 为防止出现侧向变形, 设置了 6 个支墩撑梁。

老化状况:1940 年对大坝支墩进行检测, 发现支墩混凝土破坏最大深度已达 4 cm。修复采用凿除已破坏的混凝土, 然后清洗凿除面, 用喷射水泥砂浆修复。但此项修复只是暂时延缓了混凝土的冻融破坏过程, 1965 年起表层混凝土又开始剥落, 至 1975 年剥落更加严重。检测发现坝内未老化混凝土的强度符合要求, 未发现诸如软弱构造等异常现象。考虑到该坝是日本第一座, 也是北海道唯一的支墩坝, 对当地居民来说如同是一座用于娱乐和疗养的城市公园, 加之修补旧坝比另造一座新坝也较为经济, 因此决定修补加固。

修补措施:保留原坝型, 凿除损坏的混凝土, 然后覆盖上一层新混凝土。包括支墩的修补加固、抗横向位移的加固和上游面板的修复。

修补效果:坝基周围没有发现渗漏问题, 故不需进行帷幕灌浆。通过修复加固, 已完全没有渗漏现象。

资料来源:坝的老化与补救措施, 第 17 届国际大坝会议论文译文集。

十四、法国桑本(Chambon)坝

基本资料:工程位于法国格勒诺布尔市附近的罗讷河上, 重力拱坝, 坝高 100 m, 坝轴线长 300 m, 库容 3 500 万 m³, 坝顶作为连接两岸的交通通道。1935 年开始蓄水。

老化状况:1964 年坝体发现异常裂缝, 右岸坝体向下游倾斜, 坝顶上抬, 导致坝体弧线部分向上游膨胀, 对左岸坝肩形成较大的压力, 经 15 年的研究, 发现坝体膨胀是混凝土

碱骨料反应所致。

修补措施:①在大坝左岸山体内修建 2 条 500 多米长的泄洪洞,以取代原有的开敞式溢洪道。②对下游坝面上部的裂缝作灌浆处理。③上游面铺设 CARPI 土工膜防渗。④在坝体上部沿上下游方向锯开 7 条窄缝释放坝体应力。

资料来源:①大坝安全评价与改造——第十八届国际大坝会议 Q68 专题文集,1994;②法国 Chambon 大坝裂缝及其处理,LARGE DAM & SAFETY,2000 年第 14 卷。

十五、葡萄牙 Pracana 坝

基本资料:1951 年竣工,支墩坝,高 60 m,坝顶长 245 m,坝顶高程 115.00 m,由水电站和一个井式溢洪道组成。

老化状况:第九个支墩出现裂缝,之后又出现其他裂缝,渗漏突然增大;上游面的裂缝也一直在发展,并伴随着坝顶的持续升高和向下游的不可逆位移;下游面的裂缝相当严重,大部分集中在坝上部 10 m 和接近坝基处;同时安全系数过低,支墩破损及溢洪道泄洪能力不足。

修补措施:修建附加溢洪道和新的机组进水口;树脂灌浆加固混凝土;加固支墩的支撑;上游面铺设防水膜;基础上游区灌浆和下游区加强排水系统。

资料来源:坝的老化与补救措施,第 17 届国际大坝会议论文译文集。

参考文献

[1] 贾金生. 中国大坝建设 60 年[M]. 北京,水利水电出版社,2013.

[2] 水利部. 混凝土拱坝设计规范:SL 282—2018[S]. 北京:中国水利水电出版社,2018.

[3] 水利部. 混凝土重力坝设计规范:SL 319—2018[S]. 北京:中国水利水电出版社,2018.

[4] 水利部. 碾压混凝土坝设计规范:SL 314—2018[S]. 北京:中国水利水电出版社,2018.

[5] 李金玉,曹建国. 水工混凝土耐久性的研究和应用[M]. 北京:中国电力出版社,2004.

[6] 中国水利水电科学研究院,中国大坝委员会. 丰满大坝长期安全性评价专项评价报告[R]. 北京:中国水利水电科学研究院,2006.

[7] 邢林生,聂广明. 混凝土坝坝体溶蚀病害及治理[J]. 水力发电,2003(11):60-63.

[8] Robin Charlwood. Chemical Expansion of Concrete in Dams & Hydro-Electric Projects,Special Workshop [R]. October 18 & 19, 2007, Granada, Spain.

[9] 锦屏 I 级水电站大奔流沟砂岩碱活性及其抑制措施试验研究报告[R]. 北京:中国水利水电科学研究院,2006.

[10] 陈改新. 大坝混凝土材料的研究进展[C]//大坝混凝土材料与温度控制研究与进展(大坝混凝土材料与温控研讨会论文集). 北京:中国水利水电出版社,2009:13-23.

[11] 中国水利水电科学研究院. 大坝混凝土在溶蚀作用下的损伤和性能衰减规律研究报告[R]. 北京:中国水利水电科学研究院,2011.

[12] T. F. Mayer & P. Schieß. Life cycle management of concrete structures[C]//Concrete Repair, Rehabilitation and Retrofitting, Alexander et al,2009 Taylor & Francis Group, London.